Michael Kornely

Elektrische Charakterisierung und Modellierung von metallischen Interkonnektoren (MIC) des SOFC-Stacks

Elektrische Charakterisierung und Modellierung von metallischen Interkonnektoren (MIC) des SOFC-Stacks

Schriften des Instituts für Werkstoffe der Elektrotechnik,
Karlsruher Institut für Technologie
Band 22

Eine Übersicht über alle bisher in dieser Schriftenreihe erschienenen Bände finden Sie am Ende des Buchs.

Elektrische Charakterisierung und Modellierung von metallischen Interkonnektoren (MIC) des SOFC-Stacks

von
Michael Kornely

Dissertation, Karlsruher Institut für Technologie
Fakultät für Elektrotechnik und Informationstechnik, 2012

Impressum

Karlsruher Institut für Technologie (KIT)
KIT Scientific Publishing
Straße am Forum 2
D-76131 Karlsruhe
www.ksp.kit.edu

KIT – Universität des Landes Baden-Württemberg und nationales
Forschungszentrum in der Helmholtz-Gemeinschaft

KIT Scientific Publishing 2012
Print on Demand

ISSN 1868-1603
ISBN 978-3-86644-833-9

Elektrische Charakterisierung und Modellierung von metallischen Interkonnektoren (MIC) des SOFC-Stacks

Zur Erlangung des akademischen Grades eines

DOKTOR-INGENIEURS

von der Fakultät für

Elektrotechnik und Informationstechnik

des Karlsruher Instituts für Technologie (KIT)

genehmigte

DISSERTATION

von

Dipl.-Ing. Michael Kornely

geb. in: Karlsruhe

Tag der mündlichen Prüfung: 02.02.2012

Hauptreferentin: Prof. Dr.-Ing. Ellen Ivers-Tiffée

Korreferent: Prof. Dr. rer. nat. Detlev Stöver

Danksagung

Die vorliegende Dissertation entstand während meiner wissenschaftlichen Tätigkeit am Institut für Werkstoffe der Elektrotechnik (IWE) des Karlsruher Instituts für Technologie (KIT). An erster Stelle gilt mein aufrichtiger Dank Frau Prof. Dr.-Ing. Ellen Ivers-Tiffée für die stete Betreuung meiner Arbeit und die Förderung meiner beruflichen und persönlichen Entwicklung. Das entgegengebrachte Vertrauen, den damit verbundenen Gestaltungsfreiraum und das ausgezeichnete Arbeitsumfeld an ihrem Institut empfand ich als großes Glück.

Für das Interesse an meiner Arbeit und die freundliche Übernahme des Korreferats gilt Herrn Prof. Dr. rer. nat. Detlev Stöver vom Forschungszentrum Jülich mein großer Dank.

Im Rahmen eines gemeinsamen Forschungsprojektes mit dem Forschungszentrum Jülich wurde ich von Herrn Dr.-Ing. Norbert H. Menzler und Frau Dr.-Ing. Anita Neumann mit den benötigten Proben bestens versorgt. Für die Bereitstellung der Proben und die fachlichen Diskussionen möchte ich mich bedanken. An dieser Stelle sei auch das Bundesministerium für Wirtschaft und Technologie (BMWi) sowie die BMW Group für die finanzielle Förderung der Projekte gewürdigt.

Meinem Gruppenleiter Dr.-Ing. André Weber bin ich für die wissenschaftlichen Diskussionen und seine vielseitige und lehrreiche Unterstützung zu besonderem Dank verpflichtet. In der ersten Phase meiner Assistentenzeit durfte ich sowohl wissenschaftlich als auch persönlich auf den Erfahrungsschatz meiner "Alt-Kollegen" Dr.-Ing. André Leonide und Dr.-Ing. Bernd Rüger bauen. Für dies und für die schöne gemeinsame Zeit bin ich sehr dankbar.

Meinen ehemaligen studentischen Mitarbeitern danke ich für die gute Zusammenarbeit, Ihr Engagement und Ihre Zuverlässigkeit. Besonders anerkennen möchte ich den außergewöhnlichen Einsatz von Herrn Tansu Özel und Herrn Dipl.-Ing. Stanley K. Jose, die über die Institutsarbeit hinaus eine wertvolle persönliche Bereicherung waren.

Die in dieser Arbeit erzielten Ergebnisse bauen auf einer Vielzahl von Experimenten auf. Zum Gelingen dieser Experimente hat die hervorragende Unterstützung der technischen Mitarbeiter maßgeblich beigetragen. Allen voran sei den Mitarbeitern der mechanischen Werkstatt und ihrem ehemaligem Leiter Hermann Dilger und dessen Nachfolger Stefan Ziegler ein besonderer Dank ausgesprochen. Für die Hilfe bei der Weiterentwicklung und Instandhaltung der benötigten Messplätze bedanke ich mich bei den beiden Elektrotechnikern Herrn Torsten Johannsen und Herrn Christian Gabi. Nicht weniger Dank für die stets einwandfreie Präparation der Zellen gilt Frau Silvia Schöllhammer.

Herrn Prof. Dr.-Ing. Albert Krügel danke ich für seinen unermüdlichen Einsatz bei der Anpassung der Messplatzsoftware und die konstruktiven Diskussionen rund um die Elektrotechnik.

Weiterhin gilt mein Dank den Kolleginnen, Kollegen und ehemaligen Institutsmitgliedern, die mit ihrer Hilfsbereitschaft und Kollegialität zum angenehmen Arbeitsklima am IWE beigetragen haben. Auch für die vielen schönen persönlichen Momente sei herzlich gedankt. Stellvertretend möchte ich hier meinen Zimmerkollegen Dipl.-Ing. Alexander Kromp hervorheben.

Bedanken möchte ich mich außerdem bei allen, die es mir ermöglichten, meinen Traum von Studium und Promotion zu verwirklichen. Danke für Eure Unterstützung auch in schwierigen Zeiten.

Alles im Leben, auch die Promotion, bedarf des Glückes. Das herzlichste Glück hat sich mir mit meiner Frau Ilona offenbart. Unentwegt hat mich Ilona während meiner vierjährigen Doktorandenzeit unterstützt und bestärkt. Für all das mir widerfahrene Glück danke ich von ganzem Herzen.

Michael Kornely

Karlsruhe, im Juni 2012

Inhaltsverzeichnis

1 Einleitung

1.1 Einführung

Die Brennstoffzellen-Technologie ist eng verbunden mit den Diskussionen um Nachhaltigkeit und saubere, effiziente Stromerzeugung. Wenn es in den letzten Jahrzehnten um globale Themen wie die Endlichkeit von fossilen Energieträgern oder den drohenden Klimawandel durch die Treibhausgase CO_2 und CH_4 ging, rückte daher die Brennstoffzellen-Technologie immer wieder in den Fokus des öffentlichen Interesses. Aber auch national motivierte Themen wie der Atomausstieg oder die Elektromobilität nannten oftmals die Brennstoffzelle (BZ, englisch: fuel cell, FC) als mögliche Lösung. Dabei konzentriert sich die öffentliche Wahrnehmung auf einen im Vergleich zu den etablierten Technologien wie Großkraftwerke, Verbrennungsmotor oder Ölheizung hohen Wirkungsgrad und die niedrigen Emissionen der Brennstoffzelle. Dies liegt vor allem an dem leicht ersichtlichen Vorteil, dass die Brennstoffzelle die im Brennstoff enthaltene chemische Energie direkt in elektrisch nutzbare Energie umwandelt. Der verlustbehaftete Umweg über eine thermo-mechanische Wandlungskette entfällt. Mit dem Wegfall des Verbrennungsschrittes und dem hohen Wirkungsgrad wird der Ausstoß von klimaschädlichen Treibhausgasen und Schadstoffen wie Stickoxiden und Rußpartikel maßgeblich reduziert.

Über die Anwendung der Brennstoffzelle zur Energieerzeugung entscheiden letztlich nicht nur Umweltaspekte, sondern im Wesentlichen die technische Verfügbarkeit und die Wirtschaftlichkeit des Systems. Die Wirtschaftlichkeit des Brennstoffzellen-Systems ergibt sich für den Verbraucher aus dem Vergleich der Anschaffungs- und Unterhaltskosten, welche in direkter Konkurrenz mit den etablierten Technologien stehen. Ebenso müssen die Anbieter dieser Systeme Gewinne erwirtschaften. Oft wird ein betriebswirtschaftlicher Gewinn erst durch hohe Stückzahlen erreicht. Weltweit wird der Brennstoffzellenmarkt für das Jahr 2017 mit ca. 8,6 Mrd. US\$[1] prognostiziert und eröffnet somit die Aussicht auf einen stark wachsenden Absatz. Damit sind Brennstoffzellen-Systeme für die Hersteller wie auch für den Staat zur Sicherung des Wirtschaftsstandortes interessant und rechtfertigen entsprechende Entwicklungs- und Investitionskosten.

---

[1] „Studie zur Entwicklung eines Markteinführungsprogramms für Brennstoffzellen in Speziellen Märkten", im Auftrag des Bundesministeriums für Verkehr, Bau und Stadtentwicklung. Die Studie basiert auf Zahlenmaterial der Anbieter PikeResearch und Freedonia [1]

Die Forschung an und Entwicklung von Brennstoffzellen ist im letzten Jahrzehnt soweit vorangeschritten, dass auf dem zivilen Markt bereits heute erste Brennstoffzellen-Systeme kommerziell verfügbar sind. Mehrheitlich basieren diese Systeme auf Polymer-Elektrolyt-Membran (PEM)-Brennstoffzellen und werden meist zur netzunabhängigen oder netzfernen Stromversorgung benutzt. Für dieses Anwendungsgebiet wird auf dem Weltmarkt für das Jahr 2017 ca. 2,1 Mrd. US$ Umsatz erwartet[2]. Die PEM-FC benötigt aufgrund ihrer Eigenschaften als Brennstoff möglichst hochreinen Wasserstoff. Bereits geringste Anteile von Kohlenstoffmonoxid im Brennstoff (englisch: parts per million, ppm) führen zu einer Beeinträchtigung der Funktionstüchtigkeit. Dies erfordert die Bereitstellung von Wasserstoff oder eine aufwendige Aufbereitung von speziellen Treibstoffen durch das System. Die fehlende Wasserstoffinfrastruktur bzw. die technisch anspruchsvolle Brennstoffaufbereitung erhöhen die Investitionskosten für PEM Brennstoffzellen-Anwendungen und wirken sich nachteilig auf die Wirtschaftlichkeit aus.

In diesem Punkt bietet die Hochtemperatur-Festelektrolyt-Brennstoffzelle (SOFC) entscheidende wirtschaftliche Vorteile. Die SOFC weist die Möglichkeit zur internen Reformierung auf und kann außer Wasserstoff auch Kohlenmonoxid oder Methan chemisch umsetzen. Dies verringert die technischen und Kosten intensiven Anforderungen an die Brenngasaufbereitung wesentlich und ermöglicht die Verwendung von herkömmlichen Treibstoffen, wie z.B. Diesel, in Kombination mit einem Reformer oder den direkten Einsatz von Erdgas. Für diese Energieträger existiert bereits eine Infrastruktur, weshalb keine zusätzlichen Investitionskosten anfallen.

Die Möglichkeit, die SOFC mit Erdgas zu betreiben, prädestiniert diese für die Anwendung in der stationären Stromerzeugung, der für das Jahr 2017 ein Marktvolumen von 3,7 Mrd. US$ vorausgesagt wird[2]. In diesem Markt bietet z.B. die Firma Hexis ein SOFC Heizgerät Galileo für Einfamilienhäuser an. Dieses System setzt seinen Schwerpunkt in der Bereitstellung von Wärme und erzeugt dabei als Nebenprodukt elektrische Energie.

Einen weiteren zukunftsträchtigen Markt mit einem Volumen von 2 Mrd. US$ in 2017[2] stellt die Elektromobilität und die Bereitstellung von elektrischer Energie für mobile Anwendungen (englisch: auxiliary power unit, APU) dar. Die PEM-Brennstoffzelle ist für diese Anwendung nur begrenzt geeignet, da spezielle Treibstoffe mitgeführt und ein hoher Aufwand für die Brennstoffaufbereitung betrieben werden muss. Für diese Anwendung ist die SOFC der PEM-Brennstoffzelle vorzuziehen, da der Brennstoff für die SOFC aus dem bereits mitgeführten Dieselkraftstoff mit vertretbarem technischem Aufwand aufbereitet und durch die vorhandene Infrastruktur bereitgestellt werden kann.

---

[2] „Studie zur Entwicklung eines Markteinführungsprogramms für Brennstoffzellen in Speziellen Märkten", im Auftrag des Bundesministeriums für Verkehr, Bau und Stadtentwicklung. Die Studie basiert auf Zahlenmaterial der Anbieter PikeResearch und Freedonia [1]

Im Bereich der APU-Anwendung gibt es derzeit noch kein kommerziell erhältliches SOFC-System. Allerdings bietet das prognostizierte Marktvolumen potentiellen Herstellern Anreize, die SOFC in diesem Markt zu platzieren und in deren Entwicklung zu investieren. Die Schaffung neuer Arbeitsplätze und die Sicherung des Wirtschaftsstandortes rechtfertigen auch die staatliche Förderung der nötigen Entwicklungs- und Forschungsprojekte.

Voraussetzung für die Marktreife einer SOFC-APU sind neben den Herstellungs- und Materialkosten auch seine Eigenschaften wie die Zuverlässigkeit, Leistungsfähigkeit und Lebensdauer des Systems. Diese Eigenschaften werden maßgeblich vom Leichtbau-Brennstoffzellen-Stack bestimmt, welcher das Herzstück eines solchen Systems darstellt. In diesem Stack werden einzelne keramische Zellen durch einen metallischen Interkonnektor elektrisch in Reihe geschaltet.

Die Leistungsfähigkeit der SOFC-Einzelzelle wurde in den letzten zehn Jahren stetig verbessert. Beim Einsatz dieser Zellen im APU-Stack werden lediglich noch 50 % dieser Leistung erreicht. Ein Leistungseinbruch dieser Größenordnung ist für eine wirtschaftliche Anwendung der SOFC nicht tolerierbar. Die Suche nach der Ursache für den Leistungs-verlust führt zum Interkonnektor und dessen Einfluss auf die Leistungsfähigkeit der Zelle. Die Untersuchungen an SOFC-Stacks, wie sie im System eingesetzt werden, sind komplex, kostenintensiv und geben lediglich die Summe aller die Leistungsfähigkeit beeinflussender Faktoren wieder. Eine getrennte Betrachtung einzelner Faktoren und der dadurch bedingten Verluste ist damit nicht möglich.

Genau an dieser Stelle findet sich der Schnittpunkt zwischen Stack-Entwicklung und Grundlagenforschung am Institut für Werkstoffe der Elektrotechnik (IWE) des Karlsruher Instituts für Technologie (KIT). Die elektrochemische Charakterisierung von 1cm^2 Einzelzellen und die Trennung der individuellen Verlustprozesse in Abhängigkeit von den Betriebsbedingungen und der Laufzeit gehören zu den Kernkompetenzen des IWE. Durch Untersuchung und Modellierung von Einzelzellen mit Interkonnektoren wird die Lücke zwischen der Grundlagenforschung an Einzelzellen und der Stack-Entwicklung geschlossen.

1.2 Ziel der Arbeit

Für die Entwicklung leistungsfähiger und damit wirtschaftlicher SOFC-APU-Systeme ist es erforderlich, die an Einzelzellen gemessene Leistungsdichte und Stabilität auch bei der Anwendung im Stack zu gewährleisten. Ein wichtiger Schritt hierbei ist die Identifizierung und die Quantifizierung des Einflusses des metallischen Interkonnektors auf die Leistungsfähigkeit der Zelle. Anhand geeigneter Messungen an $1cm^2$ Einzelzellen und der zu entwickelnden Methodik soll dieses Ziel erreicht werden. Folgende Fragestellungen liegen darum dieser Arbeit zu Grunde:

- Welchen Einfluss hat die Geometrie des Interkonnektors auf die Leistungsfähigkeit der anodengestützten Zelle (ASC) mit einer Komposit-Kathode aus $La_{0.65}Sr_{0.3}MnO_3$ / Yttrium dotiertem Zirkonoxid (LSM/8YSZ) bei 800°C? Die zu entwickelnde Methodik soll die Trennung der individuellen Verluste wie Kontaktwiderstand, Ohmscher und Polarisationsverluste der Zelle in Abhängigkeit der Geometrie des Interkonnektors an Anode und Kathode ermöglichen.

- Welchen Einfluss auf die Leistungsfähigkeit und Alterung hat die Wechselwirkung (Chrom (Cr)-Vergiftung) zwischen dem im Leichtbau-Brennstoffzellen-Stack zur Herstellung des metallischen Interkonnektors eingesetzten Werkstoffes (Chrom-Stahl Legierung, Crofer22APU) und der LSM/8YSZ-Kathode im Betrieb der Zelle bei 800°C? Eine Überlagerung weiterer Effekte soll dabei ausgeschlossen werden.

Durch die elektrochemische Charakterisierung und die Modellierung der mit metallischem Interkonnektor kontaktierten $1cm^2$ Einzelzellen wird die Basis für ein tieferes Verständnis der durch den Interkonnektor verursachten Verluste geschaffen.

Anhand der zu entwickelnden Methoden und der damit erarbeiteten Ergebnisse soll

1. die gezielte Optimierung des Interkonnektors zur Erhöhung der Leistungsfähigkeit und

2. die Bewertung von Maßnahmen zur Reduzierung der Chrom-Vergiftung und somit die Sicherung einer dauerhaften Leistungsfähigkeit

ermöglicht werden.

Durch die Übertragung der Erkenntnisse aus dieser Arbeit und der daraus abgeleiteten Maßnahmen auf den APU Stack soll dessen Leistungsfähigkeit erhöht und somit zur Verbesserung der Wirtschaftlichkeit des SOFC-Systems beigetragen werden.

1.3 Gliederung der Arbeit

Der Einleitung folgt das Grundlagenkapitel 2, in welchem das Funktionsprinzip, die Verluste und die technische Realisierung der SOFC vorgestellt werden. In diesem Kapitel werden die zum Verständnis dieser Arbeit wichtigen Sachverhalte über die Kontaktierung und der Degradation der SOFC vertieft.

Unter „Experimentelle Methoden" (Kapitel 3) werden die zur Untersuchung eingesetzten Proben, die Messtechnik und die angewendeten Messaufbauten zur Kontaktierung der Einzelzelle dargelegt. Die der Auswertung und Analyse der gewonnenen Messdaten zu Grunde liegende Theorie und Methodik werden in Kapitel 4 erläutert und stellen das Rüstzeug zum weiteren Verständnis der im Kapitel 6 erfolgten Auswertung, Diskussion und Interpretation der Ergebnisse dar. Davor werden im Kapitel 5 der hybride Modellansatz eingeführt und die Implementierung wie auch die Funktion des Finite Elemente Methode (FEM)-Modells ausführlich besprochen. Die Arbeit endet mit einer kurzen Zusammenfassung der wesentlichen Ergebnisse und einem Ausblick auf deren Anwendung.

2 Die Hochtemperatur-Festelektrolyt-Brennstoffzelle

In diesem Kapitel erfolgt eine Einführung in die Hochtemperatur-Festelektrolyt-Brennstoffzelle (englisch: Solid Oxide Fuel Cell, SOFC), welche fundamentaler Gegenstand dieser Arbeit ist. Die Unterkapitel „Funktionsprinzip", „Verluste im Betrieb" und „Komponenten" werden bewusst knapp gehalten und können anhand der an den entsprechenden Textstellen referenzierten Literatur vertieft werden. Die Verbindung zwischen den Grundlagen der SOFC und der dieser Dissertationsschrift zugrundeliegenden Fragestellung wird im Abschnitt „Technische Realisierung der SOFC" hergestellt. Die Abschnitte „Kontaktierung und Degradation" schließen das Kapitel ab. Sie sind für das Verständnis dieser Arbeit von zentraler Bedeutung und werden daher ausführlicher behandelt.

Die Brennstoffzelle (BZ) als elektrochemischer Energiewandler gehört, wie die Batterien, zur Gruppe der Batterien. Im Gegensatz zu Batterien erster und zweiter Ordnung, die eine begrenzte elektrische Kapazität aufweisen, sind BZ als Batterien dritter Ordnung dieser Beschränkung nicht ausgesetzt. BZ sind in der Lage, unter ständiger Zufuhr von Brennstoffen die darin enthaltene chemische Energie direkt in elektrische Energie umzuwandeln [2, 3, 4]. Das Brennstoffzellenprinzip an sich wurde erstmals durch C. F. Schönbein 1839 publiziert. Sir W. R. Grove entwickelte darauf basierend eine „galvanische Gasbatterie", deren Erfindung er im Jahr 1842 veröffentlichte [5]. Die SOFC in der hier behandelten Form wurde erstmals im Jahr 1937 von E. Baur und H. Preis beschrieben [6]. Der in dieser Arbeit betrachtete BZ-Typ trägt im englischen Sprachraum den Namen Solid Oxide Fuel Cell. Im Deutschen wird diese wahlweise als oxidkeramische Brennstoffzelle, Festelektrolyt-Brennstoffzelle oder Hochtemperatur-Festelektrolyt-Brennstoffzelle bezeichnet.

2.1 Funktionsprinzip

Die SOFC wandelt als galvanisches Element die elektrochemische Energie der Brenngase direkt in elektrisch nutzbare Energie um. Die der Umwandlung zugrunde liegende Redoxreaktion (Knallgasreaktion) ist für Wasserstoff (H_2O) als Brenngas (BG) und Sauerstoff (O_2) als Oxidationsmittel (OM) in der Reaktionsgleichung (2.1) gegeben.

Knallgasreaktion:
$$\tfrac{1}{2}O_2(g) + H_2(g) \rightleftharpoons H_2O(g) \tag{2.1}$$

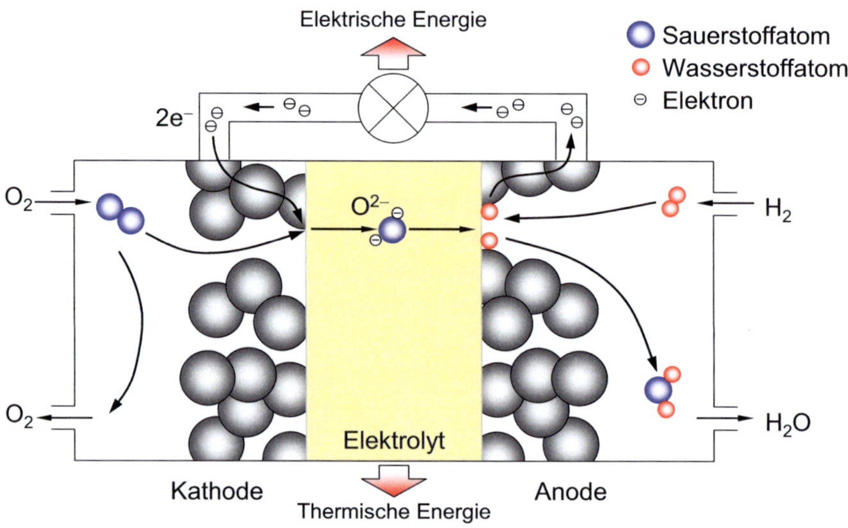

Abbildung 2.1: „Prinzip der Hochtemperatur-Festelektrolyt-Brennstoffzelle, verdeutlicht am Beispiel der SOFC. Wasserstoff und Sauerstoff sind durch einen gasdichten, ionenleitenden Festelektrolyten räumlich voneinander getrennt. Unter Aufnahme von Elektronen aus dem äußeren Stromkreis bilden sich an der Grenzfläche zur Kathode Sauerstoffionen, die durch den ionenleitenden Festelektrolyten diffundieren und an der Anode unter Abgabe der Elektronen mit dem dort vorhandenen Wasserstoff reagieren. Die Elektronen fließen über den externen Stromkreis zurück zur Kathode und verrichten dabei nutzbare elektrische Arbeit" [7].

Bei der direkten Redoxreaktion wird die im Brenngas enthaltene freie Gibbsche Energie (ΔG) komplett in Wärme umgesetzt. Eine direkte Erzeugung von elektrischer Energie ist so nicht möglich. Um die direkte Reaktion des Brenngases mit dem Oxidationsmittel zu verhindern, werden bei der SOFC beide Gasräume (Oxidations- und Brenngasraum) durch einen gasdichten Elektrolyten getrennt. Die Redoxreaktion kann deshalb nur über zwei örtlich getrennte Teilreaktionen ablaufen. Um diese Teilreaktionen zu ermöglichen, besteht die SOFC aus einer Verbundstruktur aus ionenleitendem Elektrolyt und elektronenleitenden und porösen Elektroden (Abbildung 2.1) [2].

Kathodenreaktion
$$\tfrac{1}{2}O_2(g) + 2e^- \rightleftharpoons O^{2-}(Elektrolyt) \tag{2.2}$$

Anodenreaktion
$$O^{2-}(Elektrolyt) + H_2(g) \rightleftharpoons H_2O(g) + 2e^- \tag{2.3}$$

An den Elektroden finden die in Gleichung (2.2) und (2.3) genannten Reaktionen aufgrund ihrer katalytischen Eigenschaften und porösen Struktur an den Drei-Phasen-Grenzen (englisch: triple phase boundary, TPB) statt. Die TPB sind die Stellen in der Elektrode, an denen Gasraum (Gasphase), der Elektrolyt (ionisch leitende Phase) und Elektrode (elektronenleitenden Phase) zusammen treffen. Abbildung 2.2a) und b) zeigen die porösen Elektroden auf dem Elektrolyt, die Transportpfade und die TPB (rot bzw. blau). An der Kathode wird gasförmiger Sauerstoff adsorbiert, dissoziiert und unter Aufnahme von zwei Elektronen ionisiert (Sauerstoffreduktion Gleichung (2.2), Abbildung 2.2a)).

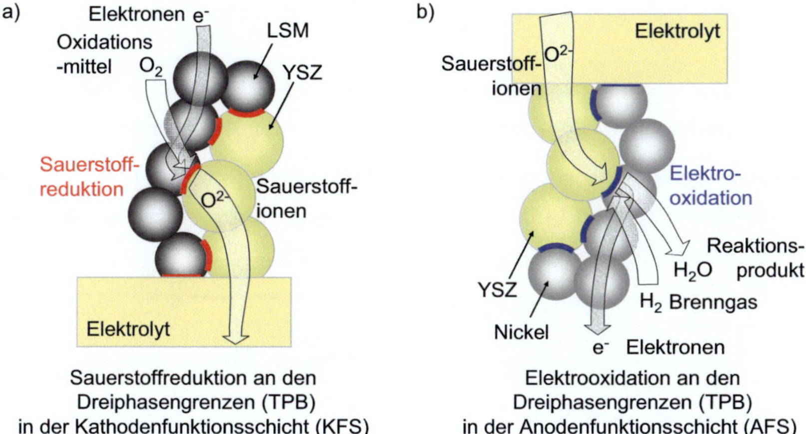

Sauerstoffreduktion an den
Dreiphasengrenzen (TPB)
in der Kathodenfunktionsschicht (KFS)

Elektrooxidation an den
Dreiphasengrenzen (TPB)
in der Anodenfunktionsschicht (AFS)

Abbildung 2.2: An den Elektroden der SOFC ablaufende Transport- und Reaktionsprozesse: a) Sauerstoffreduktion und b) Elektrooxidation an den TPB der Elektrodenfunktionsschicht (FS).

Aufgrund des unterschiedlichen Sauerstoffpartialdrucks an Kathode ($pO_{2,Kat}$ ~ 1 atm) und Anode (10^{-12} atm > $pO_{2,An}$ > 10^{-25} atm [8]) diffundieren die entstandenen Sauerstoffionen (O^{2-}) durch den Elektrolyten zur Anode. Der an der Anode adsorbierte, dissoziierte und ionisierte Wasserstoff reagiert mit den ankommenden Sauerstoffionen unter Abgabe von zwei Elektronen zu Wasser (H_2O, dampfförmig; Elektrooxidation, Gl. (2.3), Abbildung 2.2 b)). Die Teilreaktionen erfordern einen Austausch von Elektronen. Diese Elektronen können, wie in Abbildung 2.1 dargestellt, über einen äußeren Stromkreis geführt werden, wo sie elektrische Arbeit verrichten [7]. Wird kein elektrischer Ladungsaustausch zwischen Kathode und Anode zugelassen, stellt sich nach Erreichen eines elektrochemischen Gleichgewichtes eine Leerlaufspannung (englisch: open circuit voltage, *OCV*) ein. Die *OCV* wird oft als Theoretische Zellspannung U_{th} bezeichnet oder auch nach Nernst benannt (Nernst-Spannung, U_N), der die sich einstellende Spannung in Abhängigkeit aus den Betriebsbedingungen herleitete [2]:

$$U_N = U_{th} = \frac{RT}{nF} \cdot \ln \sqrt{\frac{pO_{2,Kat}}{pO_{2,An}}} \tag{2.4}$$

Dabei ist pO_2 der an den Elektroden herrschende Sauerstoffpartialdruck, n die Zahl der pro hFormelumsatz übertragenen Ladungsträger (SOFC = 2), T die Absoluttemperatur, F die Faraday Konstante und R die Universelle Gaskonstante.

Geht man von idealen Gasen und einer idealen verlustfreien Zelle aus, kann die theoretische Zellspannung U_{th} auch durch die freie Reaktionsenthalpie ΔG_0 (bei Standarddruck = 1 atm) ausgedrückt werden [2]:

$$U_{th} = \frac{\Delta G_0(T)}{nF} \tag{2.5}$$

Dabei ist ΔG_0 die von der Temperatur abhängige freie Energie, n die Zahl der pro Formelumsatz übertragenen Ladungsträger (SOFC = 2) und F die Faraday Konstante.

Um die Theoretische Zellspannung U_{th} auch in Abhängigkeit des Wasserdampf- (pH_2O_{An}) und Wasserstoffpartialdruckes ($pH_{2,An}$) an der Anode anzugeben, erhält man durch Umformung der Nernst-Gleichung (2.4) folgender Ausdruck [2]:

$$U_N = -\frac{\Delta G_0(T)}{nF} + \frac{RT}{nF} \cdot \ln \sqrt{\frac{pH_2O_{An}}{\sqrt{pO_{2,Kat}}\, pH_{2,An}}} \tag{2.6}$$

Die bisher formulierten Gleichungen gelten nur für die ideale SOFC ohne elektrische Belastung. Nachfolgend werden die Verluste bei der realen SOFC unter elektrischer Last betrachtet. Bei typischen Betriebspunkten unter H_2 (~ 3,5 %...5 % H_2O) als Brenngas und Luft als Oxidationsmittel werden *OCV*-Werte bei 800°C zwischen 1,09 und 1,07 V erreicht.

2.2 Verluste im Betrieb

Im Betrieb der SOFC, also unter elektrischer Belastung (Stromdichte j_{Zelle}), stellt sich eine vom Arbeitspunkt abhängige Zellspannung U_{Zelle} ein. In Abbildung 2.3 ist der qualitative Zusammenhang zwischen U_{Zelle} und j_{Zelle} als Strom-Spannungskennlinie (U-I-Kennlinie) dargestellt.

Aus dem Diagramm wird ersichtlich, dass die *OCV* im realen Betrieb bereits unterhalb der U_{th} liegt. Ursächlich hierfür sind parasitäre Effekte wie Undichtigkeiten im Messaufbau oder im Elektrolyten. Auf diese Weise können kleine Mengen Brenngas direkt umgesetzt werden. Aber auch eine geringe elektronische Restleitfähigkeit des Elektrolyten kann zur einem hochohmigen internen Kurzschluss führen. Dieser kann die Zelle bereits elektrisch belasten, ohne dass ein von außen messbarer Strom fließt. Solche Effekte führen zu einem ungewollten Anstieg des pH_2O_{An}, der nach Gleichung (2.6) zu einer reduzierten Nernst-Spannung bzw. *OCV* führt. Der Unterschied zwischen *OCV* und U_{th} wird als Überspannung bezeichnet.

Wird die Zelle elektrisch belastet, so dass Elektronen über den äußeren Stromkreis fließen, stellen sich weitere Verluste ein:

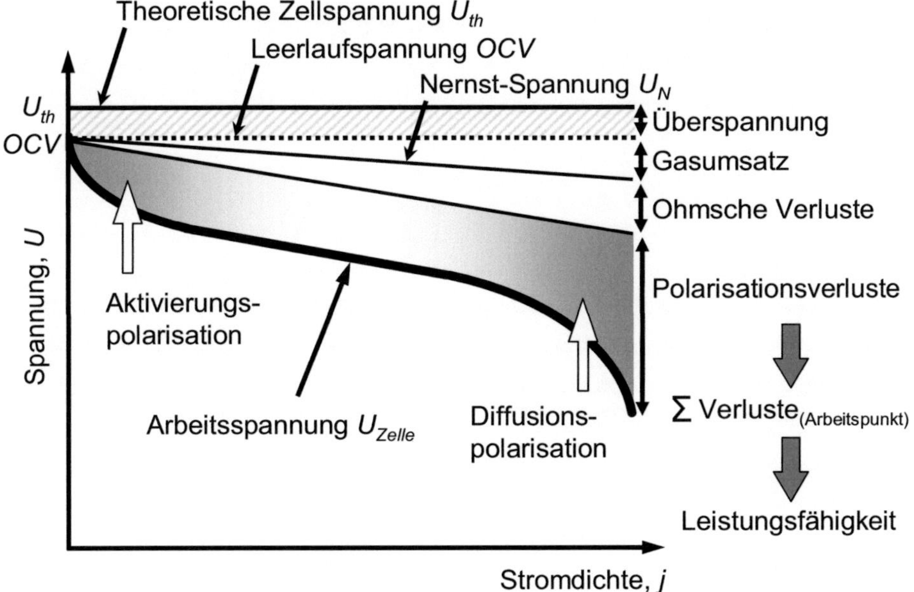

Abbildung 2.3: Prinzipieller Verlauf der Zellspannung bei elektrischer Belastung. Die Strom-Spannungs (U-I)-Kennlinie zeigt die Abhängigkeit der Arbeitsspannung von der Stromdichte. Im Diagramm sind die verschiedenen Verlustanteile schematisch dargestellt. Bei niedrigen Stromdichten dominiert die Aktivierungs-, bei hohen die Diffusionspolarisation [9, 10]. Die U-I-Kennlinie gibt nur die Summe der Verluste im Arbeitspunkt und damit die Leistungsfähigkeit der Zelle wieder.

Gasumsatz

Der Ladungstransport, gekoppelt mit den Teilreaktionen, bedingt a) einen weiteren Anstieg des pH_2O_{An}, auch Brenngasausnutzung genannt und b) eine Absenkung des $pO_{2,Kat}$. Dieser als Gasumsatz bezeichnete Effekt reduziert mit steigender Stromdichte die Nernst-Spannung im jeweiligen Arbeitspunkt der Zelle. Da diese Spannung die treibende Kraft über der Zelle beschreibt, wird sie auch oft elektromotorische Kraft (EMK) genannt.

Ohmsche Verluste

Mit dem äußeren Ladungstransport gehen ein innerer O^{2-}-Diffusionsstrom durch den Elektrolyten und ein Elektronenstrom durch die Elektroden einher. Der Strom j verursacht einen Spannungsabfall η_{Ohm} in Abhängigkeit von der Leitfähigkeit, den Geometriedaten des durchströmten Materiales und des sich ergebenden Ohmschen Widerstandes:

$$\eta_{Ohm} = R_{Ohm} \bullet j \tag{2.7}$$

$$\sigma_{el} = \frac{1}{R_{Ohm}} \bullet \frac{l}{A} \tag{2.8}$$

η_{Ohm} ist linear vom Strom anhängig und verringert die U_{Zelle} als weiteren Verlust. Die ionische Leitfähigkeit des Elektrolyten mit $\sigma_{8YSZ,800°C} = 5\ Sm^{-1}$ [18] ist meist um Dekaden geringer als die elektronische Leitfähigkeit der Elektroden. Der Ohmsche Widerstand der Zelle ist bei idealer Kontaktierung (Abschnitt 2.4.2) hauptsächlich durch den Widerstand des Elektrolyten bestimmt.

Polarisationsverluste

Der Ladungstransport erfolgt durch O^{2-}-Diffusion und verursacht weitere Verluste, welche die Spannung im Arbeitspunkt U_{Zelle} verringern. Die nichtlinearen Verluste entstehen a) durch die Diffusion in den porösen Elektroden und b) durch die elektrochemische Reaktion in den aktiven Bereichen der Elektrode. Diese nichtlinearen und Stromdichte abhängigen Verluste werden als Polarisationsverluste bezeichnet [11].

Aktivierungspolarisation

Der Ein- und Ausbau von O^{2-}-Ionen sowie auch die damit verbundenen elektrochemischen Teilreaktionen sind verlustbehaftet. Die durch die elektrochemischen Prozesse verursachten Verluste werden unter dem Begriff Aktivierungspolarisation, oft auch Durchtrittspolarisation genannt, zusammen gefasst. Eine Beschreibung dieser Verluste ist mit der in der SOFC-Forschung gebräuchlichen Buttler-Volmer-Gleichung möglich [9, 11]. Diese beschreibt, vereinfacht ausgedrückt, den exponentiellen Zusammenhang zwischen Stromdichte und Spannung. Der starke nichtlineare Einfluss auf die Arbeitsspannung ist auf die geringe Reaktionsgeschwindigkeit bei niedrigen Stromdichten zurückzuführen. Bei geringen Stromdichten stehen zu wenige Ladungsträger bereit, um diese aufrecht zu erhalten, was zu einer starken Abnahme der U_{Zelle} führt [9].

Diffusionspolarisation

Mit steigender Stromdichte und damit zunehmendem Bedarf von Edukten (O_2 bzw. H_2) müssen diese vom Gasraum durch die poröse Elektrode zu den TPB wandern. Anodenseitig ist zudem der Abtransport des Produktes (H_2O) erforderlich (Abbildung 2.2). Da der Stofftransport (Gasdiffusion) durch die porösen Elektroden nicht unendlich schnell und verlustfrei abläuft, nimmt der Partialdruck an den TPB ab und führt zur Verarmung der Edukte bzw. Anreicherung der Produkte. Für den Gasraum gilt derselbe Zusammenhang, nur dass hier die Gasdiffusion aufgrund der unendlich hohen Porosität wesentlich schneller abläuft [9].

Durch die Veränderung der Partialdrücke zwischen TPB und Gasraum entsteht über den Elektroden eine Verlustspannung nach Nernst (2.6), welche die Arbeitsspannung weiter reduziert. Dieser Verlustprozess wird Diffusions- bzw. Konzentrationspolarisation genannt und kann durch eine Linearisierung des Fick'schen Gesetzes in Abhängigkeit der Stromdichte j dargestellt werden [13]. Die Modellgleichung beschreibt die Verlustspannung durch die Diffusionshemmung in den Elektroden in einem logarithmischen Zusammenhang mit der Stromdichte. Zudem ist mit der Modellgleichung die Berechnung einer Grenzstromdichte j_0 möglich, bei der die gesamte Nernst-Spannung über den Elektroden abfällt und über dem Elektrolyt zu Null wird. Oberhalb dieser Grenzstromdichte ist kein Einbau von Ladungsträgern mehr möglich [9].

Tiefergehende Informationen zur physikalisch-chemischen Natur der Polarisationsverluste können [3, 9] entnommen werden.

Die zuvor beschriebenen Arten der bei der SOFC vorkommenden Verlustmechanismen werden durch die Kontaktierung der Elektroden beeinflusst. Wird die Zelle kontaktiert, können die vorgestellten Verluste verstärkt oder die Bedingungen so verändert werden, dass sich bisher unberücksichtigte Verluste als Leistung bestimmende Faktoren herausstellen. Bevor dieser für diese Arbeit essentielle Sachverhalt in Abschnitt 2.4 aufgegriffen wird, erfolgt eine kurze Exkursion in die technische Realisierung der SOFC.

2.3 Technische Realisierung

Das Thema technische Realisierung der SOFC erstreckt sich von den Materialien und Anforderungen an die Komponenten über die verschiedenen Zell- und Stack-Konzepte bis hin zu den Anwendungsgebieten.

2.3.1 Komponenten

Die SOFC ist generell als Verbund ihrer drei Komponenten: Kathode, Elektrolyt und Anode aufgebaut (englisch: membrane electrolyte assembly, MEA). Prinzipiell müssen alle Komponenten so ausgelegt sein, dass die MEA die bei der Herstellung und während des Betriebes herrschenden hohen Temperaturen (bis 1000°C) und die daraus resultierenden mechanischen Spannungen ohne Beeinträchtigung der Funktionsfähigkeit unbeschadet übersteht. Dies wird durch die Anpassung der thermischen Ausdehnungskoeffizienten (TAK) von Elektrolyt und Elektroden erreicht. Die Komponenten müssen allerdings auch spezifischen Anforderungen genügen, um die Funktion der BZ zu gewährleisten und, ebenso wichtig, deren Verluste im Betrieb gering zu halten. Abbildung 2.4. zeigt den Schichtverbund der SOFC, gibt nochmals anhand der Teilreaktionen und der Betriebsgase einen kurzen Funktionsüberblick und fasst die Anforderungen zusammen.

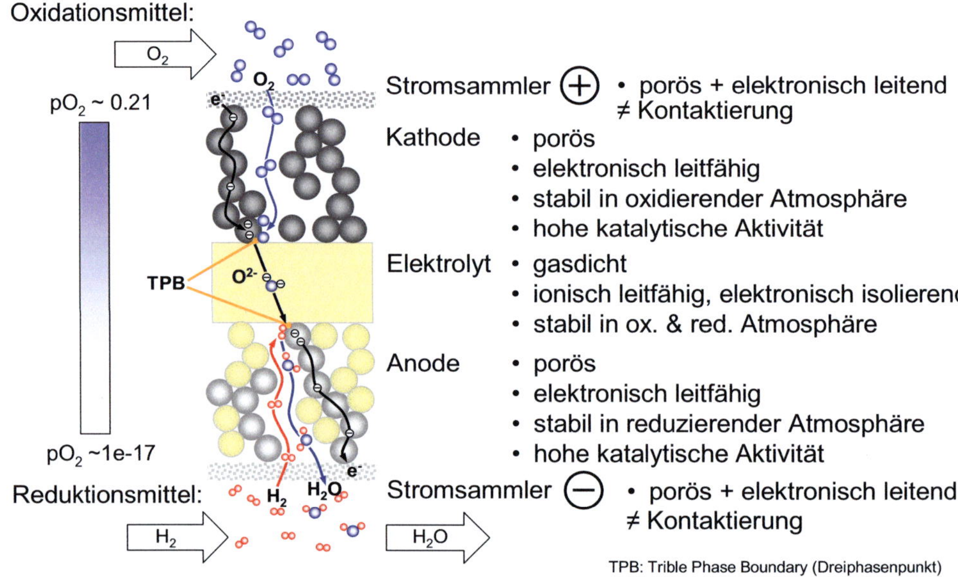

Abbildung 2.4: Schichtverbunde der SOFC. Die schematische Darstellung zeigt die physikalischen Prozesse (Gasdiffusion, Elektronen- und Ionenleitung) und die daraus abgeleiteten Anforderungen an die Schichten.

Elektrolyt

Der Elektrolyt hat zwei Aufgaben, welche gemeinsam die Funktion der SOFC ermöglichen. Der Elektrolyt soll die direkte Reaktion der Gase verhindern. Er muss beide Gasräume trennen und folglich gasdicht sein. Das Elektrolytmaterial ist auf einer Seite oxidierender, auf der anderen Seite reduzierender Atmosphäre ausgesetzt. Eine chemische Stabilität des Materials ist somit eine weitere Voraussetzung für die Funktion der SOFC. Um die Verluste möglichst gering zu halten, soll das Elektrolytmaterial eine hohe ionische bei geringer elektronischer Leitfähigkeit aufweisen. Zum einen muss der Elektrolyt gut O^{2-}-Ionen leiten können, um die beiden örtlich getrennten Teilreaktionen zu ermöglichen. Wie bereits erwähnt, verursacht hauptsächlich der Elektrolyt den Ohmschen Widerstand der Zelle, welcher mit steigender Ionenleitfähigkeit reduziert wird. Zum anderen verhindert eine geringe Elektronenleitfähigkeit, dass Ladungsträger – ohne äußere elektrische Arbeit zu verrichten – über den Elektrolyten zwischen den Teilreaktionen ausgetauscht werden.

Die am häufigsten eingesetzten Elektrolytmaterialien sind Yttrium dotiertes Zirkonoxid (YSZ [4, 45]) sowie Scandium dotiertes Zirkonoxid (ScSZ [15]) und Gadolinium dotiertes Ceroxid (GCO [14]). Der in dieser Arbeit eingesetzte Elektrolyt besteht aus 8 mol/% Yttrium dotiertes Zirkonoxid (8YSZ [93]).

Elektroden allgemein

An beide Elektroden sind prinzipiell die gleichen Anforderungen gerichtet. Aus diesem Grund werden die Elektroden nachfolgend gemeinsam behandelt, bevor spezifische Eigenschaften vorgestellt werden.

Um einen Betrieb der SOFC zu ermöglichen, muss das Elektrodenmaterial in der jeweiligen Atmosphäre (Kathode oxidierend, Anode reduzierend) chemisch stabil sein und seine Eigenschaften (physikalisch, strukturell) beibehalten. Außer der Gasversorgung der TPB, welche durch eine ausreichende Porosität der Elektrodenstruktur sichergestellt werden muss, spielen Qualität und Quantität der TPB bei der Funktion der SOFC eine sehr bedeutende Rolle.

Die Qualität der TPB wird durch die katalytische Eigenschaft des Elektrodenmaterials bestimmt. Mit steigender katalytischer Aktivität verringern sich die Verluste durch die Aktivierungspolarisation, weshalb diese möglichst hoch sein soll. Eine unerwünschte Reaktion zwischen Elektrolyt und Elektrodenmaterial kann ebenfalls die Qualität der TPB beeinflussen oder / und schlecht leitende Materialschichten verursachen [7, 16, 24]. Diese ist unbedingt zu verhindern, da sie den Ohmschen Widerstand und damit die Verluste ansteigen lässt [7, 16].

Die Quantität der TPB ist dagegen etwas komplexer, da sie von mehreren Faktoren beeinflusst ist. Eine hohe Porosität hat einen geringeren Materialgehalt der Elektrode zur Folge, was seinerseits zu weniger Schnittpunkten zwischen Elektrode und Elektrolyt und einer Reduzierung der TPB führt. Wird die Porosität geringer gewählt, kann es bereits bei mittleren Stromdichten zu erhöhten Gasdiffusionsverlusten kommen. Dieser Effekt verringert die elektrochemische Leistungsfähigkeit der Elektrode und kommt einer Reduzierung der TPB gleich. Die Quantität der TPB wird bereits in der Literatur anhand von Mikrostrukturmodellen untersucht und kann auf Basis dieser Ergebnisse optimiert werden [17].

Noch nicht betrachtet wurde die Anforderung an eine hohe elektronische Leitfähigkeit der Elektroden. Um die beiden Teilreaktionen ablaufen zu lassen, müssen nicht nur Gas und Ionen an den TPB bereit gestellt werden, sondern auch Elektronen. Auch hier tritt ein Zusammenhang zwischen der Porosität und den elektrischen Eigenschaften der Elektrode auf [18]. Dieser Effekt wird ebenfalls in den bereits genannten Mikrostrukturmodellen berücksichtigt.

Grundsätzlich gibt es drei verschiedene Möglichkeiten Elektroden technisch umzusetzen. Diese drei Möglichkeiten sind in Abbildung 2.5 an der Kathode schematisch dargestellt. Die klassische Elektrode besteht aus einem elektronisch leitenden Material und bildet am Schnittpunkt zum Elektrolyt (Ionenleiter) die TPB aus (Abbildung 2.5a)). Diese Reaktionszone ist örtlich beschränkt und ist nur auf die Grenzfläche zum Elektrolyt begrenzt. Eine

Ausdehnung der TPB in das Volumen der Elektrode hinein wird durch eine zwei-phasig bzw. ein-phasig mischleitende Elektrode erreicht (Abbildung 2.5b) und c)). Diese Elektroden weisen aufgrund der erhöhten Anzahl von TPB eine wesentlich verbesserte elektrochemische Leistungsfähigkeit auf [8, 17].

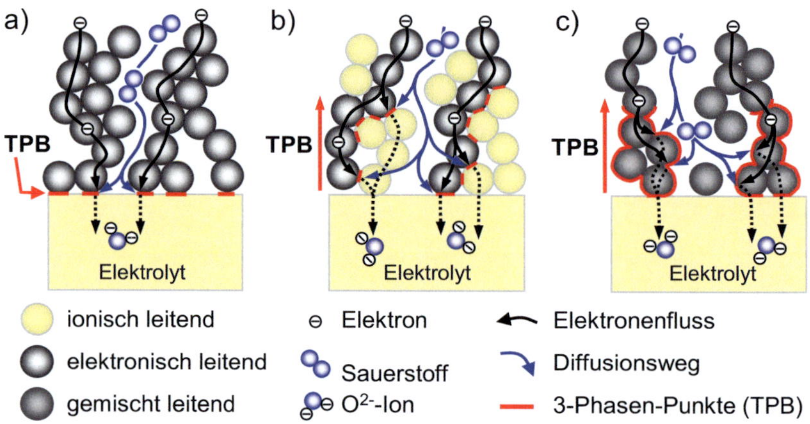

Abbildung 2.5: Technische Realisierung verschiedener Elektrodentypen am Beispiel der Kathode. Die drei verschiedenen Kathoden unterscheiden sich in der Ausdehnung der TPB. a) Bei der ein-phasig Elektronen leitenden Kathode sind die TPB auf die Grenzfläche Kathode und Elektrolyt beschränkt. b) die Komposit-Kathode ist zwei-phasig mischleitend, wodurch die TPB bis in das Volumen der Kathode hineinreichen, c) Bei der 1-phasig mischleitenden Kathode wird der gleiche Effekt durch ein gemischt leitendes Material erreicht.

Die zwei-phasig mischleitende Elektrode wird auch als Komposit-Elektrode bezeichnet und durch Beimischen von Elektrolytmaterial hergestellt. Sie besteht somit aus einer Elektronen und einer Ionen leitenden Materialphase. Ein weiterer Vorteil besteht darin, dass durch die Mischung von verschiedenen Werkstoffen der TAK an den des Elektrolyten angepasst werden kann. Bei der ein-phasig mischleitenden Elektrode dagegen finden Materialien, welche sowohl Elektronen als auch Ionen leitend sind, Anwendung. Eine weitere vielversprechende Möglichkeit die Anzahl der TPB und damit die elektrochemische Leistung von Elektroden zu erhöhen, ist der Einsatz von nanoskaligen Werkstoffen [20, 21].

Wie in Abbildung 2.4 bereits angedeutet, werden Elektroden oft mehrschichtig aufgebaut. Die an den Elektrolyt grenzende Elektrodenschicht und deren Eigenschaften können zur Erhöhung der elektrochemischen Leistungsfähigkeit oder zur Anpassung des TAK optimiert und dementsprechend dünn umgesetzt werden [22, 23]. Im Folgenden wird die Schicht, in der die elektrochemische Reaktion stattfindet, als Funktionsschicht bezeichnet. Der Funktionsschicht folgt eine Stromsammlerschicht. Diese ist, wie der Name bereits vermuten lässt, auf eine gute Elektronenleitung abgestimmt. An dieser Stelle darf die Diffusionshemmung nicht vergessen werden, welche in der meist dickeren Stromsammlerschicht ebenfalls gering zu halten ist.

Kathode

Als Kathodenwerkstoffe können aufgrund der oxidierenden Atmosphäre und der hohen Betriebstemperaturen bis 1000°C nur Metalloxide eingesetzt werden. Die am häufigsten eingesetzten und bewährten Metalloxide sind LSCF ((La,Sr)(Co.Fe)O_3) Kathoden und LSM ((La,Sr)MnO_3) Kathoden. LSCF ist ein 2-phasig-mischleitender Kathodenwerkstoff, welcher Wechselwirkungen mit den YSZ-Elektrolyten zeigt [16, 24]. Reine LSM-Kathoden (ein-phasig leitend) finden aus den zuvor genannten Gründen kaum noch Anwendung. Durch Beimischung von YSZ entsteht eine leistungsfähige und gut an den Elektrolyt angepasste Komposit-Kathode (LSM/8YSZ), welche auch in dieser Arbeit verwendet wurde [25].

Anode

Als Anodenmaterial hat sich Nickel aufgrund der hohen elektronischen Leitfähigkeit, der guten Katalysatoreigenschaften und der Stabilität in reduzierender Atmosphäre bei hohen Temperaturen durchgesetzt. Technisch umgesetzt findet aber Nickel nur als Mischung mit Elektrolytmaterial als Cermet (englisch: Ceramic Metal) Anwendung. Durch die Mischung wird, wie auch bei der LSM/8YSZ-Kathode, eine leistungsfähige und gut an den Elektrolyt angepasste Komposit-Elektrode geschaffen. Für mehr Informationen zur Ni-basierten Cermet-Anode sei auf die Quellen [8] verwiesen. Als Alternativen werden zur Herstellung von Ni-basierten Cermet Anoden auch Elektrolytwerkstoffe wie ScSZ oder auch CGO beigemischt. In dieser Arbeit kam eine Ni-8YSZ Anode zur Anwendung.

2.3.2 Zellkonzepte

Die MEA ist ein Schichtverbund der zuvor beschriebenen Komponenten. Die technische Anordnung bzw. äußere Form dieser Schichten zur SOFC Einzelzelle hat, neben wenigen verbreiteten Exoten, zwei grundsätzliche Erscheinungsformen: die tubulare (röhrenförmige) und die planare (ebene) Anordnung [2, 3].

Beide Konzepte haben neben der Schichtabfolge Kathode-Elektrolyt-Anode eine weitere wichtige Gemeinsamkeit. Sie benötigen beide ein tragendes Element (Substrat), welches dem Schichtverbund die mechanische Stabilität verleiht. Dies wird in der technischen Anwendung der MEA so bewerkstelligt, dass eine der drei Komponenten wesentlich dicker als die anderen ausgelegt wird. Der Zelltyp wird nach derjenigen Komponente, die als tragendes Element verwendet wird, benannt. Es gibt daher elektrolytgestützte (englisch: elektrolyte supportet cell, ESC), kathodengestützte (englisch: cathode supportet cell, KSC) und anodengestützte (englisch: anode supportet cell, ASC) Zellen, wobei sich die KSC aufgrund schwer beherrschbarer Herstellungsverfahren nur in der tubularen Form durchsetzen konnte [26]. Bei der planaren SOFC dagegen konnten sich als Zellkonzept die ESC und die ASC als Standard behaupten [37].

In den vergangenen Jahren wurde, bedingt durch neue Herstellungsmethoden, wieder verstärkt am tubularen Konzept geforscht. Informationen zur tubularen BZ werden an dieser Stelle nicht weiter vertieft, können aber in [14, 26] gefunden werden.

Abbildung 2.6 zeigt eine Gegenüberstellung beider planaren Zellkonzepte. Dabei wird deutlich, dass durch den Übergang von ESC auf ASC die Elektrolytdicke um den Faktor 15 verringert werden konnte. Wie bereits dargelegt, wird der Ohmsche Widerstand der Zelle durch den Elektrolytwiderstand und auch durch dessen Dicke bestimmt. Durch die Verringerung der Elektrolytdicke wird der Ohmsche Widerstand maßgeblich gesenkt. Da das Ni-Substrat eine sehr hohe Leitfähigkeit besitzt, ist durch dessen erhöhte Schichtdicke kein nennenswerter Beitrag zum Ohmschen Widerstand der ASC festzustellen.

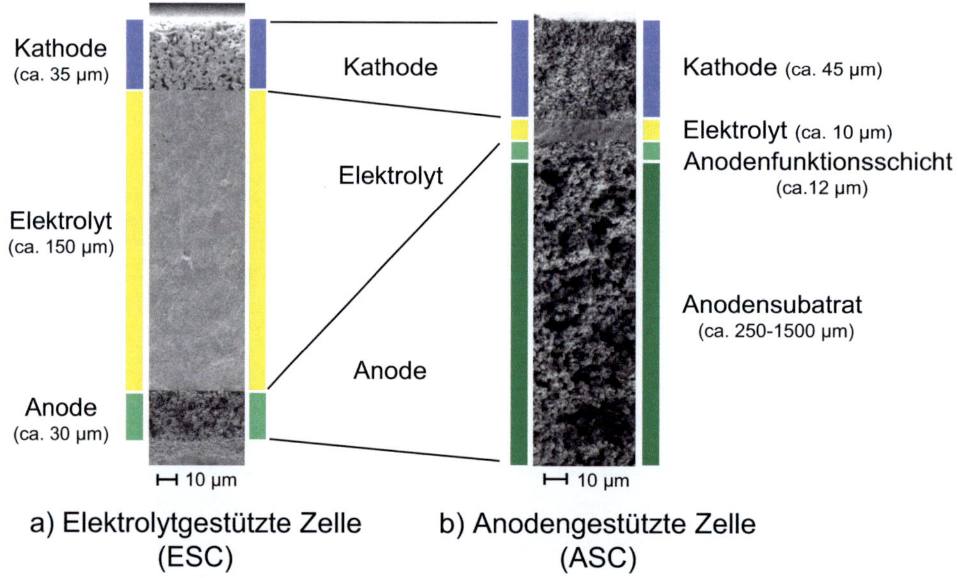

Abbildung 2.6: Elektrolytgestützte (ESC) und anodengestützte Zelle (ASC). Die Gegenüberstellung der REM-Aufnahmen der Bruchflächen zeigt die Schichtdicken im direkten Vergleich.

Bedingt durch die geringeren Ohmschen Verluste kann mit der ASC eine wesentlich höhere Leistungsdichte bei gleicher Temperatur als mit der ESC erreicht werden. Eine andere Möglichkeit den Vorteil eines dünneren Elektrolyten zu nutzen, ist die Absenkung der Betriebstemperatur bei nahezu gleicher Leistungsfähigkeit. Durch eine Reduzierung der Betriebstemperatur wird die Beanspruchung von Material und Komponenten verringert, was die Materialenwicklung vereinfacht. Mit der Einführung der ASC konnte die Betriebstemperatur auf 700-800°C gesenkt werden. Die dabei erzielten Leistungsdichten sind mit denen der ESC im Temperaturbereich von 800-1000°C vergleichbar [2].

Der Vollständigkeit halber soll erwähnt werden, dass es aktuell Forschungstätigkeiten an metallgestützten Zellen gibt. Hier wird das Anodensubstrat aus Ni-Cermet als tragendes Element durch kostengünstigere Materialien ersetzt [26, 27].

Vor allem die Entwicklung der ASC und die damit verbundene Absenkung der Betriebstemperatur gab der nachfolgend thematisierten Anwendung der BZ im Stack erheblichen Vorschub.

2.3.3 Stack-Konzepte

Abhängig von den Betriebsbedingungen und den Verlusten der Zelle liegt die Arbeitsspannung U_{Zelle} der planaren Einzelzelle, wesentlich unterhalb der *OCV* (Kapitel 2.2). Ausreichende Stromdichten werden erst bei $U_{Zelle} \sim 0.7$ V erzielt. Um technisch nutzbare Spannungen zu erhalten, müssen daher die Einzelzellen elektrisch in Reihe geschaltet werden. Das bedeutet, die Kathode einer Einzelzelle muss mit der Anode einer weiteren Zelle etc. verbunden werden. Diese Verbindung wird in der Regel beim planaren Zellkonzept mit keramischen oder metallischen Interkonnektoren, früher auch Bi-polare Platten genannt, hergestellt. Der so entstehende Stapel (englisch: Stack) aus planaren Zellen erzielt wesentlich höhere Leistungsdichten bei geringerem Volumen als tubulare Stack-Konzepte [28].

Die planare ESC findet häufiger in stationären BZ-Stacks Anwendung und ist nicht Gegenstand dieser Arbeit. Es sei noch erwähnt, dass die ESC beispielsweise im kommerziell erhältlichen Hexis-System Anwendung findet [29]. Einer der Gründe hierfür ist die hohe Redoxstabilität der ESC im Vergleich zur ASC [30].

Beim planaren BZ-Stack wurden durch die Einführung der ASC und der damit verbundenen Absenkung der Betriebstemperatur weitere Vorteile erzielt. Die geringere Betriebstemperatur ermöglicht den Einsatz von preisgünstigeren metallischen Interkonnektoren (englisch: metallic interconnector, MIC). Diese werden häufig aus kommerziell erhältlichen Hochtemperaturstahllegierungen gefertigt wie z.B. Crofer22APU von Thyssen Krupp [31]. Leider zeigen die als MIC eingesetzten Stahllegierungen unerwünschte Wechselwirkungen mit der Kathode. Namentlich die Auswirkung der Cr-Vergiftung der Kathode wird in dieser Arbeit näher untersucht und in Abschnitt 2.5.3 detailliert behandelt.

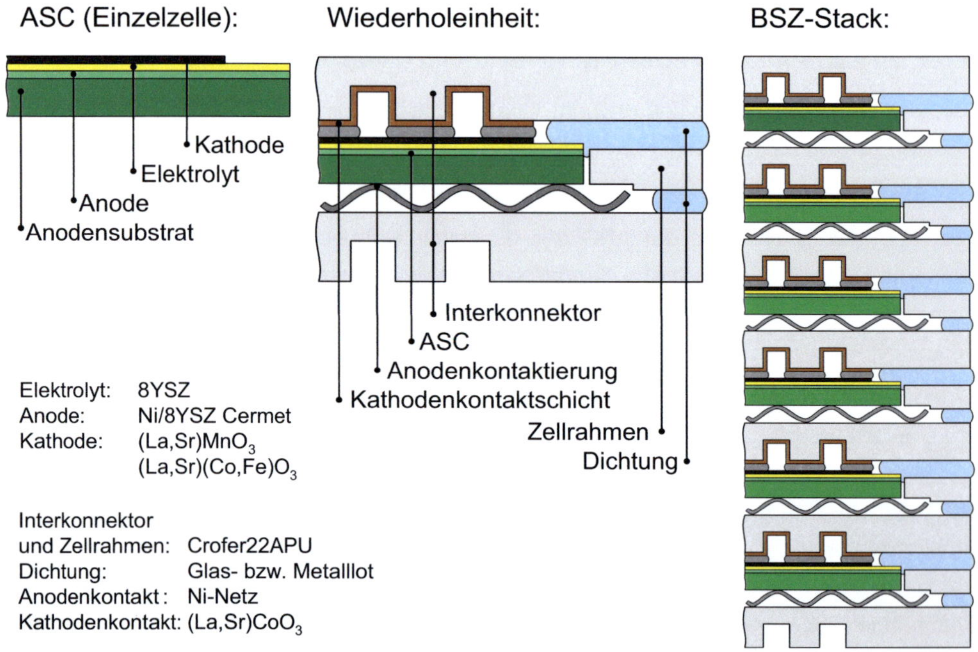

ASC (Einzelzelle):   Wiederholeinheit: BSZ-Stack:

Abbildung 2.7: Einzelzelle in Wiederholeinheit und Stack [32]. Das Schema zeigt die Komponenten der Wiederholeinheit und deren serielle Verschaltung zum planaren BZ-Stack.

Abbildung 2.7 zeigt das Schema eines am Forschungszentrum Jülich (FZJ) entwickelten planaren SOFC-Stackkonzepts für die mobile Anwendung (englisch: auxiliary power unit, APU) [33]. Bei diesem Konzept wird die Einzelzelle in eine Wiederholeinheit eingebaut. Die Widerholeinheiten wiederum werden zu einem Stapel zusammengesetzt und bilden den Stack. Auf diese Weise können Stacks von bis zu 60 Zellen und eine Arbeitsspannung von 42 V erreicht werden [34, 35].

Die einzelne Wiederholeinheit besteht prinzipiell aus der Einzelzelle und dem Interkonnektor. Die im Schema gezeigte kathodenseitige Kontaktschicht und das anodenseitige Ni-Netz werden zur besseren Kontaktierung der Elektroden eingesetzt [36]. Die Kontaktierung der Elektroden ist Gegenstand dieser Arbeit und wird in Abschnitt 2.4 weiter vertieft. Neben der elektrischen Kontaktierung und Reihenschaltung der Zellen hat der MIC die Aufgabe der Gasverteilung über den Elektroden (englisch: flowfield). Dieser Ermöglichung die Zu- und Abfuhr der Betriebsgase. Weiter muss der MIC beide Gasräume gegeneinander und von der Umgebungsatmosphäre trennen. Dies ermöglichen die technische Ausführung der Wiederholeinheit und ein als Gasdichtung und mechanische Verbindung der Elemente eingesetztes Glas- oder Metalllot [32, 34, 35]. Die technischen Komponenten der Wiederholeinheit einer SOFC-APU sind in Abbildung 2.8 gezeigt [33].

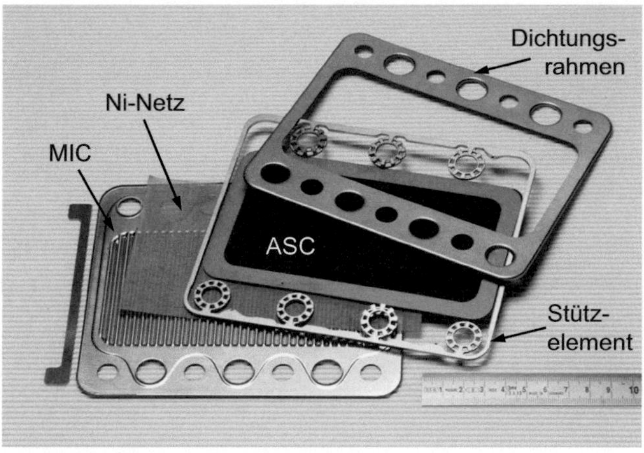

Abbildung 2.8: Komponenten der Wiederholeinheit eines planaren Stacks für die mobile Anwendung (APU) der SOFC [33].

2.3.4 Brennstoffzellen-Systeme

Ein bisher ungenannter Vorteil der SOFC ist die Möglichkeit zur internen Reformierung des Brenngases. Dieser erleichtert den Einsatz eines SOFC-Brennstoffzellen-Systems in verschiedenen Anwendungsgebieten, welche in Abbildung 2.9 den sich daraus ergebenden spezifischen Anforderungen gegenüber gestellt sind. Die interne Reformierung bietet gerade bei stationären Anwendungsgebieten der SOFC einen großen Vorteil. Hier kann das bereits vorhandene Erdgasverteilungsnetz zur Versorgung des Stacks mit Brenngas genutzt werden. Eine aufwendige Brenngasaufbereitung, wie sie bei anderen BZ Typen benötigt wird, entfällt, da Erdgas intern zu Brenngas reformiert werden kann [2]. Die zwischen 45 % und 70 % angegebenen Wirkungsgrade sind allerdings nicht allein der nicht benötigten Brenn-gasaufbereitung und dem hohen Wirkungsgrad der SOFC zuzuschreiben. Vielmehr werden diese durch die Nutzung der Verlustwärme des BZ-Stacks und einer Abgasverbrennung zur Bereitstellung von Warmwasser erreicht. Aus diesem Grund spricht man auch hier von Brennstoffzellen-Heizgeräten oder auch CHP-Geräten (englisch: combined heat and power, CHP) [4, 37].

Bei der mobilen Anwendung (APU) fällt dieser zusätzliche Nutzen weg. Zudem stehen bei der mobilen Anwendung, z.B. in einem Flugzeug oder Lastkraftwagen, nur konventionelle Treibstoffe zur Verfügung, welche nicht intern reformiert werden können. Durch die benötigte Brenngasaufbereitung steigt die Komplexität des APU-Systems [37]. Bei dem für die mobile Anwendung konzipierten Stack wird im Gegensatz zur stationären Anwendung auch auf ein geringes Gewicht und Volumen sowie auf schnelle Startzeiten geachtet [33, 38, 39]. Dies verschärft die Anforderungen an die technische Umsetzung des APU-Stacks.

21

	Leistung[*]	Anforderungen	
Mobile Anwendung (APU[1])	<10 kW	Lebensdauer Temperatur Start-Zeit Brennstoff Wirkungsgrad $\eta_{Elektrisch}$	4 000 h (160 000 km) (500) 600 – 800 °C < 30 min Benzin, Diesel 35 – 50 %
Dezentrale Energieversorgung (CHP[2])	<10 kW	Lebensdauer Temperatur Start-Zeit Brennstoff Wirkungsgrad $\eta_{Elektrisch}$	> 40 000 h (5 Jahre) 700° – 1000 °C < 3 000 min (48 h) Erdgas 45 – 70 %
Zentrale Kraftwerke (BHKW[3])	>100 kW	Lebensdauer Temperatur Start-Zeit Brennstoff Wirkungsgrad $\eta_{Elektrisch}$	> 40 000 h (5 Jahre) 650° – 1000 °C < 800 min (12 h) Erdgas, Heizöl 25 – 50 %

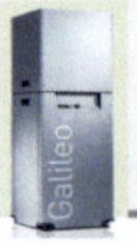

[1] APU: Auxiliary Power Unit; [2] CHP: combined heat and power (Brennstoffzellen-Heizgeräte); [3] BHKW: Blockheizkraftwerke [*] Gesamtsystemleistung: Elektrisch + Heizleistung

Abbildung 2.9: Einsatzgebiete von SOFC-Brennstoffzellen-Systemen. Abhängig vom Einsatzgebiet sind die Anforderungen für eine wirtschaftliche Nutzung dargestellt {2].

Die Anforderungen an Einzellzelle und BZ-Stack werden also maßgeblich durch das Einsatzgebiet des Gesamtsystems bestimmt. Eine hohe Leistungsdichte und niedrige Degradationsraten sind dennoch für alle Systemanwendungen der SOFC erstrebenswert [35, 37, 40]. Aus diesem Grund wird in dieser Arbeit die Leistungsfähigkeit der Einzelzelle in Abhängigkeit des MIC untersucht.

2.4 Kontaktierung

Bisher wurden nur die Verluste der Einzelzelle unter idealen Bedingungen vorgestellt. In der technischen Anwendung der Einzelzelle können jedoch keine idealen Bedingungen gewährleistet werden. Die erste Einschränkung ist, dass ohne elektrische Kontaktierung und Gasversorgung kein Betrieb der Zelle möglich ist. Wie die Kontaktierung die Verluste der Einzelzelle beeinflusst, wird nach der Definition der Anforderungen an die Kontaktierung dargelegt.

2.4.1 Anforderung

Allgemein gültige Anforderung an die Kontaktierung der SOFC ist, dass diese keine oder möglichst geringe zusätzliche Verluste im Betrieb der Zelle hervorruft. Generell kann eine SOFC nur als Einheit mit der Kontaktierung elektrochemisch untersucht oder technisch genutzt werden. Wenn man so will, könnte die Kontaktierung als weitere feste Komponente der BZ angesehen werden, welche die vorgestellten Verluste (Abschnitt 2.2) mit bestimmt oder weitere Verluste verursacht. In dieser Arbeit wird dennoch streng zwischen Verlusten der Zelle (MEA) und Verlusten durch Kontaktierung differenziert. Die Anforderung an die Kontaktierung bzw. die durch die Kontaktierung tolerierbare Beeinflussung der Zellverluste orientiert sich in der Regel am Ziel der Anwendung. Soll eine Einzelzelle im Labor elektrochemisch untersucht werden (labortechnische Kontaktierung), ist eine Beeinflussung der Verluste durch die Kontaktierung unbedingt zu vermeiden. Wird eine Zelle in einer Wiederholeinheit kontaktiert (systemrelevante Kontaktierung), gelten dagegen andere Anforderungen.

Labortechnische Kontaktierung

Die labortechnische Kontaktierung ist darauf ausgelegt die elektrochemische Untersuchung an Einzelzellen zu ermöglichen. Diese Untersuchung dient unter anderem dazu, ein Verständnis über die in der Zelle ablaufenden Prozesse zu schaffen. Durch dieses Verständnis kann eine Optimierung von Zelleigenschaften und damit eine Verbesserung der Leistungsdichte oder Lebensdauer erreicht werden. Die labortechnische Kontaktierung darf demnach das Verhalten der Zelle nicht oder nur vernachlässigbar gering beeinflussen.

An die labortechnische Kontaktierung ergeben sich folgende Anforderungen:

- Niederohmige elektrische Kontaktierung der Elektroden
- Keine Behinderung der Gasdiffusion an die TPB
- Keine chemische Wechselwirkung mit den Elektroden
- Chemisch stabil in jeweiliger Atmosphäre
- Reproduzierbar

Der Preis der labortechnischen Kontaktierung spielt dabei eher eine untergeordnete Rolle. Der Einsatz von Edelmetallen oder seltenen Werkstoffen ist die Regel.

Die Bestimmung des Einflusses der Kontaktierung auf die Verluste und damit auf die Leistungsfähigkeit der Zelle ist zentraler Bestandteil dieser Arbeit. Die Verluste durch die Kontaktierung der Elektroden sind von fundamentaler Bedeutung und werden in Abschnitt 2.4.3 vertieft.

Systemrelevante Kontaktierung

Mit steigenden Verlusten sinkt der Wirkungsgrad des BZ-Stacks bzw. des BZ-Systems. Daher ist es im wirtschaftlichen Interesse keine oder nur sehr geringe kontaktierungsbedingte Verluste entstehen zu lassen. Der zu betreibende Aufwand soll möglichst gering sein und muss sich bei einer wirtschaftlichen Anwendung des BZ-Systems der üblichen Kosten-Nutzen-Betrachtung stellen. Der Fertigungsprozess einer Wiederholeinheit erfordert eine einfache, möglichst integrierte Kontaktierung der Elektroden. Zusätzliche Komponenten, wie das in Abbildung 2.8 gezeigte anodenseitige Ni-Netz, steigern Material- und Herstellungskosten. Die kathodenseitig im FZJ APU-Konzept eingesetzten Kontaktschichten erfordern, neben den Aufwendungen für die Werkstoffe, zusätzliche Produktionsschritte. Jede zusätzliche Komponente macht die Produktion aufwändiger und erhöht die Stückkosten einer Wiederholeinheit. Diese soll jedoch preisgünstig, reproduzierbar und ihre Herstellung industriell umsetzbar sein. Für die Wirtschaftlichkeit eines BZ-Systems ist neben Wirkungsgrad und Herstellungskosten das in Abschnitt 2.5 behandelte Degradationsverhalten ein entscheidender Faktor [35, 40].

Zusammenfassend ergeben sich folgende Anforderungen an die systemrelevante Kontaktierung:

- Geringe zusätzliche Verluste im Betriebspunkt

- Einsatz günstiger Werkstoffe

- Günstige und industrialisierbare Herstellung

- Geringe Komplexität des Fertigungsprozesses

- Hohe Reproduzierbarkeit

bzw. an den Werkstoff des MIC nach [41]:

- Stabil in oxidierender sowie reduzierender Atmosphäre

- Gasdicht

- Hohe elektronische Leitfähigkeit bei geringer ionischer Leitfähigkeit

- An MEA angepasster TAK

- Mechanisch stabil bzw. tragfähig

- Hohe thermische Leitfähigkeit

Um eine wirtschaftliche Nutzung der SOFC zu ermöglichen, ist auf den Einsatz von Edelmetallen oder seltenen Werkstoffen unbedingt zu verzichtet werden. Ebenso sind komplexe Strukturen des MIC nicht erwünscht, da zu dessen Herstellung etablierte und kostengünstige Tiefziehverfahren eingesetzt werden sollen [34, 35].

2.4.2 Technische Umsetzung

Labortechnische Kontaktierung

Abbildung 2.10a) zeigt die am IWE standardmäßig eingesetzte labortechnische Kontaktierung. Die Elektroden werden durch ein Netz elektrisch kontaktiert. Das Netz wird durch die Kontaktstege eines Keramik-Flowfields auf die Elektrodenoberfläche gepresst und so ein vollflächiger elektrischer Kontakt erstellt. Die Gase können durch das Netz nahezu ungehindert in die Elektrode sowie auch unter die Kontaktstege diffundieren und durch die Kanäle über die Zelle strömen.

Die Kathode wird mit einem zweifach übereinandergelegten feinen Gold (Au)-Netz (1024 Maschen/cm^2) elektrisch kontaktiert. Gold zeigt auch bei hohen Temperaturen in oxidierenden Atmosphären keine Oxidschichtbildung oder Wechselwirkungen mit dem Kathodenmaterial. Gold hat zudem eine sehr hohe elektronische Leitfähigkeit und ist damit ein ausgezeichnetes Kontaktierungsmaterial.

Die Anode wird elektrisch mit einem Ni-Netz kontaktiert. Nickel wird bereits schon als Anodenwerkstoff eingesetzt, erfüllt die Anforderungen und eignet sich sehr gut als Kontaktierungsmaterial. Diese labortechnische Kontaktierung wird nachfolgend in dieser Arbeit als „ideale" Kontaktierung bezeichnet, da mit dieser nur eine vernachlässigbar geringe Beeinflussung der Zelle erfolgt und die Verluste durch Kontaktierung minimiert werden.

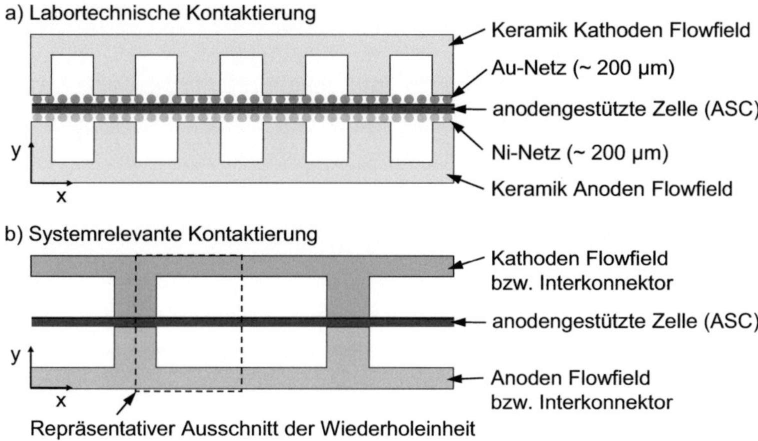

Abbildung 2.10: Technische Umsetzung der a) labortechnischen und b) systemrelevanten Kontaktierung.

Systemrelevante Kontaktierung

In Abbildung 2.7 wurde bereits die Wiederholeinheit des FZJ APU-Stacks gezeigt. Die Kontaktierung der Kathode erfolgt mit einem MIC, dessen Oberfläche mit einer LSM oder LaCoO$_3$ [4] Schicht zur Reduzierung der Kontaktwiderstände beschichtet wird. Der MIC besteht aus einer Cr-Stahllegierung (Crofer22APU), dessen TAK an den der SOFC angepasst ist [31]. Anodenseitig wird zwischen MIC und Anoden ein grobes Ni-Netz zur Kontaktierung eingesetzt, da dieses industriell und zu vertretbaren Materialkosten verfügbar ist. Alternativ kann aber auch auf das Ni-Netz verzichtet werden. Die Kontaktierung der Anode erfolgt dann nur durch den MIC [134, 137]. Eine Wiederholeinheit mit beidseitigem Interkonnektor, wie sie in dieser Arbeit untersucht und modelliert wird, ist in Abbildung 2.10b) dargestellt.

2.4.3 Verluste durch Kontaktierung

Bevor nachfolgend die Gegenüberstellung der labortechnischen Kontaktierung mit der systemrelevanten erfolgt und die spezifischen Verluste dargelegt werden, wird zuerst die allgemeine Anforderung an die Kontaktierung der Elektroden behandelt.

Allgemein

Bei der Kontaktierung der Zelle existieren, wie in Abbildung 2.11 schematisch dargestellt, zwei konkurrierende Anforderungen. Zum einen soll die Zelle ideal elektrisch kontaktiert und zum anderen eine ideale Gasversorgung der TPB ermöglicht werden. Abbildung 2.11a) zeigt die ideale elektrische Kontaktierung der Elektroden, bei der z.B. kathodenseitig Gold und anodenseitig Nickel vollflächig als Kontaktschicht aufgebracht ist. Dies würde einen niederohmigen Übergang zwischen Kontakt und Elektrode für die gesamte aktive Zellfläche garantieren. Zudem ergäben sich kurze Stromwege zwischen Kontaktierung und TPB, womit der Ohmsche Widerstandsbeitrag der Elektroden vernachlässigbar bliebe. Weiter besitzen Gold und Nickel eine hohe Leitfähigkeit, welche die Spannungsverluste in der Kontaktierung gegen Null gehen lassen. Das große Problem der beschriebenen idealen elektrischen Kontaktierung ist, dass die zur Teilreaktion benötigten Gasmoleküle nicht durch die vollflächige Kontaktschicht zu den TPB in den Elektroden diffundieren können. Der Gasraum und die poröse Elektrode sind durch die Kontaktschicht voneinander getrennt. Das Ablaufen der für die Funktion der SOFC nötigen Teilreaktionen wäre damit nicht möglich.

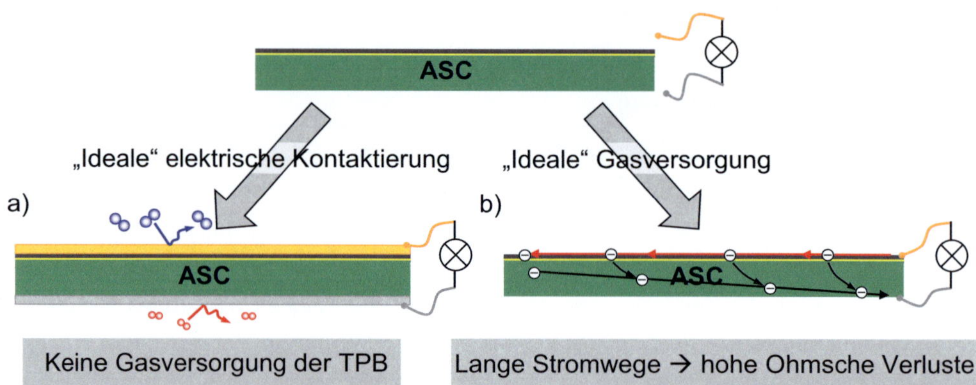

Abbildung 2.11: Schematische Darstellung der ASC a) mit „idealer" elektrischer Kontaktierung und b) mit „idealer" Gasversorgung,

Abbildung 2.11b) zeigt die Kontaktierung bei idealer Gasversorgung der Elektroden. Hier erfolgt die elektrische Kontaktierung an einer kleinen Stelle auf der Elektrode. Somit steht die gesamte Elektrodenoberfläche für die Diffusion der Gasmoleküle vom Gasraum zu den TPB zur Verfügung. Die Moleküle können auf dem kürzesten realisierbaren Diffusionspfad vom Gasraum zu den TPB gelangen. Dies minimiert die Gasdiffusionsverluste der Zelle. Das große Problem bei der beschriebenen idealen Gasversorgung ist jedoch, dass die zu den Teilreaktionen benötigten Elektronen die Strecke zwischen TPB und elektrischer Kontaktierung parallel zum Elektrolyten zurücklegen müssen. Hierdurch ergeben sich zumindest in der sehr dünnen, elektronisch begrenzt leitfähigen Kathode hohe Ohmsche Verluste. Bei der ESC kommen noch die Verluste in der dünnen Anode hinzu.

Die aufgezeigten Extremfälle machen deutlich, dass keine verlustlose Kontaktierung der Elektroden realisierbar ist, da zwei Effekte zueinander in Konkurrenz stehen. Die ideale Kontaktierung kann somit lediglich ein Kompromiss aus optimaler elektrischer Kontaktierung der Elektroden und möglichst ungehinderter Gasversorgung der TPB sein.

Labortechnische und systemrelevante Kontaktierung

Die Gegenüberstellung von labortechnischer und systemrelevanter Kontaktierung in Abbildung 2.12 und Abbildung 2.13 soll den Einfluss der Kontaktierung auf die Verluste anhand der Kathode verdeutlichen. Die labortechnische Kontaktierung wird, wie bereits zuvor dargelegt, als „ideale" Kontaktierung bezeichnet, da diese die Verluste in der MEA vernachlässigbar gering beeinflusst. Bei der systemrelevanten Kontaktierung wird die Kathode durch einen Interkonnektor kontaktiert. Genau genommen dient ein Interkonnektor der seriellen Verschaltung von Einzelzellen zu einem Stack. Wird nur eine Wiederholeinheit betrachtet, oder wie in dieser Arbeit eine Einzelzelle mit systemrelevanter Kontaktierung, liegt keine Reihenschaltung von Zellen vor. Die Bezeichnung Interkonnektor ist daher weniger zutreffend und beschreibt nicht die tatsächlich vorliegende Situation. Dieser Argumentation folgend wird die systemrelevante Kontaktierung der Einzelzelle als Flowfield statt als Interkonnektor bezeichnet. Diese Bezeichnung ist in selbem Kontext auch in der Fachliteratur gebräuchlich.

Der Einfluss der Kontaktierung auf den Ohmschen Widerstand ist in Abbildung 2.12 dargestellt. Bei der idealen Kontaktierung wird die gesamte Oberfläche der Kathode homogen mit einem Au-Netz elektrisch kontaktiert. Die Elektronen können vom Netz auf kürzestem Weg (rote Linien) in y-Richtung direkt zu den TPB an der Grenzfläche Kathode und Elektrolyt fließen. Kurze Stromwege bedeuten geringe Ohmsche Verluste. Der Strom fließt homogen über die gesamte aktiven TPB (blau) der Zelle auf kürzestem Weg durch die MEA (r_{LSM}, $r_{Elektrolyt}$, r_{Anode}). Der Beitrag zum Ohmschen Widerstand der Zelle durch den

Stromfluss in der Elektrode (r_{LSM}) wird auf diese Weise minimal gehalten. Der Kontaktwiderstand (grüner Widerstand, $r_{Kontakt}$) zwischen Au-Netz und Kathode ist mit rund 3 mΩcm^{-2} vernachlässigbar gering [10].

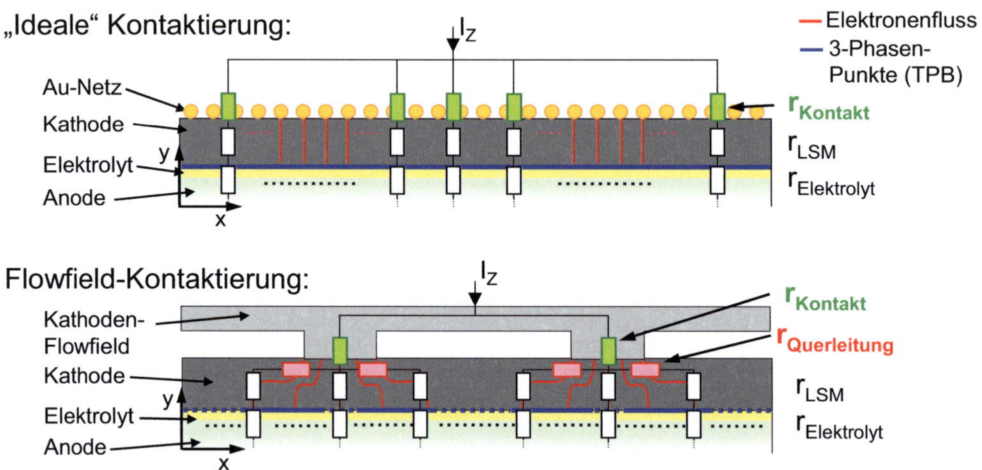

Abbildung 2.12: Gegenüberstellung der Ohmschen Verluste durch Kontaktierung der Kathode.

Bei der Kontaktierung durch ein Flowfield wird die Oberfläche der Kathode nur örtlich begrenzt kontaktiert. Unter den Gaskanälen ist keine direkte elektrische Kontaktierung gegeben. Die gesamten Elektronen müssen über die begrenzt große Kontaktfläche in die Kathode fließen. Als Folge der erhöhten Stromdichten steigen die dadurch verursachten Spannungsverluste. Daher ist der Spannungsverlust bei Flowfield-Kontaktierung auch bei geringen $r_{Kontakt}$ grundsätztlich höher als bei der vollflächigen Au-Netz-Kontaktierung. In Abbildung 2.12 wird deutlich, dass die Elektronen nicht mehr nur in y-Richtung fließen müssen, um an die TPB zu gelangen. Die Strompfade (rote Linie) vom Kontaktsteg zu den TPB unter den Gaskanälen verlaufen parallel zum Elektrolyten (x-Richtung). Die Elektronen müssen wesentlich längere Wege durch die dünne Kathode zurücklegen. Durch die geringe Schichtdicke der Kathode und die begrenzte elektronische Leitfähigkeit ergeben sich zusätzliche Querleitungsverluste (roter Widerstand, $r_{Querleitung}$), die den Ohmschen Gesamt-widerstand wesentlich erhöhen. Die Querleitungsverluste zu den TPB steigen mit der Distanz (x-Richtung) zum Kontaktsteg. Die Versorgung der TPB an der Grenzfläche Kathode und Elektrolyt mit Elektroden unter den Gaskanälen ist damit stärker verlustbehaftet als die Versorgung unter den Kontaktstegen.

Der Einfluss der Kontaktierung auf die Polarisationsverluste ist in Abbildung 2.13 dargestellt. Die Diffusionspfade (blaue Pfeile) bei der idealen Kontaktierung zeigen ein ähnliches Verhalten wie die Strompfade (rote Linien). Der Transport der Gasmoleküle kann ungehindert vom Gasraum zu den TPB an der Grenzfläche zwischen Kathode und Elektrolyt durch das Netz in y-Richtung erfolgen. Über die gesamte Kathodenoberfläche erfolgt die Gasdiffusion auf kürzestem Wege, was minimale Verluste durch Gasdiffusionspolarisation ($r_{Diff,Kat}$) gewährleistet. Die ideale Kontaktierung ermöglicht somit eine über die ganze Zellfläche homogene Gasversorgung der TPB. Die Austauschstromdichte bzw. die Aktivität der TPB ist an der gesamten Grenzfläche zwischen Elektrolyt und Elektrode gleich hoch (blaue Linie). Im Schema wurde wegen der Übersichtlichkeit auf eine detaillierte Darstellung des doppelten Au-Netzes und des Keramik-Flowfields verzichtet. Es ist jedoch leicht nachzuvollziehen, dass aufgrund der hohen Porosität des doppelten Goldnetzverbundes die Gasdiffusion unter die Stege des Flowfields nahezu ungehindert stattfinden kann [42].

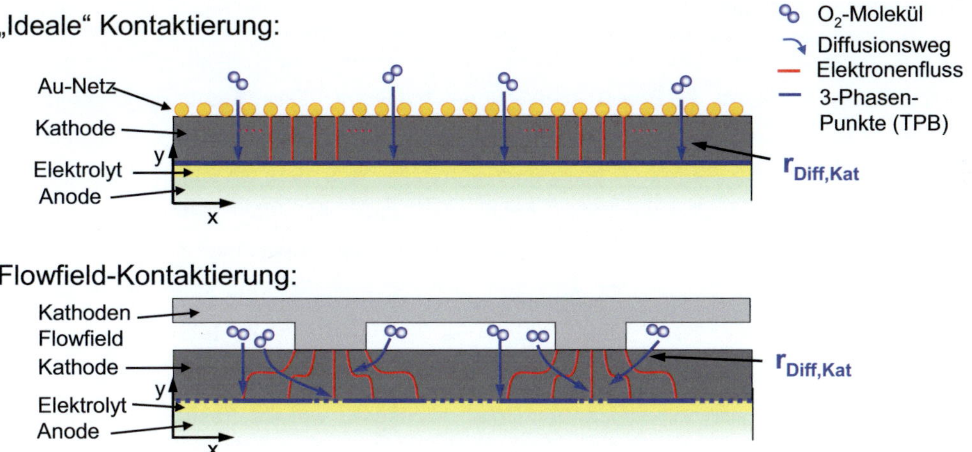

Abbildung 2.13: Gegenüberstellung der Gasdiffusionsverluste in Abhängigkeit der Kontaktierung der Kathode.

Dagegen ist die homogene Gasversorgung der TPB bei der Kontaktierung der Kathode durch ein Flowfield nicht gewährleistet. Die Sauerstoffmoleküle müssen zu den TPB unter den Kontaktstegen parallel zum Elektrolyten (x-Richtung) durch die Kathode diffundieren (blaue Pfeile). Dies entspricht einer Erhöhung der Diffusionslänge, was zu einer Erhöhung der Verluste durch Diffusionspolarisation ($r_{Diff,Kat}$) führt. An den TPB unter den Gaskanälen ist weiterhin eine direkte Diffusion in y-Richtung möglich, jedoch ist, es ist wie zuvor bereits geschildert, eine verlustbehaftete Versorgung mit Elektronen ($r_{Querleitung}$) gegeben. Unter den Kontaktstegen kommt es zu einem entgegengesetzten Effekt. Die Versorgung mit Elektronen ist nahezu verlustfrei, die Versorgung mit Sauerstoff aufgrund des längeren Diffusionsweges stärker verlustbehaftet. Damit ergibt sich eine Kopplung von Ohmschem und Diffusionspolarisationsverlust, welche die Austauschstromdichte an der Grenzfläche Elektrode und Elektrolyt, also die Aktivität der TPB (blaue Linie), bestimmt.

2.5 Degradation

Nicht nur die Leistungsfähigkeit der kontaktierten Zelle ist für ein BZ-System von Bedeutung, sondern auch deren Stabilität über die Betriebszeit. Sobald eine definierte Leistungsfähigkeit im Laufe der Betriebszeit unterschritten wird, hat ein BZ-System seine Lebensdauer erreicht. Die Lebensdauer des SOFC-BZ-Systems bzw. dessen Alterung ist natürlich ein sehr wichtiges Kriterium für die Wirtschaftlichkeit [34, 35]. Die Lebensdauer hängt jedoch nicht nur von der Langzeitstabilität der Zellkomponenten und der Kontaktierung an, sondern auch von den inneren Wechselwirkungen zwischen den einzelnen Komponenten ab. Es ist daher von Interesse die Wechselwirkungen zwischen den Komponenten zu untersuchen und ggf. Gegenmaßnahmen einzuleiten, um die Lebensdauer und somit die Wirtschaftlichkeit des BZ-Systems zu erhöhen.

Die Degradation der ASC wird durch die einzelnen Alterungsmechanismen der Komponenten Kathode, Elektrolyt und Anode bestimmt. Das Alterungsverhalten der Komponenten ist stark von den Betriebsbedingungen wie Temperatur, Gaszusammensetzung und dem elektrischen Arbeitspunkt anhängig. Aus den einzelnen Beiträgen der verschiedenen Alterungsmechanismen ergibt sich eine von den Betriebsbedingungen abhängige Gesamtdegradationsrate der Zelle. Die direkte Bestimmung eines einzelnen Alterungsmechanismus ist an einer ASC demnach nicht möglich und kann nur durch eine systematische Untersuchung und Trennung der Einzelverluste erfolgen [24].

Wird die ASC in einer Wiederholeinheit bzw. im BZ-Stack oder Brennstoffzellen-System eingesetzt, addieren sich mit steigendem Integrationsgrad weitere Faktoren, welche eine erhöhte oder gänzlich neu begründete Degradation auslösen können [35, 38, 39]. Beispielsweise wird zur Kontaktierung der Kathode im SOFC-Leichtbau-BZ-Stack ein MIC aus Cr-haltigem Stahl eingesetzt. Bei hohen Temperaturen dampft Chrom von der Oberfläche des MIC ab und wandert über die Gasphase zur Kathode, wo er abgeschieden wird [43]. Die so hervorgerufene Cr-Vergiftung der Kathode gilt als eine der Hauptursachen der SOFC-Degradation [41] und ist daher ebenfalls Gegenstand dieser Arbeit.

Bevor die verschiedenen Alterungsmechanismen der BZ selbst und die in einer Wiederholeinheit bzw. in einem BZ-System vorgestellt werden, soll der Begriff der Degradation im Folgenden definiert werden.

2.5.1 Definition

Die Verschlechterung eines Kennwertes wird im Allgemeinen als Degradation bezeichnet. Wird diese Verschlechterung über der Zeit beobachtet, kann auch von Alterung gesprochen werden. Oft wird diese zeitliche Verschlechterung des Kennwertes über der Zeit anhand der Degradationsrate (Änderung pro Zeit) beschrieben. Natürlich kann sich ein Kennwert auch verbessern und durch eine negative Degradation dargestellt werden. Bei der BZ wird die Verbesserung eines Kennwertes über der Zeit auch oft als Aktivierung bezeichnet. Typische Kennwerte eines elektrischen Systems sind Leistung und Widerstand oder auch die auf eine Flächeneinheit bezogenen Größen Leistungsdichte und flächenspezifischer Widerstand (*ASR*).

Die Quantifizierung der Leistungsdegradation ΔP kann als Änderung des Kennwertes in einem Zeitintervall ($\Delta t = t_2 - t_1$) oder in Bezug auf einen Start- bzw. Referenzwert (ΔP_{Ref}) ausgedrückt werden:

Degradation der Leistung im Zeitintervall Δt:

$$\Delta P = P(t_1) - P(t_2) \tag{2.9}$$

Degradation der Leistung in Bezug auf einen Start- bzw. Referenzwert:

$$\Delta P_{Ref} = P_{Ref} - P(t_x) \tag{2.10}$$

Zur Bewertung der Degradation ist oftmals eine relative Betrachtung ΔP_{rel} der zuvor vorgestellten absoluten ΔP vorzuziehen. Die relative Leistungsdegradation kann durch Gleichung (2.11) berechnet werden:

$$\Delta P_{rel} = \frac{P_{Ref} - P(t_x)}{P_{Ref}} \cdot 100\% \tag{2.11}$$

Die Leistung einer SOFC ist von der Wahl des Betriebs- und Arbeitspunktes abhängig. Die Berechnung der Degradation erfolgt unter dem Aspekt konstanter Temperatur, Gasversorgung und eines bestimmten Arbeitspunktes. Betrachtet man die Kennlinie der SOFC in Abbildung 2.3, wird deutlich, dass in verschiedenen Arbeitspunkten unterschiedliche Verlustprozesse Leistungs bestimmend sind. Der Vergleich der ermittelten Leistungsdegradationsraten sollte deshalb auch nur im entsprechenden Arbeitspunkt erfolgen.

Die Degradation der elektrischen Leistung einer SOFC lässt sich mit der Zunahme des Gesamtwiderstandes oder der einzelnen Widerstandsbeiträge der Verluste bewerten. Für die Untersuchung der Degradation ist der Widerstand als Kennwert ebenso aussagekräftig wie die Leistung und ist ebenfalls an Betriebs- und Arbeitspunkte gekoppelt. Die zuvor geführte Betrachtung sowie die aufgeführten Gleichungen können auf den Widerstand als Kennwert übertragen werden. Die Trennung des Gesamtwiderstandes in die einzelnen Ohmschen und Polarisationswiderstände und deren Betrachtung über die Zeit, ermöglicht genauere Aussagen über die Degradationsursache.

Die bisher vorgestellte Methode erlaubt ausschließlich die Bestimmung der zeitlichen Gesamtdegradation. Einzelne Ursachen können so nicht untersucht werden. Gelingt es, bei einer Untersuchung einen einzelnen Degradationsmechanismus auszuschließen, kann diese Messung als Referenz herangezogen werden. Durch den Vergleich mit einer weiteren Messung, bei welcher der zuvor ausgeschlossene Degradationsmechanismus wirkt, kann durch eine einfache Subtraktion die spezifische Degradation $\Delta P_{Mechanismus}$ bestimmt werden:

Degradation der Leistung in Bezug auf eine Referenz:

$$\Delta P_{Mech} = P_{Ref}(t_x) - P(t_x) \qquad (2.12)$$

Auch hier ist eine Bewertung der Degradation durch eine relative Betrachtung oft sinnvoll. Die relative spezifische Leistungsdegradation $\Delta P_{rel\_Mechanismus}$ kann durch Gleichung (2.13) berechnet werden:

$$\Delta P_{rel\_Mech} = \frac{P_{Ref}(t_x) - P(t_x)}{P_{Ref}(t_x)} \cdot 100\% \qquad (2.13)$$

Soll die Degradationsrate in einem Zeitintervall angegeben werden, der die Messdauer übersteigt, ist eine lineare Approximation bei einem linearen Degradationsverhalten möglich.

2.5.2 Ursachen

Um die Degradationsursachen einzuführen, wird im folgenden Abschnitt zunächst das intrinsische Alterungsverhalten der einzelnen Komponenten der in dieser Arbeit verwendeten Einzelzelle vorgestellt. Durch den Einsatz der Einzelzelle im Stack enstehen durch extrinsische Wechselwirkungen zwischen den Komponenten einer Wiederholeinheit und der Zelle verstärkte oder neue Degradationsursachen. Die Betrachtung der Degradation von Einzelzelle und Stack erfolgt bei idealem Betrieb. Idealer Betrieb bedeutet in diesem Zusammenhang, dass keine kritischen Betriebspunkte und Betriebsgase berücksichtigt werden, welche eine Degradation verursachen, die ohne diese nicht zu beobachten wären. Erst wenn zum Abschluss die Degradationsursachen im System betrachtet werden, sollen auch reale Betriebspunkte und Betriebsgase berücksichtigt werden.

Einzelzelle (idealer Betrieb):

Elektrolyt

Die Degradation des Elektrolyten äußert sich in einer Abnahme der ionischen Leitfähigkeit. Diese lässt sich auch außerhalb der MEA untersuchen. Daher findet sich zahlreiche Literatur über die Degradation und die Langzeitstabilität von dotiertem Zirkonoxid als Elektrolyten [18, 45, 46]. Darin wird die Verschlechterung der ionischen Leitfähigkeit mit 1. Festkörperentmischung [49], 2. Ausscheidungen von Verunreinigungen an den Korngrenzen [50, 51], 3. Ausscheidung von teragonalen Zweitphasen [52] und 4. Interdiffusion von Spezies der Elektrode [16, 53] begründet.

Kathode

Die LSM-Kathode weist im Betrieb die höchste Überspannung auf und verursacht meist den größten Verlustanteil [55]. Somit ist eine Degradation der Kathodeneigenschaften auch von größerer Relevanz als z.B. die Degradation des Elektrolyten und der Anode [56, 57, 58]. Die Degradation der LSM-Kathode ist abhängig von den Faktoren Betriebstemperatur [61], Stromdichte [16, 59] und Feuchte im Oxidationsmittel [60].

Nachsintereffekte und damit verbunden eine Verdichtung der porösen LSM-Kathode konnte nur bei hohen Temperaturen > 900°C unter Stromfluss beobachtet werden. Mit sinkender Betriebstemperatur erhöht sich die Stabilität der Kathode und die Leistungseinbußen durch Nachsintern der LSM-Kathode sind nur sehr gering [61]. Bisher war durch eine intrinsische Degradation von LSM < 1 % in den ersten 1000 h Betrieb unter Vermeidung von hohen Stromdichten und geringen $pO2_{,Kat}$ die Degradation der LSM-Kathode nicht erklärbar [61].

Das Ablösen der Kathode vom Elektrolyt (Delamination) als Degradationsursache konnte durch den zweischichtigen Aufbau der LSM-Kathode im idealen Betrieb nur noch vereinzelt beobachtet werden [21, 57, 62]. Die Anpassung an den TAK des 8YSZ-Elektrolyten durch die LSM/8YSZ-Funktionsschicht hat hier maßgeblich dazu beigetragen [21, 62]. Im Zusammenhang mit der vereinzelt beobachteten Delamination der Komposit-LSM-Kathoden wurde auch eine Porenbildung an der Grenzfläche Elektrode/Elektrolyt beobachtet [60, 63]. Diese Porenbildung ist auf eine Wechselwirkung zwischen LSM-Kathode und YSZ-Elektrolyt zurückzuführen. Aufgrund der Wechselwirkung bilden sich schlecht leitende Phasen aus LaZrO und SrZrO. Diese sind bereits beim Sinterschritt während der Herstellung zu beobachten und konnten durch Anpassung der Sintertemperatur und Werkstoffe stark reduziert werden [53, 61]. Die Bildung dieser Phasen konnte im Betrieb der LSM-Kathode in Abhängigkeit von Temperatur und Stromdichte bzw. des $pO_{2,Kat}$ festgestellt werden [7]. Im Langzeitbetrieb konnte beobachtet werden, dass diese Wechselwirkung mit der bereits genannten Porenbildung einhergeht [63] und diese die Leistungsfähigkeit der LSM-Kathode negativ beeinflusst [64, 65]. Die Porenbildung als Degradationsursache wurde gezielt in [60] untersucht.

Anode

Die am häufigsten beobachtete Degradationsursache bei Ni-YSZ-Cermet-Anoden ist die Ni-Agglomeration (englisch: Ni-coarsening). Dieser Effekt ist vor allem bei Temperaturen größer 1000°C zu beobachten und auf die schlechte Benetzung des YSZ durch das Nickel zurückzuführen [66]. Die treibende Kraft ist hierbei das Bestreben zur Minimierung der Oberflächenspannung auf den Ni-Partikeln. Diese läuft bei den Betriebsbedingungen einer SOFC begünstigt ab [61]. Hierbei findet eine Entmischung des Ni-YSZ-Cermet durch Agglomeration des Nickels zu größeren Partikeln statt, welche geringere Oberflächenspannungen aufweisen [59, 66, 67]. Die Vergröberung von Nickel wie auch von YSZ-Partikeln beeinflusst die Gleichverteilung, verringert die Oberfläche und verschlechtert die Perkulation (Zusammenhang). Diese Effekte führen zu einer Abnahme der elektrochemischen Leistungsfähigkeit und einer Zunahme des Polarisationswiderstandes der Anode [59, 61, 66]. Die Ni-Agglomeration findet aber auch schon bei moderaten Betriebstemperaturen < 800°C statt [68]. Es wird davon ausgegangen, dass hohe Stromdichten und hohe Brenngasausnutzungen diese Degradationsursache begünstigen [18, 69]. Wie auch bei der Komposit-Kathode konnte die Delamination der Anode durch Beimischen von Elektrolytmaterial wesentlich verringert werden [61].

Zelle im Stack (idealer Betrieb):

Wird die Einzelzelle in einer Wiederholeinheit bzw. im Stack eingesetzt, erhöht sich die Komplexität des zu untersuchenden Systems. Die Untersuchung der Degradation eines Stacks kann in der Regel nur durch die Betrachtung der Leistungsabnahme, also als Summe aller beteiligen Ursachen, erfolgen [71, 72]. Es gibt bereits erste Versuche die einzelnen Verluste eines Stacks durch Impedanzspektroskopie zu identifizieren. Die Interpretation der EIS wird durch die großen parasitären Induktivitäten (bereits ab 3.3 kHz) und die notwendigen hohen Stromdichten sehr erschwert [73, 74].

Kontaktierung

Die Kontaktierung des Anodensubstrates mit einem Ni-Netz ist eher unkritisch, da dies aus dem gleichen Material gefertigt ist, wie die Anode selbst. Der Kontakt zwischen MIC und Elektrode oder MIC und Nickelnetz kann unter idealen Betriebsbedingungen ebenfalls als unkritisch angesehen werden. Bei hohen Stromdichten bzw. Brenngasausnutzungen kann es zur Korrosion des Hochtemperaturstahls kommen, wodurch es zu einem Anstieg des Kontaktwiderstandes zwischen MIC und Nickel führen kann [64]. Der Beitrag des anodenseitigen Kontaktwiderstandes am Ohmschen Widerstand der Wiederholeinheit ist vernachlässigbar gering und trägt nur geringfügig zur Degradation des Stacks bei [73]. Eine Degradation der Anode aufgrund einer Wechselwirkung mit dem Interkonnektorwerkstoff ist unter reduzierender Atmosphäre nicht zu beobachten [64].

Kathodenseitig treten dagegen gleichzeitig mehrere Effekte auf, welche die Leistung beeinträchtigen. In oxidierender Atmosphäre kommt es bei hoher Betriebstemperatur zur Korrosion des aus einer Cr-Stahllegierung gefertigten MIC. Die sich bildende Chromoxidschicht [75] weist eine geringere elektronische Leitfähigkeit als der Cr-Stahl auf und erhöht den Ohmschen Widerstand der Wiederholeinheit [76]. Der Sauerstoffpartialdruckgradient zwischen den durch den MIC getrennten Gasräumen verstärkt das beobachtete Korrosionsverhalten [77]. Das Oxidschichtwachstum und somit der Kontaktwiderstand nimmt stark mit der Betriebstemperatur und dem Wasserdampfgehalt des Kathodengases zu [78].

Ein sehr bedeutsamer Degradationseffekt ist das Abdampfen von Cr-Spezies aus dem aus Cr-Stahl gefertigten Interkonnektor. Die Cr-Dampf-Spezies gelangen über die Gasphase zur Kathode und werden dort abgeschieden. Dieser Effekt ist in der Literatur als Cr-Vergiftung (englisch: Cr-poisoning) bekannt. Die Quantifizierung der durch Cr-Vergiftung hervorgerufenen Degradation und die Identifizierung der davon beeinflussten Verlustprozesse ist Gegenstand dieser Arbeit. Die Cr-Vergiftung wird deshalb im nachfolgenden Abschnitt 2.5.3 vertieft. An dieser Stelle sei angemerkt, dass Al-Stahl-Legierungen bei den Betriebsbedingungen einer SOFC ebenfalls hochstabil sind. Eine Cr-Verdampfung kann bei Al-Stahl nicht beobachtet werden. Leider spricht die Bildung einer elektronisch isolierenden Aluminiumoxidschicht gegen einen Einsatz von Al-Stahl als MIC.

Auf Wechselwirkungen zwischen Kontakt- und Schutzschichten zwischen den Komponenten MIC und Elektroden wird aufgrund der zahlreichen möglichen Werkstoffkombinationen nicht eingegangen. Wechselwirkungen, die zu einer Degradation der Zelle führen, sollten allerdings durch die richtige Wahl der Werkstoffe minimal gehalten werden können.

Zelle im System (realer Betrieb)

Findet die Zelle bzw. der Stack in einem realen BZ-System Anwendung, können keine idealen Bedingungen gewährleistet werden. Dies hat Folgen für die Degradation des Gesamtsystems, aber auch der einzelnen Komponenten.

Bei der APU-Anwendung in Lastkraftwagen soll auf den bereits vorhandenen Dieseltreibstoff zur Brenngasgewinnung zurückgegriffen werden. Die damit verbundene Brenngasaufbereitung in Form einer Dieselreformierung [12] kann nicht beliebig komplex bzw. ideal erfolgen, sondern muss sich betriebswirtschaftlichen Ansprüchen stellen, ebenso wie der Stack auch. Im Dieselkraftstoff ist z.B. Schwefel in geringen Anteilen enthalten. Schwefel gilt als Katalysatorgift und beeinträchtigt bereits in millionstel Anteilen (englisch: parts per million, ppm) die Eigenschaften der Elektrode. Vor allem wird die CO-Shiftreaktion der internen Reformierung stark beeinträchtigt und führt zu einem Anstieg der Anodenpolarisationsverluste [132].

Zur internen Reformierung benötigt die SOFC Wasserdampf. Dieser fällt beim APU-System durch die externe Dieselreformierung prinzipiell an [12]. Bei einem stationären System, bei dem auf die bestehende Erdgasinfrastruktur zurückgegriffen wird, muss zur internen Reformierung des Methans (CH_4) Wasserdampf (H_2O_{Dampf}) zugegeben werden. Wird der SOFC kein H_2O_{Dampf} zugeführt, kann es im Betrieb mit Kohlenwasserstoffen [CH_4, CO] zur Aufkohlung der Anode kommen. Dabei lagert sich Kohlenstoff auf dem Nickel ab und reduziert die katalytisch aktive Oberfläche. Im Substrat behindert die Aufkohlung die CO-Shiftreaktion oder in der Anodenfunktionsschicht die Wasserstoffoxidation an den TPB. Die Degradation durch Aufkohlung der Anode und die damit verbundene Leistungsminderung wurden in Arbeiten am IWE im Detail untersucht [8, 12].

Aber auch der für die mobile Anwendung typische Systemstart und -Stopp sowie die damit verbundenen Effekte führen zu einer erhöhten oder gänzlich andersartigen Degradation. Zum einen kommt es aufgrund der unterschiedlichen TAK und der Temperaturunterschiede zu Abplatzungen von Kontakt- und Schutzschichten. Diese sind vor allem bei schnellen Startphasen oder Lastzyklen gegeben und führen zu Kontaktverlusten und damit zu erhöhten Ohmschen Widerständen [32, 38, 39]. Zum anderen soll das BZ-System nur dann Kraftstoff verbrauchen, wenn es tatsächlich genutzt wird. Daher können bei Start und Stopp oder auch in kritischen Betriebspunkten des Systems eine reduzierende Atmosphäre an der Anode sowie eine oxidierende an der Kathode nicht dauerhaft gewährleistet werden [18]. Gelangt bei hohen Temperaturen Sauerstoff an die Anode, wird deren Nickel oxidiert. Ni-Oxid hat ein größeres Volumen als metallisches Nickel. Die Volumenzunahme führt zu Rissen in der Anodenmaterialmatrix und verringert so deren elektrochemische Leistungsfähigkeit [2]. Die sogenannten Redoxzyklen führen zudem zu einer verstärkten Ni-Agglomeration und damit zu einer erhöhten Degradation der Leistungsfähigkeit [18, 38, 80].

2.5.3 Cr-Vergiftung

Die Cr-Vergiftung der Kathode ist ein ernstzunehmender Degradationsmechanismus, der in Abhängigkeit von den Betriebsbedingungen wie Temperatur, Stromdichte, Feuchte und Zusammensetzung des Oxidationsmittels, die Leistungsfähigkeit der Zelle verringert [81, 82]. Die zu beobachtenden Degradationsmechanismen sind zudem stark vom eingesetzten Kathodenwerkstoff abhängig. Einen sehr guten Überblick über die Cr-Vergiftung der Kathode und die sich damit auseinandersetzende Literatur gibt die Arbeit von Neumann [83]. Da der Degradation eines Stacks eine Vielzahl von Ursachen zugrunde liegt, ist kaum eine Trennung des Beitrages der Cr-Vergiftung möglich. Aus dieser Arbeit heraus erfolgte der Anstoß zu den in dieser Arbeit durchgeführten Untersuchungen der Cr-Vergiftung an ASC mit LSM-Kathode. Durch die Einzelzellmessungen und die in Kapitel 4 behandelte Analyse der Messdaten ist es möglich, den Einfluss der Cr-Vergiftung zu identifizieren und zu quantifizieren.

Bevor die einzelnen in der Literatur genannten Mechanismen der Cr-Vergiftung vorgestellt werden, wird dargelegt, wie der Chrom aus dem Material des MIC in die Kathodenstruktur gelangt.

Cr-Verdampfung

Cr-Stahllegierungen, wie das im FZJ APU-Konzept verwendete Crofer22APU (Crofer, 31), bilden auf ihren Oberflächen eine Cr-Oxidschicht, weshalb der Stahl auch oft als Cr-Oxid-Bildner bezeichnet wird. Diese Chrom(III)oxidschicht reagiert bei hohen Temperaturen kathodenseitig beim Kontakt mit Sauerstoff sowie anodenseitig beim Kontakt mit Wasserdampf zu gasförmigen Cr-Spezies. Der für die APU-Anwendung entwickelte Crofer22APU bildet einen Chrom-Mangan (Cr-Mn)-Spinell, wodurch die Bildung von gasförmigen Cr-Spezies im Gegensatz zu anderen Cr-Stählen (Ducrolloy) verringert wird [84]. Wie Neumann feststellt, handelt es sich genau genommen um eine Cr-Oxidverdampfung, die nur der Vereinfachung wegen als Cr-Verdampfung bezeichnet wird [83]. Welche dampfförmige Cr-Spezies genau gebildet wird, hängt stark vom Wasserdampfgehalt des Kathodengases ab. Generell lässt sich sagen, dass unter trockenen Bedingungen nach Gleichung (2.14) hauptsächlich Chrom(VI)oxid (CrO_3) und unter feuchten nach Gleichung (2.15) mehrheitlich Cr-Säure ($CrO_2(OH)_2$) entsteht [84]. Aufgrund des negativen Einflusses von dampfförmigen Cr-Spezies auf die Leistungsfähigkeit der Zelle, werden Schutzschichten auf den MIC aufgebracht. Diese sollen die Reaktion von Sauerstoff zu dampfförmigen Cr-Spezies verhindern.

$$Cr_2O_3 + \tfrac{3}{2}O_2 \rightarrow 2CrO_3 \tag{2.14}$$

$$Cr_2O_3 + \tfrac{2}{3}O_2 + 2H_2O \rightarrow 2CrO_2(OH)_2 \tag{2.15}$$

Einen guten Literaturüberblick über die verschiedenen experimentellen Nachweismöglichkeiten von flüchtigen Cr-Spezies, die verschiedenen Stählen als Cr-Quelle und über das jeweilige Cr-Rückhaltevermögen der Schutzschichten stellt Neumann zusammen [83].

Transportmechanismus

Prinzipiell wurde bei der LSM-Kathode auch ein Cr-Transport durch Oberflächendiffusion nachgewiesen [86]. Diese Oberflächendiffusion ist bei LSCF-Kathoden wesentlich ausgeprägter und führt zu einer Passivierung der Oberfläche, welche wiederum den Gastransport in die Kathode erschwert [87]. Erst bei höheren Temperaturen kann eine dominante Gasphasendiffusion beobachtet werden [88]. Hierbei gelangen Cr-Spezies zu den TPB der Zelle, wo diese die elektrochemischen Prozesse negativ beeinflussen. Die Cr-Spezies gelangt demnach über die Gasphase zur Kathode. Das bedeutet, dass potentielle Cr-

Quellen nicht nur durch den MIC, sondern auch durch Cr-Stähle in den vorgelagerten heißen Bereichen der Kathodengasversorgung gegeben sein können. Eine Schutzschicht auf den kathodenseitigen Kontaktflächen des MIC allein genügt demnach zum Schutz vor Cr-Vergiftung nicht.

Zusammenfassend kann gesagt werden, dass die durch die Cr-Vergiftung verursachte Degradation bei den für ein BZ-System typischen Betriebsbedingungen hauptsächlich über die Gasphase erfolgt [81, 88, 89, 90].

Degradationsmechanismus

In der Literatur konnten bisher zwei prinzipielle Mechanismen der Cr-Vergiftung der Kathode nachgewiesen werden. Es gibt:

1. die elektrochemische Abscheidung von dampfförmigen Cr-Spezies am TPB und

2. eine Reaktion aufgrund der chemischen Affinitäten der Kathodenwerkstoffe mit den dampfförmingen Cr-Spezies [43].

Welcher der beiden Mechanismen die Degradation dominiert, hängt stark von den Betriebsbedingungen und dem Kathodenwerkstoff ab.

Elektrochemische Reaktion

Eine Beteiligung der elektrochemischen Reaktion von Cr-Spezies an der Degradation konnte bisher nur für LSM-Kathoden nachgewiesen werden. Prinzipiell werden an Stelle des Sauerstoffes die dampfförmigen Cr-O-Verbindungen an den TPB nach Gleichung (2.16) und (2.17) reduziert [85]. Diesbezüglich existieren mehrere Erklärungsversuche zum Ablauf der elektrochemischen Reduktion und deren Zwischenschritte [85, 91]. Einig sind sich die Autoren, dass zur Reduktion von dampfförmigen Cr-Spezies ein Mindestpotential über der Zelle anliegen muss, abhängig von Temperatur und Gaszusammensetzung. Bei 950°C bestimmt Hilpert et al. die Zellspannung auf 0.89 V [85] und Krumpelt et al. ermittelt bei 800°C eine Spannung von 0,9 V [91]. Erst ab einer Zellspannung unterhalb der genannten Grenze kommt es zur elektrochemischen Reduktion von Cr-Dampf.

$$2CrO_3 + 6e^- \rightarrow Cr_2O_3 + 3O^{2-} \tag{2.16}$$

$$2CrO_3(OH)_2 + 6e^- \rightarrow Cr_2O_3 + 2H_2O + 3O^{2-} \tag{2.17}$$

Die Aussagen über die Zellspannung sind, wie bereits erwähnt, von der Betriebstemperatur und der Gaszusammensetzung abhängig. Zudem ist die elektrochemische Reduktion der dampfförmigen Cr-Spezies von der Höhe der Kathodenüberspannung abhängig. Da diese von den elektrochemischen Eigenschaften der Kathoden beeinflusst wird ist diese nicht für alle Kathodentypen gleich. Neumann berechnet aus den verschiedenen Reduktionspotentialen der festgestellten Cr-Spezies eine Kathodenüberspannung, bei der die elektrochemische Reduktion an den TPB erfolgt. Unter der Annahme, dass die Spannung der Zelle unter Strombelastung durch die Kathodenpolarisation bzw. die Kathodenüberspannung dominiert wird, ermittelt Neumann eine Stromdichte von $j \sim 0{,}2\,\mathrm{Acm^{-2}}$. Ab dieser Stromdichte erfolgt aufgrund ihres Reduktionspotentials bevorzugt die Reduktion der Cr-Spezies an den TPB anstelle des O_2.

Da die Überspannungen bei niedrigen Stromdichten durch die Aktivierungspolarisation dominiert werden und diese an der Anode nicht zu vernachlässigen ist, trifft die von Neumann getroffene Vereinfachung nur bedingt zu. Die tatsächliche Stromdichte, welche zur Reduktion von Cr-Spezies führt, dürfte daher etwas höher liegen. Aus diesen Betrachtungen folgt, dass die Kathode unter Polarisation betrieben werden muss, da sonst kein Cr-Dampf elektrochemisch abgeschieden werden kann [81]. Aufgrund weiterer Reaktionsschritte können in LSM-Kathoden hinsichtlich Cr-Ablagerungen hauptsächlich Cr-Mn-Spinelle in Kombination mit einer Vergröberung der Mikrostruktur nachgewiesen werden [83]. Neumann berechnet bei 800 °C anhand der Kathodenüberspannung bei einem angenommenen Chrompartialdruck für Crofer22APU in Luft eine Grenzstromdichte für die Reduktion von dampfförmigen Cr-Spezies. Bei Überschreitung einer Stromdichte von $0{.}3\,\mathrm{Acm^{-2}}$ wird die elektrochemische Reduktion von $CrO_2(OH)_2$ energetisch günstiger als die Reduktion von Sauerstoff [83].

Grundsätzlich kann dieser Effekt auch bei LSCF-Kathoden (gemischt leitend) auftreten. Bei LSCF-Kathoden sind die TPB nicht auf die Grenzfläche zwischen Elektrode und Elektrolyt, begrenzt, wie dies bei LSM-Kathoden der Fall ist. Daher ist eine elektrochemische Reaktion in der gesamten Kathode möglich und eine Differenzierung zur nachfolgend vorgestellten chemischen Reaktion konnte bisher in der Literratur nicht stattfinden.

Chemische Reaktion

Eine Reaktion der dampfförmigen Cr-Spezies aufgrund der chemischen Affinität der Werkstoffe kann sowohl bei der LSM- wie auch bei der LSCF-Kathode beobachtet werden [43, 83]. Im Folgenden wird nur die chemische Reaktion mit LSM betrachtet, da dieses Kathodematerial Anwendung in dieser Arbeit fand.

Die dampfförmigen Cr-Spezies bilden nach Jiang et al. Cr-Mn-Keime an der Oberfläche des LSM in der Nähe des Elektrolytmaterials [89]. Bei der eingesetzten LSM/8YSZ-Kathode liegt in der kompletten Funktionsschicht Elektrolytmaterial vor. Daher ist der von Jiang beschriebene Effekt bei der LSM/8YSZ-Kathode nicht auf die Grenzfläche zwischen Elektrolyt und Kathode beschränkt. Aufgrund der hohen Mobilität des Mangans, so Jiang, wachsen die Cr-Mn-O-Keime letztlich auf der Oberfläche des 8YSZ zu Kristallen auf. Diese Kristalle besetzen die TPB und erschweren so die elektrochemische Reaktion an der TPB sowie die O^{2-}-Diffusion in den Elektrolyten. Durch diesen Effekt erhöhen sich die Polarisationsverluste der Kathode [89].

Neumann macht letztlich als treibende Kraft für diese chemische Cr-Vergiftung die stufenweise Entmischung des LSM aufgrund der Mn-Überstöchiometrie sowie die Bildung des thermodynamisch stabileren Cr-Mn-Spinells verantwortlich [83]. Diese Wechselwirkung und die damit verbundene Stöchiometrie-Änderung führen nach Neumann zur Unterschreitung der Stabilitätsgrenze und zur anschließenden Zersetzung des LSM-Perowskiten. Eine negative Beeinflussung der elektrochemischen Eigenschaften des LSM ist erst mit dessen Zersetzung zu erwarten. Dieser Degradationseffekt kann die Leistungsfähigkeit der Zelle auch ohne Kathodenpolarisation verringern und ist durch die Degradationserscheinung nicht von der elektrochemischen Cr-Vergiftung zu unterscheiden. Die chemische Cr-Vergiftung der Kathode ist auch unter anodischer Polarisation, also im Elektrolysemodus, möglich.

3 Experimentelle Methoden

In diesem Kapitel werden die experimentellen Methoden, welche dieser Arbeit zugrunde liegen, vorgestellt. Vor der Beschreibung der angewendeten Messverfahren werden der Einzelzellmessplatz und die verwendeten Zellen kurz vorgestellt, um einen Einblick in die fortschrittliche Messtechnik am IWE zu geben. Nachfolgend werden die angewendeten Messbedingungen und die damit verbundenen Messabläufe sowie abschließend die für die jeweiligen Untersuchungen umgesetzten Kontaktierungen dargelegt.

3.1 Messobjekt

Für die Untersuchungen des Einflusses der Kontaktgeometrie wurden kommerziell verfügbare anodengestützte Zellen der CeramTec AG (CT; Marktredwitz) [22] für die Untersuchungen zur Cr-bedingten Degradation der ASC des Forschungszentrum Jülich (FZJ) [92, 93] verwendet. Die CeramTec ASC lag als Halbzelle (Anodensubstrat, Anoden-funktionsschicht + Elektrolyt ohne Kathode) vor und wurde am IWE mit der LSM-Kathode des FZJ versehen. Die Herstellung der LSM-Kathode erfolgte nach den Spezifikationen des FZJ und kann daher als nominell gleiche Kathode zur FZJ-ASC angesehen werden. Die ASC der beiden Hersteller weisen prinzipiell den gleichen Aufbau auf, unterscheiden sich aber deutlich in der Dichte des Anodensubstrates. Ein Vergleich der Mikrostruktur der ASC erfolgt nicht, da diese für die Untersuchungen und die Interpretation der Ergebnisse nicht von Bedeutung ist.

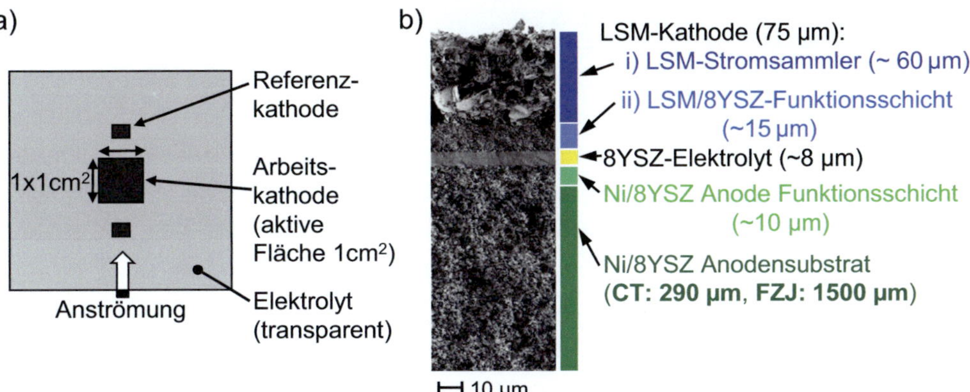

Abbildung 3.1: Verwendete anodengestützte Zellen (ASC). a) Skizze der Zellgeometrie, b) REM-Aufnahme der Bruchfläche zeigt Schichtdicken und Schichtabfolge.

Abbildung 3.1a) zeigt die Aufsicht auf die verwendete Zell-Geometrie der ASC. Die REM-Aufnahme einer Bruchfläche und damit die Schichtfolge sowie die Schichtdicken der verwendeten ASC sind in Abbildung 3.1b) zu sehen. Die ASC besteht aus einer 5 cm x 5 cm großen Halbzelle, deren poröses Anodensubstrat (Ni/8YSZ-Cermet, 8YSZ: 8 mol% Y_2O_3 dotiertes ZrO_2) zusammen mit der Anodenfunktionsschicht (Ni/8YSZ-Cermet) und dem gasdichten Elektrolyten (8YSZ) gesintert wurde. Auf dem durchsichtigen Elektrolyten sind drei LSM-Komposit-Kathoden aufgebracht. Die zweischichtige Kathode wurde durch Siebdruck einer Komposit-Funktionsschicht aus $La_{0.68}Sr_{0.3}MnO_3$ (LSM)/8YSZ und nachfolgender einphasig leitender LSM-Stromsammlerschicht auf die Halbzelle aufgebracht und gesintert. Ausführliche Informationen über die verwendete LSM-Kathode können [22, 94] entnommen werden. Die Arbeitselektrode (LSM-Kathode) mit 1 cm x 1 cm bildet die aktive Zellfläche. Vor und nach der Arbeitselektrode ist jeweils eine Referenzelektrode in Gasflussrichtung angeordnet. Die Verwendung dieser Referenzelektroden bei der Messung an der ASC wird in Abschnitt 4.1.1 beschrieben. Die Schichtdicken (Abbildung 3.1b) sind bis auf die Dicke des Anodensubstrates (CT: 290 µm, FZJ: 1500 µm) bei beiden Herstellern gleich.

3.2 Messtechnik

3.2.1 Messplatz

Die vorgestellten ASC wurden in einem Hochtemperaturmessplatz am IWE elektrochemisch charakterisiert. Das Konzept des Messplatzes wurde bei der Siemens AG entworfen und am IWE stetig weiterentwickelt. Hierbei wurde der Messplatz für die hochfrequente Impedanzmessung unter speziellen Gaszusammensetzungen optimiert [10].

Zentraler Bestandteil des Messplatzes ist ein Temperatur regelbarer Ofen mit integriertem „Probenhalter", genannt Messkopf. Der Messkopf (Abbildung 3.2) besteht aus einer Zelleinhausung, die sich unter einer mit Stickstoff gespülten Haube befindet. Um eine ASC elektrochemisch charakterisieren zu können, muss diese im Messkopf in einer Einhausung (englisch: Housing) platziert werden, welche die Gasräume untereinander und nach außen trennt bzw. abdichtet. Dies wird hier durch die Zelle selbst und durch eine Golddichtung bewerkstelligt. Zudem muss die Einhausung eine elektrische Kontaktierung sowie die kontinuierliche Gasversorgung der Elektroden erlauben. Abbildung 3.2 zeigt die Aufsicht auf den anodenseitigen Teil der Einhausung und den Querschnitt durch den Messkopf mit eingebauter Zelle.

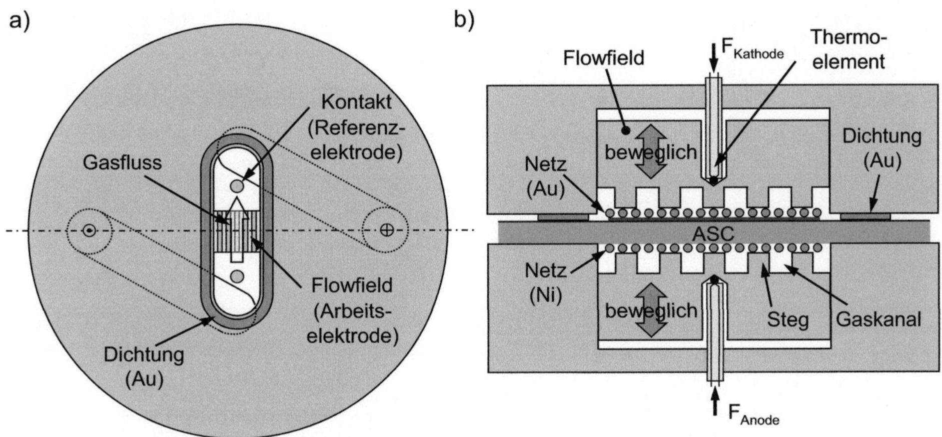

Abbildung 3.2: Am IWE zur Charakterisierung von 1 cm^2 Einzelzellen eingesetzter Messkopf. a) Aufsicht auf die kathodenseitige Einhausung (Oberteil). b) Querschnitt der aus Ober- und Unterteil zusammengesetzten Einhausung mit dazwischen liegender ASC. Anodenseitig erfolgt die Dichtung über das Anodensubstrat. Kathodenseitig wird mit Goldrahmen gedichtet. Die Betriebsgase strömen durch die Gaskanäle des Flowfields entlang der Elektroden, die durch Netze elektrisch kontaktiert werden. Die in das Flowfield eingearbeiteten Thermoelemente erfassen die Temperatur nahe der Elektrodenoberfläche. Durch die Keramikkapillare wird die Anpresskraft auf die Flowfields übertragen.

Die Einhausung aus Aluminiumoxid (Al$_2$O$_3$, Keramik) mit einer Reinheit von 99,7 % ist gegenüber den verschiedenen Atmosphären und den Zellkomponenten selbst bei Temperaturen bis 1000°C chemisch stabil. Zwischen dem Oberteil (anodenseitig) und dem Unterteil (kathodenseitig) der Einhausung befindet sich die Zelle (Abbildung 3.2b)). Hier wird exemplarisch die labortechnische Kontaktierung gezeigt. Über diese werden mittels einer Vierpunktkontaktierung die Zellspannung gemessen und der Strom abgegriffen. Auf die Verschaltung der Zelle wird im Abschnitt 3.2.2, auf die einzelnen angewendeten Kontaktierungsvarianten in Abschnitt 3.4 detailliert eingegangen. Eine wesentliche Neuerung liegt in der Einleitung der Anpresskraft für die Kathoden- und Anodenkontaktierung aus dem kalten Bereich außerhalb des Ofens dar. Hierzu werden Gewichte genutzt, deren Gewichtskraft durch eine dünne Aluminiumoxidkapillare auf die jeweiligen Kontaktklötze wirkt (Kathode: 100 g/cm^2, Anode: 100 g/cm^2). Mit dem Aufbau kann eine genau definierbare Kontaktkraft gesichert und bei Bedarf während des Betriebes variiert werden. Ebenfalls sind in Abbildung 3.2b) deutlich die örtliche Positionen der Temperaturmessstellen zu erkennen. Die Messtelle hat einen Abstand von ca. 2 mm zur jeweiligen Elektrodenoberfläche. Dies ermöglicht eine sehr genaue Bestimmung der Temperatur.

Die Messplätze benötigen neben einem Hochtemperaturofen und einer Einhausung weitere Peripheriegeräte, um den Betrieb einer SOFC-Einzelzelle zu ermöglichen. Abbildung 3.3 zeigt schematisch die Verschaltung der Peripheriegeräte des 1 cm^2 Einzelzellmessplatzes.

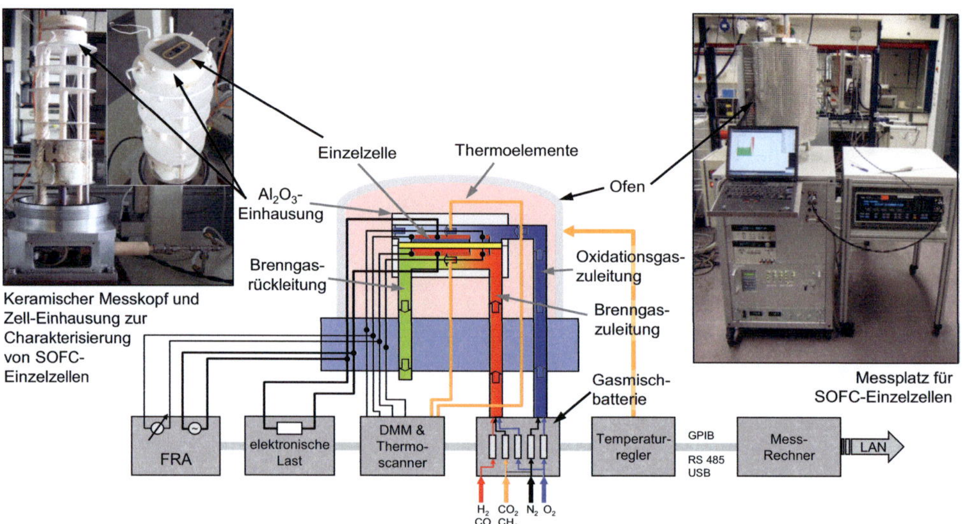

Abbildung 3.3: Prinzipieller Aufbau eines 1 cm² Einzelzellmessplatzes [10]. Der Messplatz besteht neben dem Hochtemperaturofen aus einer Gasmischbatterie zur Bereitstellung verschiedener Betriebsgase, einer elektronischen Last, einem mehrkanaligen Digitalmultimeter zur Erfassung von Spannungen, Strömen und Temperaturen und einem Impedanzmessgerät. Das Herzstück des Messplatzes ist der Messkopf mit Gaszufuhr, Messleitungen und Probenhalter (Zell-Einhausung).

Die Messgrößen (Temperatur, Spannung, Strom) werden durch ein Digitalmultimeter (DMM) erfasst. Die Gas-Ver- und Entsorgung der Zelle erfolgt durch Al_2O_3-Rohre, die vom Messkopf im heißen Bereich ($T < 1000°C$) bis in den kalten Bereich ($T < 80°C$) reichen. Erst dort erfolgt die Verrohrung durch Standardmaterial (V4A, Teflonschlauch). Über eine Gasmischbatterie mit hochpräzisen Durchflussreglern (englisch: Mass Flow Controller, MFC) und Magnetventilen erfolgt die Bereitstellung der verschiedenen Gasmischungen. Die Magnetventile können von Hand oder über eine digitale Schnittstelle (englisch: Digital I-O) angesteuert werden. Damit ist ein Betrieb der Kathode mit einer aus zwei Komponenten bestehenden Gasmischung aus den sechs Grundgasen (N_2, Ar, O_2, Luft, CO_2) möglich. Der Betrieb der Anode kann mit einer Gasmischung aus bis zu vier Komponenten der sieben Grundgasen (N_2, Ar, H_2, O_2, CO, CO_2, CH_4) erfolgen. Der anodenseitige Wasserdampfpartialdruck $pH_2O_{,An}$ wird durch das Mischen von H_2 und O_2 in einer Brennkammer eingestellt. Diese Brennkammer befindet sich im heißen Bereich des Ofens ($T_{Brennkamer} > 500°C$ bei Betriebstemperaturen $> 600°C$) und ermöglicht eine kontrollierte Reaktion der Gase zu Wasserdampf.

Sämtliche Peripheriegeräte (DMM, MFC, I-O-Platine, Last, FRA, Ofentemperaturregler) sind über Netzwerke (GPIB, RS 485, USB) mit einem Messplatzrechner verbunden. Die Erfassung, Dokumentation und graphische Visualisierung der Messdaten erfolgt durch die

Messplatzsoftware. Die Steuerung sämtlicher Peripheriegeräte des Messplatzes ist mit dieser Software über eine Skriptsprache automatisiert oder manuell über die Bedienoberfläche am Messplatzrechner möglich [16].

3.2.2 Messverfahren

Zur elektrochemischen Charakterisierung der Zelle wurden Gleich- und Wechselstrommessungen herangezogen, die nachfolgend erläutert werden. Bei den Gleichstrommessungen wurde eine spezielle Messanordnung eingesetzt, mit welcher das Potential der Elektroden durch Potentialsonden bei systemrelevanter Kontaktierung erfasst werden kann.

Gleich- und Wechselstrommessung

Abbildung 3.4a) und b) zeigen eine stark vereinfachte Darstellung der elektrischen Verschaltung der Zelle mit den eingesetzten Messgeräten. Die Spannungsmessung und die Stromführung erfolgen in separaten Leitungen (Abbildung 3.4a)). Damit werden Messfehler durch einen Spannungsabfall auf den stromführenden Leitungen verhindert und die tatsächlich an der Zelle herrschende Arbeitsspannung gemessen, um eine induktive Kopplung des hochfrequenten Impedanzmessstroms auf die Spannungsmessung zu verringern.

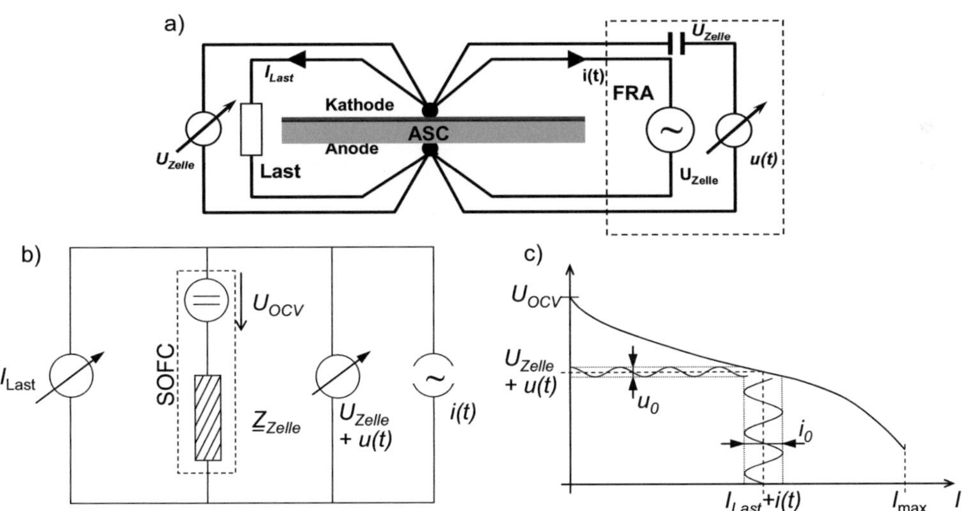

Abbildung 3.4: a) Schema der elektrischen Verschaltung zur elektrischen Charakterisierung im SOFC-Messplatz [2]. b) Vereinfachtes Ersatzschaltbild der Impedanzmessung an einer realen SOFC mit dem Innenwiderstand $\underline{Z}$ und c) Darstellung der zugehöriger Kennlinie [103].

Zur Gleichstrommessung wird eine elektronische Last (Agilent 6612C) benutzt und die sich einstellende Zellspannung mit einer Genauigkeit von 0,1 mV gemessen (Agilent 34970A). Die elektronische Last ermöglicht das Einstellen eines über die Messzeit konstanten Zellstromes im Bereich von 0 bis 2 A mit einer Genauigkeit von 0,5 mA. Damit ist ein präziser galvanostatischer Betrieb (Konstantstrom) der Zelle möglich. Ist dagegen ein potentio-statischer Betrieb gewünscht, wird der Strom von der Messplatzsoftware so eingestellt und nachgeführt, dass die eingestellte Konstantspannung erreicht und gehalten wird. Der poten-tiostatische Betrieb ist mit einer geringeren Einstellgenauigkeit als der galvanostatische behaftet. Dennoch kann das Anfahren eines beliebigen Arbeitspunktes gewährleistet werden. Das Aufnehmen einer Strom-Spannungskennlinie (U-I-Kennlinie) erfolgt ebenfalls mittels der elektronischen Last. Hier wird der Konstantstrom schrittweise nach definierter Haltezeit erhöht. Die in dieser Arbeit ausgewertete U-I-Kennlinie wurde in Schritten von 20 mAcm^{-2} bei einer Haltezeit von 20 sec je Schritt aufgenommen. Die eingestellte Strom-dichte lag im Bereich zwischen 0 bis 2 Acm^{-2} Eine Spannungsüberwachung verhindert ein Unterschreiten einer Zellspannung von 0.6 V und garantiert den sicheren Betrieb der Zelle.

Wechselstrommessung

Die Wechselstrommessung wurde mit dem Solartron 1260 FRA (englisch: Frequency Response Analyser) der Firma Solartron Analytical durchgeführt. Dabei wird ein sinus-förmiges Stromanregungssignal mit kleiner Amplitude $i(t)=i_0 sin(\omega t)$ mit definierter Frequenz auf die Zelle gegeben und die Spannungsantwort $u(t) = u_0(\omega)sin[(\omega t+\varphi(\omega)]$ gemessen (Abbildung 3.4c)).

Durch das Messen mit mehreren diskreten Frequenzen erhält man die komplexe Impedanz der Zelle in Anhängigkeit der Frequenz. Die Berechnung der komplexen Impedanz $Z(\omega)$ erfolgt nach Gleichung (3.1) [103]:

$$\underline{Z}(\omega)=\frac{\underline{u}(t)}{\underline{i}(t)}=\frac{u_0(\omega)}{i_0}e^{j\varphi(\omega)}=\left|\underline{Z}(\omega)\right|e^{j\varphi(\omega)}=\mathrm{Re}\left\{\underline{Z}(\omega)\right\}+j\,\mathrm{Im}\left\{\underline{Z}(\omega)\right\} \qquad (3.1)$$

wobei $\omega=2\pi f$ [s^{-1}] die Kreisfrequenz und $\varphi(\omega)$ die frequenzabhängige Phasenverschiebung zwischen Anregungsstrom und Spannungsantwort darstellt.

In dieser Arbeit wurde die elektrochemische Impedanzspektroskopie (EIS) in einem Frequenzbereich zwischen 100 mHz und 1 MHz aufgenommen. Die Diskretisierung des Frequenzbereiches erfolgte logarithmisch äquidistant mit 12 Messpunkten pro Dekade. Die Intensität der Anregungsamplitude i_0 wurde so gewählt, dass bei allen Messpunkten ein gutes Signal-zu-Rausch-Verhältnis (englisch: Signal to Noise Ration, SNR) gegeben ist. Die resultierende Spannungsantwort liegt in jedem Messpunkt unter 12mV und erfüllt somit die Linearitätsbedingung.

Potentialsonden

Die Potentialsondenmessung ist eine Gleichstrommessung und findet bei Messungen mit systemrelevanter Kontaktierung Anwendung. Dabei wird mittels dünner Messspitzen das Potential $\varphi(x)$ auf einer genau definierten Position auf der Oberfläche der Elektrode erfasst. Kathodenseitig wird Gold, anodenseitig Nickel verwendet. Die experimentelle Umsetzung der Potentialsonden ist in Abbildung 4.1 und Abbildung 6.5 dargestellt.

Messtechnisch wird durch Abgreifen weiterer Potentiale $\varphi(x)$ auf der Oberfläche der Elektrode ein Differenzpotential $U_{Pot.Sonde} = \varphi(x_1) - \varphi(x_2)$ erfasst. Die Kombination von Potentialsondenmessung und FEM-Modell (Abschnitt 6.1.2) ermöglicht die Bestimmung des Kontaktwiderstandes R_K während des Zellbetriebes (in-situ). Das Messprinzip und die Funktion der Potentialsonden werden in Abschnitt 4.1.4 diskutiert.

3.3 Messablauf

Die elektrochemische Charakterisierung der ASC durch die genannten Methoden der Gleich- und Wechselstrommessungen erfolgte im vorgestellten Messplatz nach einem festgelegten Messablauf. Generell wurden die angewendeten Messabläufe so ausgelegt, dass sie folgende Kriterien erfüllten:

- Gewährleistung eines stabilen Zellbetriebes

- Vergleichbarkeit der Einzelzellmessungen

- Reproduzierbarkeit der Ergebnisse

- An den Untersuchungsgegenstand angepasste Messbedingungen

Die Notwendigkeit angepasster Messbedingungen erforderte in dieser Arbeit zwei prinzipiell unterschiedliche Messabläufe. Die mit den jeweiligen Untersuchungen verbundenen Messabläufe werden nachfolgend vorgestellt und zeigen den Ablauf der elektrochemischen Charakterisierung.

3.3.1 Kontaktgeometrie

Das Messprogramm zur Untersuchung des Einflusses der Kontaktgeometrie auf die Leistungsfähigkeit der Einzelzelle ist in Abbildung 3.5 gezeigt. Der Messablauf lässt sich in folgende vier Phasen einteilen:

1. Inbetriebnahme der Zelle

2. Einfahren der Zelle

3. Vollständige elektrochemische Charakterisierung

4. Herunterfahren der Zelle

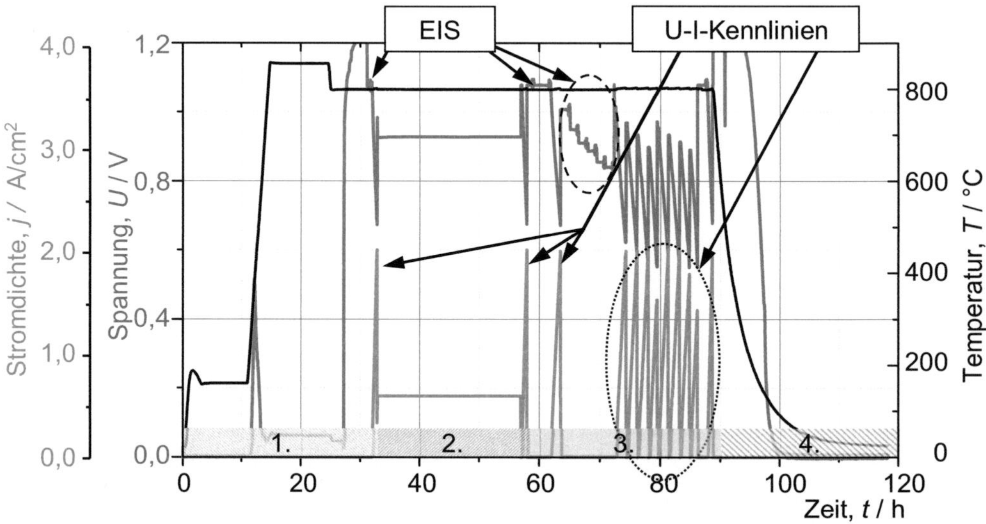

Abbildung 3.5: Messablauf zur Untersuchung des Einflusses der Kontaktgeometrie auf die Leistungsfähigkeit der ASC. Die elektrochemische Charakterisierung durch EIS erfolgte unter OCV-Bedingungen, Luft bzw. einer Variation des N_2/O_2-Verhältnisses an der Kathode ($pO_{2,Kat}$ = 0,4 % bis 21 %) und H_2 mit variiertem Wasserdampfanteil (pH_2O_{An} = 5 % bis 63 %). Die U-I-Kennlinienmessung erfolgte bei Luft an der Kathode und bei Variation der Gaskomponentenmischung aus H_2, N_2, H_2O als Anodengas. Die Messungen wurden bei einer Betriebstemperatur von T = 800°C durchgeführt.

Inbetriebnahme der Zelle

Die erste Phase stellt die Inbetriebnahme der Zelle dar. Bei der Definition der ersten Phase wurde darauf geachtet, dass die Startphase der einer Wiederholeinheit entspricht. Die beiden für 10 h gehaltenen Temperaturniveaus bei 350°C und 850°C dienen im realen System als Trocknungs- und Sinterschritt für die eingesetzten Kontaktschichten. Um die Vergleichbarkeit mit anderen am IWE durchgeführten Messungen zu gewährleisten, wurde auf diese Temperaturschritte nicht verzichtet. Zudem ersetzt der 850°C Sinterschritt die sonst am IWE übliche Fügephase [16, 24]. Das noch im oxidierten Zustand (grün) vorliegende Anodensubstrat wird mit Stickstoff, die Kathode mit Luft gespült. Bei einer Temperatur von 850°C wird die eingesetzte Golddichtung weich. Das weiche Gold schmiegt sich zwischen Zelle und Einhausung und verbessert so die Dichtigkeit des Aufbaus. Die Zelle wird nach dem Sinterschritt bzw. der Fügephase auf 800°C geheizt. Die Reduzierung der Anode zu metallischem Nickel (grau) findet unter langsam erhöhtem Wasserstoffanteil im Stickstoff statt. Nach der vollständigen Reduktion wird die Standardbedingung mit H_2 und 5 % H_2O als Brenngras und Luft als Oxidationsmittel eingestellt. Beide Gasgemische strömen mit einer Flussrate von je 250 sccm über die aktive Zellfläche von 1cm^2. Das Ende der ersten Phase stellt eine Kontrollmessung mittels U-I-Kennlinien und EIS Messung dar.

Einfahren der Zelle

In der zweiten Phase erfolgt das Einfahren der Zelle. Hier wird die Zelle für 24 h galvanostatisch betrieben (j = 0,6 Acm^{-2}, 800°C, BG: H_2 (5 % H_2O), OM: Luft). Diese Einfahrprozedur ist ebenfalls einer Vergleichbarkeit zu anderen am IWE durchgeführten Messungen geschuldet. Die Einfahrprozedur wird mit einer weiteren Kontrollmessung mittels U-I-Kennlinien und EIS Messung beendet. Durch den Vergleich mit den ersten Kontrollmessungen können erste Aussagen zur Stabilität und Reproduzierbarkeit erfolgen.

Vollständige elektrochemische Charakterisierung

Die vollständige elektrochemische Charakterisierung der Zelle erfolgt in der dritten Phase. Die dritte Phase startet mit der Eingangs- und Endet mit der Ausgangsmessung unter Standardbedingungen (U-I-Kennlinie, EIS). Der Vergleich beider Messungen erlaubt Aussagen über Veränderungen der Zelle im Verlauf der dritten Phase. Dies dient zur Kontrolle und Absicherung der Anforderung nach einem stabilen Zellbetrieb. Nach der Eingangsmessung erfolgt eine Reihe von EIS-Messungen unter Variation der Gaszusammensetzung an Anode und Kathode (var. H_2O in H_2, var. $pO_{2,Kat}$). Die Wahl der Messbedingungen ist in Abschnitt 4.2.5 erläutert. Im Anschluss erfolgen U-I-Kennlinienmessungen unter systemnäheren Betriebsbedingungen. Die Kathode wird bei hoher Luftmenge mit 1000 sccm, die Anode bei einer variierten Gasmischung aus $N_2/H_2/H_2O$ und reduziertem Fluss mit 199 sccm betrieben. Zum Abschluss der elektrochemischen Charakterisierung erfolgt eine weitere Kontrollmessung. Der Vergleich der Kontrollmessung vor und nach der Charakterisierung zeigt, ob die Eigenschaften der Zelle während der Messzeit unverändert geblieben sind.

Herunterfahren der Zelle

Nach der Messung wird die Zelle abgekühlt. Dabei wird die Anode unter reduzierender (20 % H_2 in N_2) und die Kathode unter oxidierender Atmosphäre (Luft) gehalten. Dadurch wird sichergestellt, dass das Anodensubstrat in metallischem Zustand und die Kathode als Metalloxid erhalten bleiben und nachfolgend ein aussagefähiger Post-Test der Mikrostruktur durch Rasterelektronenmikroskopie (REM, Abbildung 3.1b)) möglich ist.

3.3.2 Cr-Vergiftung

Das Messprogramm zur Untersuchung des Einflusses der Cr-Vergiftung auf die Leistungsfähigkeit der Einzelzelle ist in Abbildung 3.6 gezeigt. Die Messungen fanden in enger Zusammenarbeit mit dem FZJ statt. Um die Vergleichbarkeit mit bereits am FZJ durchgeführten Messungen [83] zu ermöglichen, mussten teilweise gleiche Messbedingungen angewendet werden. Der Messablauf lässt sich in folgende fünf Phasen einteilen:

1. Inbetriebnahme der Zelle

2. Eingangscharakterisierung

3. Galvanostatischer Betrieb

4. Ausgangscharakterisierung

5. Herunterfahren der Zelle

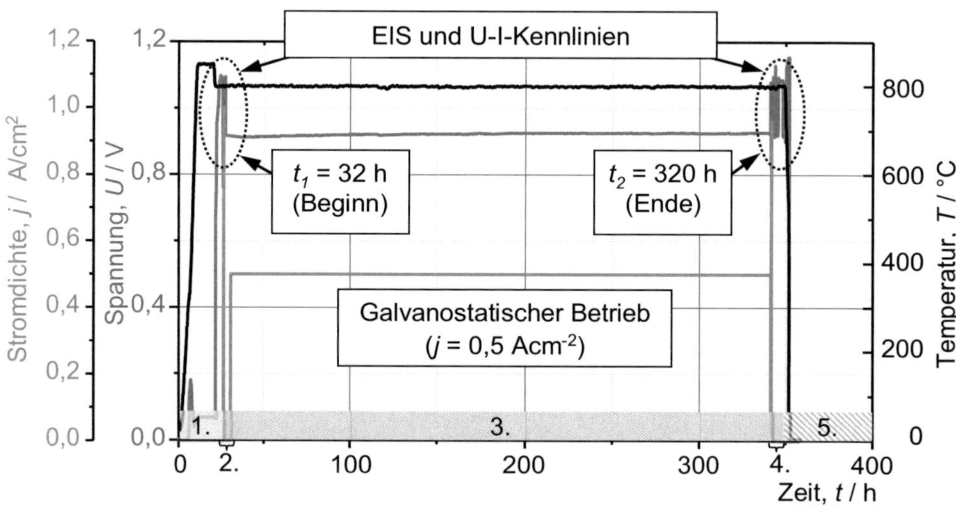

Abbildung 3.6: Messablauf zur Untersuchung des Einflusses der Kontaktgeometrie auf die Leistungsfähigkeit der ASC. Die elektrochemische Charakterisierung durch EIS erfolgte unter OCV-Bedingungen, Luft an der Kathode ($pO_{2,Kat}$ = 21 %) und H_2 mit variiertem Wasserdampfanteil (pH_2O_{An} = 3,4 % und 63 %). Die U-I-Kennlinienmessung und der galvanostatische Betrieb mit j = 0,5 Acm^{-2} erfolgten bei Luft an der Kathode ($pO_{2,Kat}$ = 21 %) und H_2 mit 3,4 % Wasserdampfanteil (pH_2O_{An} = 3,4 %). Die Messungen und der Betrieb wurden bei einer Betriebstemperatur von T = 800°C durchgeführt.

Inbetriebnahme der Zelle

Die Inbetriebnahme der Zelle wurde vollständig nach Vorgaben von Jülich umgesetzt. Die Fügephase findet am FZJ ebenfalls bei 850°C über 10 h statt und entspricht den am IWE üblichen Bedingungen [16]. Ein Unterschied besteht im Anodenschutzgas während der Fügephase. Hier wurde statt N_2 Ar verwendet. Auch die Reduktion der anodengestützten Zelle findet am FZJ durch schrittweise Erhöhung des H_2-Anteils im Ar bei 800°C statt. Bei der Reduktion in dem hier vorgestellten Messablauf wurde daher N_2 durch Ar ersetzt. Nach der vollständigen Reduktion wird die FZJ-Standardbedingung mit H_2 und 3,4 % H_2O als Brenngas und Luft als Oxidationsmittel eingestellt. Der H_2O-Anteil wird am FZJ Einzelzellmessplatz nicht wie am IWE durch die Reaktion von H_2 mit H_2O in einer Brennkammer, sondern durch das Durchleiten von H_2 durch eine mit H_2O gefüllte „Blubberflasche" erzeugt. Der sich einstellende Sättigungsdampfdruck ist abhängig von der Gas- und Wassertemperatur und liegt bei pH_2O_{An} = 3,4 %. Kathodenseitig wird Luft als Oxidationsmittel eingesetzt. Die Flussrate von je 250 sccm über die aktive Zellfläche von 1 cm^2 wurde auch bei diesen Messungen beibehalten. Die Inbetriebnahme oder auch der initiale Start ist prinzipiell mit der ersten Inbetriebnahme eines Stacks zu vergleichen. Die ASC werden in einem Stack in oxidiertem Zustand verbaut und bei der ersten Inbetriebnahme nach dem Sintern der Kontaktschichten reduziert.

Eingangscharakterisierung

Die U-I-Kennlinien- und EIS-Messung zu Beginn (t_1 = 32 h) erfolgten bei angepassten Messbedingungen. Da die zu untersuchende Cr-Vergiftung der Kathode stark vom Sauerstoffpartialdruck im Oxidatonsmittel abhängt, wurde auf eine Variation des $pO_{2,Kat}$ verzichtet. Die Kathoden und der kathodenseitige Gasraum wurden während des ganzen Messprogramms unter konstanten Bedingungen (Luft, 250 sccm) betrieben. Durch die U-I-Kennlinienmessung kommt es zu einer Reduzierung vom $pO_{2,Kat}$ und einer Erhöhung des pH_2O_{An}. Im Betrieb mit Luft als Oxidationsmittel und einer Flussrate von 250 sccm herrscht bei einer Stromdichte von j_{Zelle} = 2 Acm^{-2} am Gasausgang der Zelle ein minimaler Sauerstoffpartialdruck von 12,6 %. Bei der späteren Bewertung der Degradationsrate durch Cr-Vergiftung ist dies zu berücksichtigen. Die Variation des Wasserdampfanteils im Brenngas, welche die Separation der Polarisationsverluste begünstigt, hat keinen Einfluss auf die Kathodenüberspannung. Die elektrochemisch verursachte Cr-Vergiftung, welche von der Kathodenüberspannung beeinflusst wird, bleibt durch die pH_2O_{An}-Variation unberührt. Die U-I-Kennlinie wurde bei einem H_2O-Anteil von 3,4 % im Brenngas (H_2, 3,4 % H_2O) durchgeführt. Um die Separation der Verlustanteile zu ermöglichen erfolgte die Messung der EIS bei höheren H_2O-Anteilen im Brenngas (H_2, 63 % H_2O, Kapitel 4.2). Die Flussrate wurde während der Messung konstant auf 250 sccm gehalten.

Galvanostatischer Betrieb

Der Arbeitspunkt im galvanostatischen Betrieb wurde mit j_{Zelle} = 0,5 Acm^{-2} gewählt. Bei dieser Stromdichte ergab sich eine resultierende Zellspannung U_{Zelle} zwischen 0,83 und 0,93 V unter H_2 mit 3,4 % H_2O als Brenngas und Luft als Oxidationsmittel (T = 800°C). Der Betriebspunkt wurde so gewählt, dass die Degradation der Zelle unter Cr-freien Bedingungen nur gering und die durch Cr-Vergiftung bedingte Degradation mäßig bis stark ausgeprägt stattfindet (Abschnitt 2.5.3). Unter diesen Bedingungen wurde die Zelle für t = 280 h galvanostatisch betrieben.

Ausgangscharakterisierung

Bei der Ausgangscharakterisierung handelt es sich ebenfalls um U-I-Kennlinien und EIS-Messung wie bei der Eingangscharakterisierung, nur dass diese am Ende (t_2 = 320 h) des galvanostatischen Betriebes erfolgten.

Herunterfahren der Zelle

Die am IWE getesteten Zellen wurden einem Post-Test unterzogen, um die Cr-Vergiftung anhand von Materialanalysen zu untersuchen. Wie bereits zuvor dargelegt, wird die Anode unter reduzierender (20 % H_2 in N_2) und die Kathode (Luft) unter oxidierender Atmosphäre beim Abkühlen der Zelle gehalten. Dies ermöglicht einen nachfolgenden aussagefähigen Post-Test und eine materialwissenschaftliche Untersuchung am FZJ (REM, Abbildung 3.1b)). Die Ergebnisse der Post-Test-Analysen können in [83] nachgelesen werden.

3.4 Kontaktierung

Um den Einfluss der Kontaktierung auf die Leistungsfähigkeit der Einzelzelle zu untersuchen, müssen die dementsprechenden experimentellen Rahmenbedingungen geschaffen werden. Bisher wurden der Messaufbau, die Messmethoden und das Messprogramm vorgestellt. Details zu den Verlusten durch die Kontaktierung wurden in Abschnitt 2.4.3 diskutiert. Die in den jeweiligen Versuchsreihen umgesetzten Kontaktierungen werden in den folgenden Unterkapiteln genauer vorgestellt.

3.4.1 Kontaktgeometrie

Abbildung 3.7 zeigt sechs Kontaktierungsvarianten, mit denen die ASC im Rahmen dieser Messreihe kontaktiert wurde. Die ideale Kontaktierung (Abbildung 3.7a)) erfolgt kathodenseitig mit Gold-Netz (Au, 1024 Maschen/cm^2) und anodenseitig mit Nichel-Netz (Ni, 3487 Maschen/cm^2). Beidseitig wird zum Anpressen der Netze und Verteilen der Gase ein Keramikflowfield (Al$_2$O$_3$: Steg 1 mm, Kanal 1 mm) benutzt. Diese Kontaktierung beeinflusst die Zelle vernachlässigbar gering und ermöglicht die maximale Leistungsfähigkeit der Zelle. Bei den Testgeometrien in Abbildung 3.7b) und c) wird die Kathode, bei weiterhin ideal kontaktierter Anode, über einem Golddraht mit 1 mm Durchmesser kontaktiert. Die örtlich beschränkte Kontaktierung wird genutzt, um eine möglichst extreme Stromdichte- bzw. Potentialverteilung in der Kathode zu provozieren. Die Potentialverteilung an der Kathodenoberfläche wird mit den Potentialsonden messtechnisch erfasst. Diese Testgeometrien werden genutzt, um das in Abschnitt 6.1.2 vorgestellte Modell und die Potentialsonden zu validieren.

a) Ideal kontaktierte Einzelzelle

- Kathode: Au-Netz (1024 Maschen/cm^2)
- Anode: Ni-Netz (3487 Maschen/cm^2)

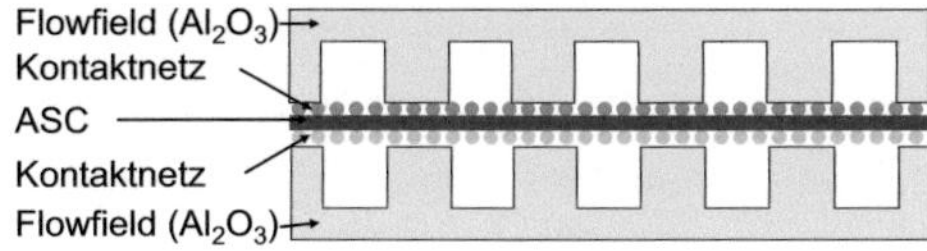

b) Testgeometrie 1

- Kathode: Au-Draht ($\varnothing$ = 1 mm)
- Anode: Ni-Netz (3487 Maschen/cm^2)

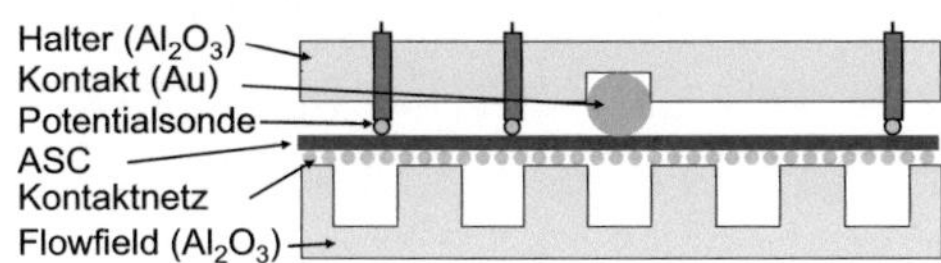

c) Testgeometrie 2

- Kathode: Au-Draht ($\varnothing$ = 1 mm)
- Anode: Ni-Netz (3487 Maschen/cm^2)

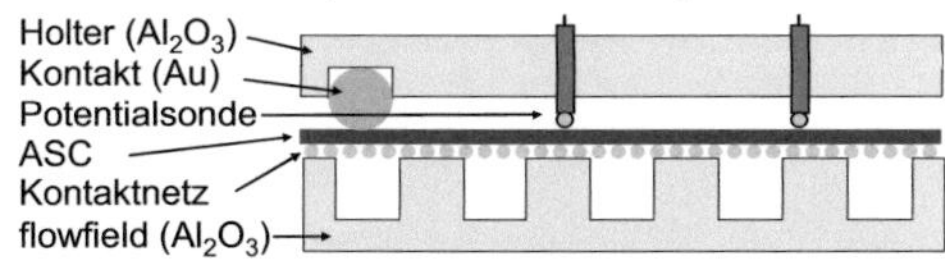

d) Anoden Flowfield-Geometrie 1

- Kathode: Au-Netz (1024 Maschen/cm^2)
- Anode: Ni-Flowfield (Steg = 1mm, Kanal = 4mm)

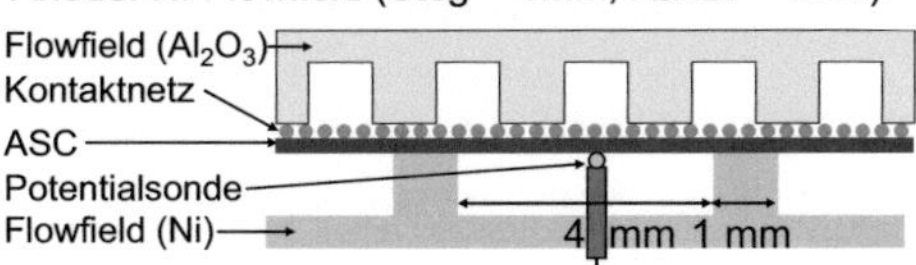

e) Kathoden Flowfield-Geometrie 1:

- Kathode: Au-Flowfield (Steg = 1mm, Kanal = 4mm)
- Anode: Ni-Netz (3487 Maschen/cm^2)

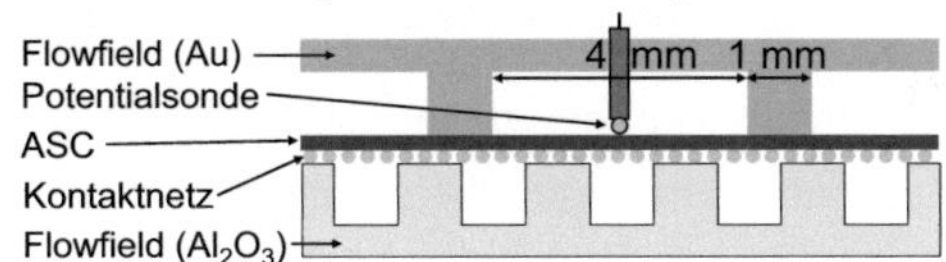

f) Kathoden Flowfield-Geometrie 2:

- Kathode: Au-Flowfield (Steg=2,4mm, Kanal=2,6mm)
- Anode: Ni-Netz (3487 Maschen/cm^2)

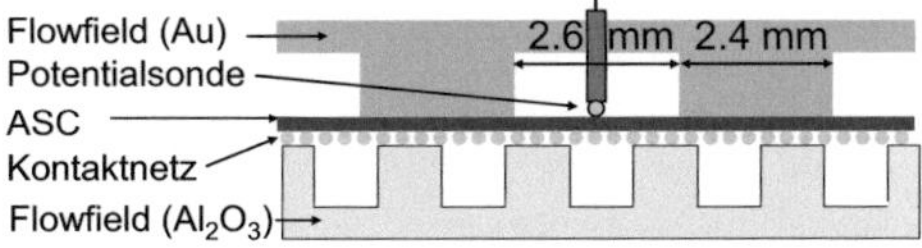

Abbildung 3.7: Angewendete Kontaktgeometrien zur Untersuchung des Einflusses der Kontaktierung auf die Leistungsfähigkeit der ASC. a) Ideale Kontaktierung (keine Beeinflussung der Zelle), b) und c) Testgeometrien zur Validierung des FEM-Modells und der Potentialsonden, d), e) und f) untersucht Flowfield-Geometrien.

Bei der Variation der Flowfield-Geometrien in Abbildung 3.7 d), e) und f) wurde jeweils die Gegenelektrode ideal kontaktiert. Dadurch wird sichergestellt, dass der zu beobachtende Effekt nur auf die jeweilige Flowfield-Kontaktierung zurückzuführen ist. Anodenseitig wurde nur eine Flowfield-Geometrie, kathodenseitig dagegen zwei verschiedene Geometrien untersucht. Die Kontaktsteg- und Gaskanalbreiten sind in der Skizze für alle Flowfield-Geometrien angegeben. Flowfield-Geometrie 1 weist dünne Stege (1 mm) und breite Kanäle (4 mm) auf, Geometrie 2 dagegen breite Stege (2,4 mm) und schmale Kanäle (2,6mm). Die Potentialsonden wurden jeweils in die Mitte des Kanals bzw. zwischen den Stegen an der Position x = 5 mm platziert. Um Korrosionseffekte zu vermeiden, wurden die Kathoden-Flowfields aus Gold, das Anoden-Flowfield aus Nickel gefertigt.

Mit diesen sechs Kontaktierungen wurde der Einfluss der Kontaktgeometrie auf die Leistungsfähigkeit der Einzelzelle untersucht. Fotoaufnahmen der angewendeten Kontaktvariaten sind in Abschnitt 6.1 geziegt.

3.4.2 Cr-Vergiftung

Abbildung 3.8 zeigt die beiden kontaktierten ASC, mit denen die Untersuchung der Cr-Vergiftung durchgeführt wurde. Die Anode wurde bei beiden Messungen ideal kontaktiert. Die elektrische Kontaktierung erfolgte durch ein Ni-Netz (3487 Maschen/cm^2). Die eingesetzte Anoden-Kontaktierung unterscheidet sich in dem Flowfield-Material. Bei diesen Messungen wurde ein Flowfield aus Nickel statt Al_2O_3 eingesetzt. Dies hat keinen Einfluss auf die Qualität der Kontaktierung, sondern erleichtert lediglich das Erneuern des Ni-Netzes.

Die elektrische Kontaktierung der Kathode erfolgte durch ein zweifaches Platin (Pt)-Netz. Das kathodenseitige Pt-Netz ist mit 3600 Maschen/cm^2 feiner als das flowfieldseitige Netz mit 250 Maschen/cm^2. Das Au-Netz als Kontaktierung (Stromsammler) wurde trotz des geringeren Kontaktwiderstandes [10] durch ein Pt-Netz ersetzt. Grund hierfür sind Hinweise in der Literatur, wonach Gold die Korrosion und Cr-Dampfbildung am Gold-Crofer22APU-Kontakt verstärkt [95]. Dieser Effekt würde die Degradation durch Cr-Vergiftung erhöhen und die Korrelation mit der Stromdichte verfälschen.

Abbildung 3.8a) und Abbildung 6.13b) zeigt den Cr-freien Aufbau mit inertem Standard Keramik-Flowfield (Al_2O_3: Steg 1 mm, Kanal 1 mm) zur Bestimmung des Degradationsverhaltens der ASC.

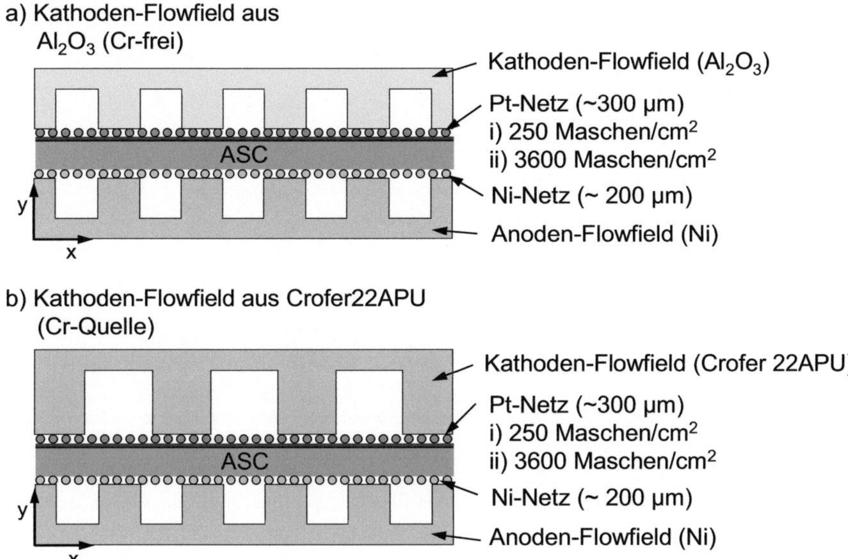

Abbildung 3.8: Angewendete Kontaktgeometrien zur Untersuchung des Einflusses der Cr-Vergiftung auf die Leistungsfähigkeit der ASC. a) Cr-freie Kontaktierung, b) Kontaktierung mit Flowfield aus Cr-Stahl (Cr-Quelle).

Der Aufbau mit Cr-Quelle ist in Abbildung 3.8b) und Abbildung 6.13c) dargestellt. Das aus Crofer22APU gefertigte Flowfield dient als Cr-Quelle im Kathodengasraum. Die Geometrie unterscheidet sich von der des Al₂O₃-Flowfields (Crofer22APU: Steg 1,6 mm, Kanal 1,6 mm) und stammt aus dem in Abbildung 2.7 gezeigten Stack-Konzept [32]. Die Position über der Kathode wurde gewählt, da diese Anordnung der in einer Wiederholeinheit entspricht. Anhand dieses Aufbaus wird das Degradationsverhalten der ASC zusammen mit der zusätzlichen Degradation durch Cr-Vergiftung der Kathode ermittelt. Der Einsatz des Pt-Netzes als Stromsammler zwischen Kathode und Flowfield verhindert die bereits in Kapitel 2.4.3 diskutierten Kontakt-Geometrie-Effekte. Zudem wird der Einfluss von Kontaktwiderständen und des Oxidschichtwachstums durch das Pt-Netz als elektrischer Kontakt verhindert.

Die zur Cr-Vergiftung angewendeten Kontaktvarianten entsprechen was deren elektrische Kontaktierungseingenschaften und der Beeinflussung der Gasdissusionsverluste angeht der vorgestellten "idealen" Kontaktierung.

4 Analyse und Auswertung

Im Kapitel „Analyse und Auswertung" werden die theoretischen Grundlagen zur Auswertung der im Rahmen dieser Arbeit durchgeführten Messungen vorgestellt. Weiter erfolgt eine Einführung der angewendeten Methoden zur Analyse der Messergebnisse. Nur durch die Kombination von sorgfältiger Messdatensauswertung und der am IWE entwickelten Analysemethoden ist eine detaillierte und folgerichtige Interpretation der gewonnenen Messdaten möglich.

4.1 Gleichstrommessung

Die im Rahmen der Arbeit ausgewerteten Gleichstrommessverfahren sind die gängige U-I-Kennlinienmessung zur Untersuchung des gesamten Arbeitsbereiches der Zelle, der galvanostatische Zellbetrieb zur Bestimmung der Leistungsfähigkeit über die Zeit und die in dieser Arbeit entwickelte Potentialsondenmessung zur in-situ Bestimmung des Kontaktwiderstandes. Die Darlegung der Auswertung und Analyse der einzelnen Verfahren erfolgt in den nachfolgenden Abschnitten.

4.1.1 Strom-Spannungskennlinie

Darstellung

Die bei der U-I-Kennlinienmessung ermittelten Daten werden in einem Strom-Spannungsdiagramm (U-I-Kennlinie) wie in Abbildung 2.3 als Kurve dargestellt. Der auf die Zelle eingeprägte Strom wird über der Abszisse (x-Achse), die sich einstellende Arbeitsspannung über der Ordinate (y-Achse) aufgetragen.

Analyse

Die U-I-Kennlinie kann zahlreiche Informationen über die Verluste (Abschnitt 2.2) und die vorherrschende Betriebsbedingung der Zelle enthalten [2]. Wichtig ist dabei, dass nicht nur Zellstrom j_{Zelle} und Zellspannung U_{Zelle} erfasst, sondern auch die Betriebstemperatur und die Spannung der Referenzzellen im Gasein- und Gasauslass bei jedem Messpunkt der U-I-Kennlinie protokolliert werden. Anhand der OCV (j_{Zelle} = 0 Acm^{-2}) kann z.B. mit einer Gleichung (2.4) mit Luft als Oxidationsmittel ($pO_{2,Kat}$ = 21 % und genauer Messung der Betriebstemperatur der tatsächlich vorherrschende Wasserdampfpartialdruck (pH_2O_{An}) berechnet werden. Bei Bestimmung des pH_2O_{An}, basierend auf den Flussraten der Gasflussregler, entstehen Ungenauigkeiten aufgrund der Flussabweichungen (± 0,8 % vom Messwert zzgl. ± 0,2 % vom Maximalfluss) und der im Messplatz vorhandenen Leckagen.

Unter Verwendung der Referenzzellen können bei ESC unter Einhaltung weiterer Voraussetzungen die einzelnen Elektrodenverluste getrennt und der Gasumsatz über der Zelle bestimmt werden [7]. Die Verwendung der Referenzelektroden zum Trennen der Elektrodenverluste eignet sich bei den in dieser Arbeit verwendeten ASC nicht. Bei der ASC liegen Referenz- und Arbeitsanode auf dem gleichen Portential, da die Anode als mechanisch tragendes Element und damit als durchgehendes, elektrisch leitfähiges Substrat vorliegt. Durch die elektrische Belastung der Zelle und den damit auftretenden Verlusten (Abschnitt 2.2) wird das elektrische Potential der Arbeitsanode und damit im gleichen Maße das des Anodensubatrates verringert. Da die Referenzelektroden auf dem gleichen Substrat liegen (Abbildung 3.1), verrringert sich auch deren elektrisches Potential. Aus diesem Grund ist es nicht möglich, bei belasteter ASC eine *OCV* über einer unbelasteten Referenzzelle zu messen. Ebenso kann kein Potantialunterschied aufgrund eines unterschiedlichen Sauerstoffpartialdruckes an Referenz- und Arbeitsanode gemessen werden. Darum kann der Gasumsatz in Folge der elektrischen Belastung mit Hilfe der Referenzzellen bei der ASC ebenfalls nicht ermittelt werden [16]. Diesem Sachverhalt ist die hohe Bedeutung der in Abschnitt 4.2 vorgestellten Methode zur Trennung der Elektrodenverluste bei einer ASC geschuldet. Die Trennung der Elektrodenverluste war zuvor nur eingeschränkt möglich. Durch eine systematische Untersuchung unter Variation der Betriebsbedingungen und Beschreibung der Zelle durch ein Modell gelang Leonide die Trennung der Elektrodenverluste [19]. Eine Alterung der Zelle während der Untersuchung durch die Temperaturwechsel, die hohe elektrische Belastung während der U-I-Kennlinienmessung und der langen Messzeit kann bei dieser Methode nicht ausgeschlossen werden.

Zur Bestimmung der Leistungsfähigkeit der Zelle in Abhängigkeit des Betriebszustandes und der Messzeit stellt die U-I-Kennlinie dennoch eine probate Methode dar.

Auswertung

Eine U-I-Kennlinie wird nicht kontinuierlich, sondern bei diskreten Stromdichten gemessen. Sie beschreibt den Spannungsverlauf nur entsprechend der gewählten Diskretisierungsrate der Stromdichte. Aus diesem Grund kann anhand der gemessenen Wertepaare nicht für alle gewünschten Spannungswerte U_{Zelle} ein korrespondierender Strom j_{Zelle} angegeben werden. Um dies und damit den genauen Vergleich von Leistungswerten zu ermöglichen, wird die gemessene U-I-Kennlinie durch ein Polynom 3. Ordnung angefittet. Der Fit erfolgt nur im gemessenen Bereich ($j_{Zelle,max}$ < 2 Acm^{-2}, $U_{Zelle,min}$ > 0,6 V). Eine Extrapolation über den Bereich hinaus erfolgt nicht. Für beschriebene Auswertung der U-I-Kennlinie wurde das von Dr.-Ing. Markus Heneka in Visual Basic programmierte und in einer Microsoft Excel-Datei implementiert „UI-Tool" genutzt [7].

4.1.2 Konstantstrommessung

Die Konstantstrommessung entspricht einem galvanostatischen Betrieb der Zelle. Dabei wird die Zelle mit einem konstanten Strom belastet und die Zellspannung beobachtet. Wird der Strom äquidistant und schrittweise im Arbeitsbereich variiert, spricht man von einer U-I-Kennlinienmessung. Der Informationsgehalt einer U-I-Kennlinie ist wesentlich höher, da diese nicht auf eine einzige Stromdichte beschränkt ist, sondern die Betrachtung des gewählten Arbeitsbereiches zulässt. Soll aber das Verhalten einer Zelle über die Zeit untersucht werden, ist es sinnvoll einen Arbeitspunkt anzufahren und diesen für die Dauer des Tests zu halten.

Mit der Konstantstrommessung bzw. einem galvanostatischen Betrieb ist es möglich, die Änderung der U_{Zelle} im Arbeitspunkt und damit die Leistung $P(t)$ über der Zeit zu untersuchen. Die sich einstellende Änderung zwischen dem Leistungswert zu Beginn und am Ende der Konstantstrommessung bzw. des galvanostatischen Betriebes gibt Aufschluss über das Aktivierungs- oder Degradationsverhalten.

4.1.3 Leistungsverlust und Degradationsrate

Durch die vorgestellten Gleichstrommessungen kann der Einfluss einer Parameteränderung auf die Leistungsfähigkeit einer Zelle untersucht werden. Hier stellt die U-I-Kennlinie eine probate Messmethode dar.

Wird nur ein Parameter variiert, kann bei sonst gleichen Bedingungen eine Leistungsänderung der Zelle eindeutig diesem Parameter zugeordnet werden. Veränderte Betriebsparameter können Temperatur, Brenngaszusammensetzung oder die Gasflussgeschwindigkeit sein. Der Aufwand für eine solche Parametervariation ist sehr gering, so dass diese innerhalb einer Messung durchführbar ist.

Soll dagegen der Einfluss von Herstellungsparametern wie Sintertemperatur oder Sinterzeit untersucht werden, erfordert dies einen Vergleich der Leistungsdaten aus den Messungen der jeweiligen Zelle. Um andere Einflüsse auszuschließen, setzt die vergleichende Methode eine hohe Reproduzierbarkeit der Messtechnik voraus. Störende Faktoren können dabei z.B. unterschiedliche Startprozeduren oder Reduktionsprogramme, veränderte Messbedingungen oder Messabläufe sein. Aber auch der Einbau der Zelle kann die gemessene Leistung beeinflussen. Die zwischen verschiedenen Zellmessungen vergleichende Analyse ist aufgrund der genannten Faktoren fehleranfälliger.

Wird wie in dieser Arbeit der Einfluss der Kontaktgeometrie oder der Cr-Vergiftung auf die Leistungsfähigkeit der Zelle untersucht, bedingt dies zusätzlich zu den bereits genannten Faktoren eine hohe Reproduzierbarkeit des verwendeten Zelltyps. Sollten Unterschiede der

Leistungsfähigkeit eines Zelltyps bestehen, würden diese bei der vergleichenden Analyse der Kontaktierung zugeschrieben. Dies würde einen Fehler in derselben Größenordnung wie die Leistungsunterschiede innerhalb des Zelltyps verursachen. Um eine Beeinflussung der Leistungsdaten durch die beschriebenen Faktoren auszuschließen oder berücksichtigen zu können, wurde die Reproduzierbarkeit in Abschnitt. 4.1.5 geprüft.

Der Vergleich der in Abhängigkeit der verschiedenen Kontaktgeometrien gemessenen U-I-Kennlinien erfolgte unter denselben Betriebsbedingungen. Die Messungen wurden alle nach dem in Abschnitt 3.3 vorgestellten Messprogramm durchgeführt. Aufgrund der hohen Reproduzierbarkeit von Zellen und Messtechnik kann der Einfluss der Kontaktgeometrie auf die Leistungsfähigkeit durch einen Vergleich der gemessenen U-I-Kennlinien mit der erforderlichen Genauigkeit erfolgen. Die Bewertung des Einflusses der Kontaktgeometrie auf die Leistungsfähigkeit der Einzelzelle erfolgt in dieser Arbeit bei $U_{Zelle} = 0{,}7$ V.

Die Degradation der ASC wird, wie in Abschnitt 2.5 vorgestellt, durch die einzelnen Alterungsmechanismen ihrer Komponenten Kathode, Elektrolyt und Anode bestimmt. Das Alterungsverhalten der Komponenten ist stark von den Betriebsbedingungen wie Temperatur, Gaszusammensetzung oder auch dem elektrischen Arbeitspunkt anhängig. Aus den einzelnen Beiträgen der verschiedenen Alterungsmechanismen ergibt sich eine von den Betriebsbedingungen abhängige Gesamtdegradationsrate der Zelle. Die direkte Bestimmung eines einzelnen Alterungsmechanismus durch Gleichstrommessung im festen Arbeitspunkt ist demnach an einer ASC nicht möglich. Das Bestimmen der Degradationsrate unterliegt demnach ebenfalls den bereits zuvor aufgeführten Anforderungen.

Wird, wie in dieser Arbeit, der Einfluss der Cr-Vergiftung auf die Leistungsfähigkeit untersucht, kann dies durch die Berechnung der Degradationsrate über die Zeit erfolgen. Hierzu wird die gemessene Leistungsdichte zu Beginn und am Ende des galvanostatischen Betriebes (Abbildung 3.6) herangezogen und die Differenz gebildet. Der Vergleich zwischen den einzelnen Degradationsraten zeigt, welchen Einfluss die Cr-Vergiftung dabei ausübt. Die in Abschnitt 4.1.5 gezeigte hohe Reproduzierbarkeit von Zellen und Messtechnik erlaubt den Vergleich zwischen verschiedenen Zellmessungen zu demselben Zeitpunkt. Besteht dann eine Differenz der Leistungsfähigkeiten zum selben Messzeitpunkt, ist dieser auf den geänderten Parameter (z.B. Cr-Vergiftung) zurückzuführen. Auf diese Weise würde sich auch ein Einfluss einer Schutzschicht auf dem Cr-Stahl-Flowfield feststellen lassen.

Die Untersuchung des Einflusses der Cr-Vergiftung erfolgt aufgrund der zuvor geführten Betrachtung durch den Vergleich der gemessenen Leistungsdichten innerhalb einer Messung und zwischen den Messungen zum selben Zeitpunkt.

4.1.4 Potentialsonden und Kontaktwiderstand

Die Potentialsonden ermöglichen die messtechnische Erfassung des Oberflächenpotentials der Elektrode an der Messstelle. Durch das Erfassen eines weiteren Potentials an einer zweiten Messstelle kann ein Differenzpotential gemessen werden. In Kombination mit Daten des in Kapitel 5 vorgestellten FEM-Modells kann auf Basis der Potentialsondenmessung die Bestimmung des flächenspezifischen Kontaktwiderstandes ASR_K erfolgen [97].

Funktionsprinzip

Abbildung 4.1 zeigt das Funktionsschema der kathodenseitigen Potentialsondenmessung zur Kontaktwiderstandsbestimmung. Bei dieser Konfiguration wird das Potential an der Oberfläche der Kathode durch die Potentialsonde an einer definierten x-Position erfasst. Das Differenzpotential wird dabei zwischen Elektrodenoberfläche und MIC bzw. Flowfield gemessen.

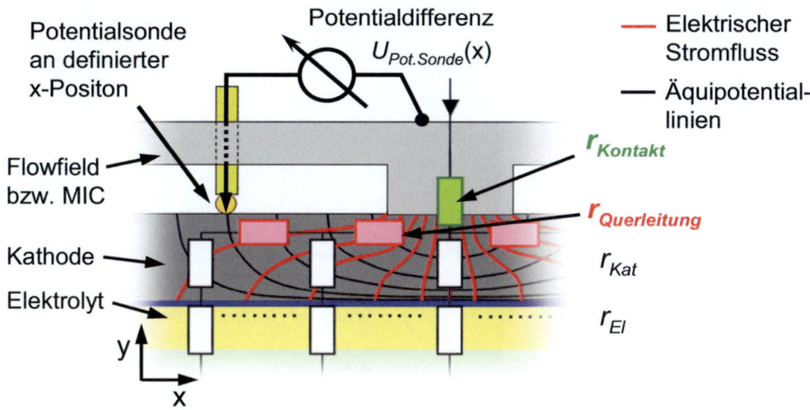

Abbildung 4.1: Schematische Darstellung des Funktionsprinzips der Kontaktwiderstandsbestimmung durch Potentialsonden. Die Sonde greift das Potential an der Kathodenoberfläche an einer definierten x-Position ab. Die Potentialdifferenz $U_{Pot.Sonde}$ zwischen MIC und Elektrodenoberfläche beschreibt die Summe der Spannungsverluste am Kontaktwiderstand ($r_{Kontakt}$) und in der Kathodenschicht ($r_{Querleitung}$).

Wie im Schema durch die roten Linien angedeutet, fließen die Elektronen vom den TPB durch die Kathode zum Kontaktsteg, wo sie dann über einen äußeren Stromkreis zur Anode geführt werden. Bevor die Elektronen aus der Kathode ins Flowfield fließen können, muss der Kontaktwiderstand ($r_{Kontakt}$) überwunden werden. Über $r_{Kontakt}$ bildet sich proportional zum Strom ein Potentialgradient. Ein weiterer Potentialgradient entsteht aufgrund des Elektronenflusses in der Elektrode und deren begrenzter Leitfähigkeit. Der Potentialgradient führt zu Äquipotentiallinien, welche im Schema durch die blauen Linien angedeutet werden. Ein Teil der Elektronen fließt vom Kontaktsteg direkt in y-Richtung zu den TPB. Diese Verluste werden durch r_{LSM} im Schema angedeutet. Aufgrund der von der Austauschstromdichte abhängigen Verluste (Abschnitt 2.2) verteilt sich der Elektronenfluss auf weiter vom Kontaktsteg liegende TPB. Hierzu müssen die Elektronen durch die Elektrode parallel zum Elektrolyten (x-Richtung) fließen, was zu einer Ausbildung der Äquipotentiallinien in y-Richtung führt und durch den $r_{Querleitung}$ angedeutet wird. Dieses Potential kann nun mit der Potentialsonde an der Oberfläche der Kathode abgegriffen werden. Mit steigendem Abstand zur Kontaktfläche reduziert sich der Elektronenstrom durch die Oxidationsreaktion, also dem Einbau der Elektronen an den TPB. Dadurch wird der Potentialgradient aufgrund des Elektronenflusses in der Kathode und an deren Kathodenoberfläche durch die nichtlinearen elektrochemischen Eigenschaften der Zelle beeinflusst.

Die Potentialdifferenz $U_{Pot.Sonde}$ zwischen dem Potential des Flowfields und dem Potential an der Kathodenoberfläche beschreibt eine Summe aus dem Spannungsabfall über dem Kontaktwiderstand $r_{Kontakt}$ und den Querleitungsverlusten $r_{Querleitung}$.

Auswertung

Das entwickelte FEM-Modell simuliert unter Berücksichtigung der Querleitungsverluste und der Elektrochemie der Zelle die resultierende Stromdichte- und Potentialverteilung in den Elektroden. Gestützt auf die Modellierungsergebnisse bleibt nur noch der Spannungsabfall über dem Kontaktwiderstand als Unbekannte. Durch Anpassung des flächenspezifischen Kontaktwiderstandes ASR_K im FEM-Modell (Kapitel 5) wird die simulierte $U_{Pot.Sonde,sim}$ an die gemessene $U_{Pot.Sonde,mess}$ angepasst und der Kontaktwiderstand ASR_K in-situ bestimmt. Dieses Verfahren setzt voraus, dass die Potentialverteilung in der Kathode durch das FEM-Modell korrekt beschrieben wird. Die erfolgreiche Validierung ist in Abschnitt 6.1.2 gezeigt.

4.1.5 Reproduzierbarkeit der Gleichstrommessung

Die Reproduzierbarkeit von Zellen und Messtechnik trägt maßgeblich zur Auswertung und zur Analyse der Gleichstrommessungen bei. Bei der Interpretation der Ergebnisse sind die Kenntnisse über mögliche Fehlerquellen essentiell. Es muss daher geprüft werden, wie hoch die Abweichungen zwischen verschiedenen Zellmessungen unter gleichen Bedingungen sind.

In Abbildung 4.2 sind U-I-Kennlinien von fünf verschiedenen Einzelzellmessungen mit idealer Kontaktierung gezeigt. Die ASC der Firma CeramTec stammen aus der gleichen Fertigungscharge und wurden dem gleichen Messprogramm (Abbildung 3.5) unterzogen. Der Durchschnittswert der Stromdichte bei $U_{Zelle} = 0{,}7$ V beträgt 1,84 Acm^{-2}. Für die mittlere Leistungsdichte von $P_{ideal} = 1{,}29$ Wcm^{-2} ergibt sich so eine Standardabweichung von ± 40 mAcm^{-2} (± 2,2 %), Dies belegt die sehr hohe Reproduzierbarkeit der durchgeführten Messungen. Die Abweichung ist wesentlich geringer als die durch eine Kontaktgeometrievariation bedingten Leistungsänderungen. Die Reproduzierbarkeit der FZJ ASC wird in [16] gezeigt.

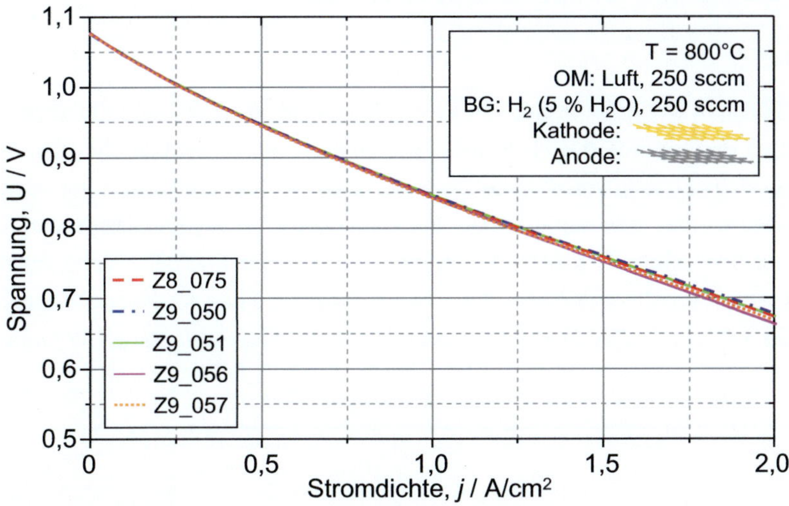

Abbildung 4.2: Reproduzierbarkeit der 1 cm^2 Einzelzellmessung. Die Gegenüberstellung der an fünf verschiedenen ASC mit idealer Kontaktierung gemessenen U-I-Kennlinien belegt die hohe Reproduzierbarkeit von Zellen und Messtechnik.

4.2 Wechselstrommessung

In dieser Arbeit wurden die Einflüsse der Kontaktgeometrie und der Cr-Vergiftung neben der Gleichstrommessung mit der linearen elektrochemischen Impedanzspektroskopie (EIS) untersucht. Die Analyse und Auswertung der Impedanzdaten reicht von der Bestimmung des flächenspezifischen Ohmschen Widerstandes (ASR_0) und des flächenspezifischen Polarisationswiderstands (ASR_{pol}) über die Voridentifikation der Verlustprozesse durch die Verteilungsfunktion der Relaxationszeiten (DRT) bis hin zur Separation der einzelnen Polarisationsverluste durch einen Complex Nonlinear Least Square (CNLS)-Fit eines elektrischen Ersatzschaltbildes (ESB).

Im nachfolgenden Unterkapitel werden die einzelnen Methoden eingeführt, die in dieser Arbeit zur Analyse und Auswertung herangezogen wurden. Die zum Verständnis benötigten theoretischen Grundlagen werden den jeweiligen Abschnitten vorangestellt.

Mehr Informationen und einen guten Überblick über die Wechselstrommessung an SOFC geben Huang et al. in ihrer Übersichtsarbeit aus mehr als 150 Artikeln [98]. Huang diskutiert darin die Schwierigkeiten und Vorteile die EIS-Messung, zeigt Methoden zur Datenqualitätsbetrachtung und vergleicht verschiedene Modellierungsansätze. Auch Jensen et al. wagen in einem Buchbeitrag eine Gegenüberstellung und Bewertung verschiedener Methoden zur Separation der einzelnen Verlustprozesse im Impedanzspektrum [99].

4.2.1 Elektrochemische Impedanzspektroskopie

Darstellung

Der erste Schritt in der Auswertung von EIS-Daten ist die Visualisierung der Daten in einem Graphen. Das Bode- sowie das Nyquist-Diagramm sind zwei in der Literatur über Impedanzmessung an SOFC häufig verwendete Darstellungsformen der komplexen Impedanz [98]. In dieser Arbeit werden die gemessenen Impedanzdaten im Nyquist-Diagramm (x-Achse: Realteil $\underline{Z}(\omega)$ oder auch Z', y-Achse: Imaginärteil $\underline{Z}(\omega)$ oder auch Z'') siehe Abbildung 4.3 dargestellt. Das Verhältnis der geometrischen Achseneinheiten im Nyquist-Diagramm wird dabei immer mit 1:1 gewählt. Dies erleichtert den Vergleich verschiedener EIS-Daten.

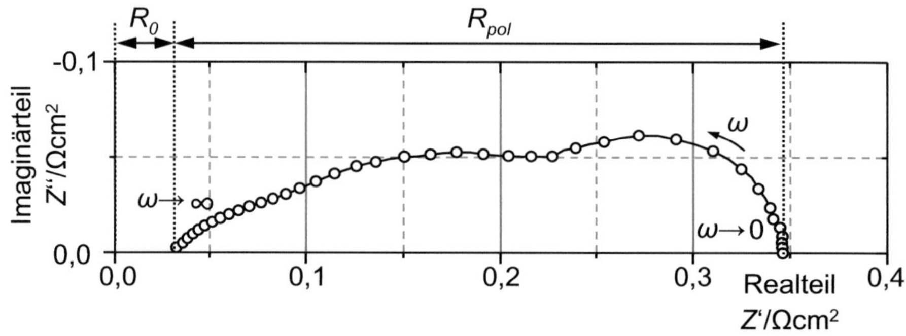

Abbildung 4.3: Typisches Nyquist-Diagramm einer anodengestützten Zelle. Am hochfrequenten Schnittpunkt ($\omega \to \infty$) mit der x-Achse (Re Z') kann der Ohmsche Widerstand R_0, abgelesen werden. Der Polarisationswiderstand R_{pol} ist die Differenz zwischen hochfrequentem ($\omega \to \infty$) und niederfrequentem Schnittpunkt ($\omega \to 0$) der Nyquist-Kurve mit der reellen Achse (Zelle Z8_075).

Ohmscher und Polarisationswiderstand

Unter der Voraussetzung, dass die parasitären Induktivitäten (Messleitungen) vernachlässigbar gering sind, können der Ohmsche Widerstand R_0 und der Polarisationswiderstand R_{pol} direkt aus dem Nyquist-Diagramm abgelesen werden. Wichtig ist hierbei, dass es sich bei der SOFC im gemessenen Frequenzbereich um ein rein kapazitives Element handelt [103].

Abbildung 4.3 zeigt die an einer ASC gemessenen EIS als rein kapazitives Element. Im Nyquist-Diagramm kann der R_0 am hochfrequenten Schnittpunkt ($\omega \to \infty$) der Kurve mit der reellen Achse abgelesen werden. Der niederfrequente Schnittpunkt ($\omega \to 0$) gibt den Gesamtwiderstand R_{gesamt} der Zelle an. Der R_{gesamt} korrespondiert mit dem differentiellen Widerstand im Arbeitspunkt der U-I-Kennlinie. Die Differenz zwischen R_{gesamt} und R_0

entspricht dem Polarisationswiderstand R_{pol}. Aufgrund der Normierung der Widerstände von der gemessenen aktiven Zellfläche auf einen flächenspezifischen Widerstand ASR für $1cm^2$-Zellfläche wird dieser in der Einheit Ωcm^2 angegeben.

Messdatenqualität

Die Messdatenqualität der EIS-Daten ist ein ausschlaggebender Faktor bei der Analyse und Auswertung. Um zu prüfen inwiefern die Linearitäts-, Kausalität- sowie die Stabilitätsbedingungen beim Messen der Impedanz eingehalten wurden, kann die Kramers-Kronig-Transformation herangezogen werden [11]. Zur Berechnung der in Abbildung 4.4 gezeigten Residuen wurde der „KK test for Windows" benutzt [101, 102].

Die berechneten Residuen aus dem Kramers-Kronig Test stehen repräsentativ für die in dieser Arbeit verwendeten EIS-Messungen. Der relative Fehler liegt für einen Großteil der Messpunkte unter 0,3 %. Wenige Messpunkte, vor allem im hochfrequenten Bereich, liegen etwas über diesem Wert, sind aber immer noch kleiner als 0,6 %.

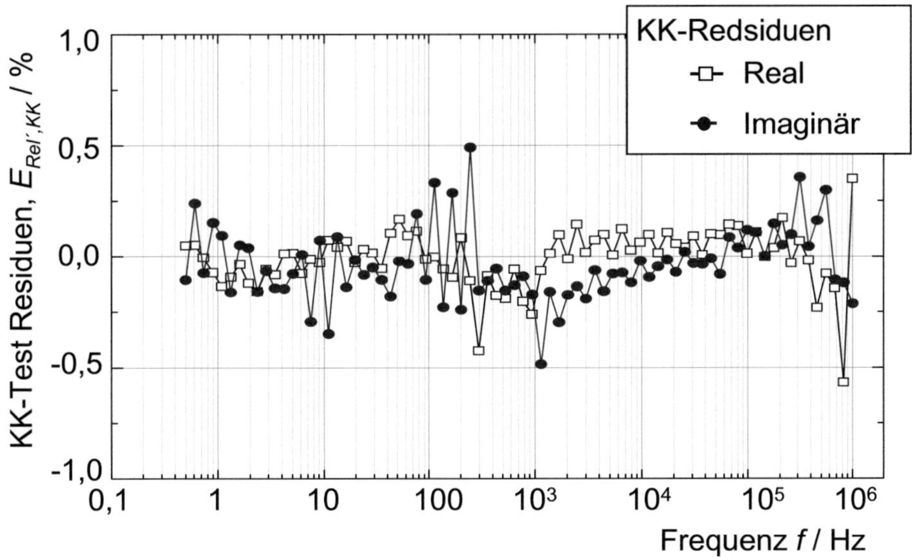

Abbildung 4.4: Residuen des Kramers-Kronig Tests eines typischen Impedanzspektrums. Die Berechnung erfolgte mit der Software „KK test for Windows" [101, 102].

4.2.2 Verteilungsfunktion der Relaxationszeiten

Im Impedanzspektrum einer Zelle (Abbildung 4.3) sind wesentlich mehr Informationen enthalten als die Gesamtsumme der komplexen Verluste im jeweiligen gemessenen Frequenzpunkt. Von großem Interesse sind die einzelnen Beiträge der in Abschnitt 2.2 genannten

Verluste. Aufgrund ihrer spezifischen Frequenzeigenschaften kommt es im Spektrum zu Überschneidungen oder Überdeckungen. Auch die Betrachtung im Bode-Diagramm, in welchem der Phasenwinkel und die Amplitude über der Frequenz dargestellt werden, ermöglicht die detaillierte Betrachtung der einzelnen Verluste nicht.

Die in dieser Arbeit angewendete Methode zur Voridentifikation der Verlustprozesse einer SOFC durch die Berechnung der Verteilungsfunktion der Relaxationszeiten (DRT) wurde am IWE entwickelt [103]. Die Berechnung der DRT ermöglicht eine Voridentifikation der an der EIS beteiligten Prozesse durch die Darstellung der charakteristischen Relaxationszeiten (Grenzfrequenz f_0) und der Intensität (Beitrag zum R_{pol}) der Prozesse über der Frequenz (Abbildung 4.5). Diese Informationen werden beim CNLS-Fit des ESB (Abschnitt 4.2.3) als Anfangswerte genutzt und tragen zu einer zielführenden und stabileren Prozedur bei [16, 24, 100].

Entwicklung der DRT

Der in der Literatur unter dem Begriff „Verteilung von Relaxationszeiten zur Untersuchung an Dielektrika" bekannte Ansatz wurde stetig erweitert, bis Wagner et al. eine Verteilungsfunktion der Zeitkonstanten einführte [103]. Diese Methodik war in der Praxis auf einfache Materialsysteme aus dem Gebiet der Elektrochemie und Dielektrika beschränkt [103]. Schichlein et al. entwickelten eine generalisierte modellfreie Methode, welche mit der Lösung des Integral (4.1) die Berechnung der DRT aus an SOFC gemessenen Impedanzdaten erlaubt [16, 104].

$$\underline{Z}_{pol}(\omega) = R_{pol} \int_0^\infty \frac{\gamma(\tau)}{1 + j\omega\tau} d\tau \tag{4.1}$$

mit

$$\int_0^\infty \gamma(\tau)d\tau = 1 \tag{4.2}$$

Die Integralgleichung (4.1) überführt die Verteilungsfunktion $\gamma(\tau)$ in den frequenzabhängigen Teil der komplexen Impedanz $\underline{Z}(\omega)$. Die Verteilungsfunktion $g(\tau)$ selbst wird nur implizit durch $\gamma(\tau)/1+j\omega\tau$ ausgedrückt. Dieser Term stellt den Gesamtpolarisationsanteil der Verlustprozesse mit Relaxationszeiten zwischen τ und τ +dτ dar [104]. Die Schwierigkeit beim Berechnen der DRT besteht in der Lösung der Integralgleichung (4.1). Mathematisch handelt es sich um ein inverses, schlecht gestelltes Problem. Die Prozedur zur Lösung dieses Problems ist ausführlich in [103, 104] beschrieben.

Die aktuelle Literatur zeigt, dass die DRT zur Voridentifikation von gemessenen Impedanzdaten auch von anderen Gruppen und zudem auf andere elektrochemische Energiewandler wie die Lithium Ionen Batterie angewendet wird [105, 106, 107, 108 110].

In der Literatur publizierte Alternativen zur DRT sind die differentielle Impedanzanalyse (DIA) [111] und die Analyse von Unterschieden im Impedanzspektrum (ADIS) [59, 126], welche an dieser Stelle aber nicht weiter diskutiert werden.

Theoretischer Hintergrund

Die Methode zur Berechnung der DRT nutzt den von McDonald gezeigten Sachverhalt, dass jedes rein kapazitive System mit einer Reihenschaltung aus infinitesimal kleinen RC-Elementen abgebildet werden kann. Die Anzahl der RC-Elemente kann dabei von 0 bis unendlich reichen [103, 112]. Bei einer numerischen Lösung geht man von einer endlichen Anzahl n an Elementen aus. Jedes der idealen RC-Elemente weist eine charakteristische Zeitkonstante (τ) auf, die in der Verteilungsfunktion als Dirac-Impuls dargestellt wird [103, 112]. Handelt es sich aber um verteilte RC-Glieder, also reale Prozesse, verbreitert sich der Dirac-Impuls zu einer Verteilung um die charakteristische Relaxationszeit $g(\tau)$, wie in Abbildung 4.5 veranschaulicht.

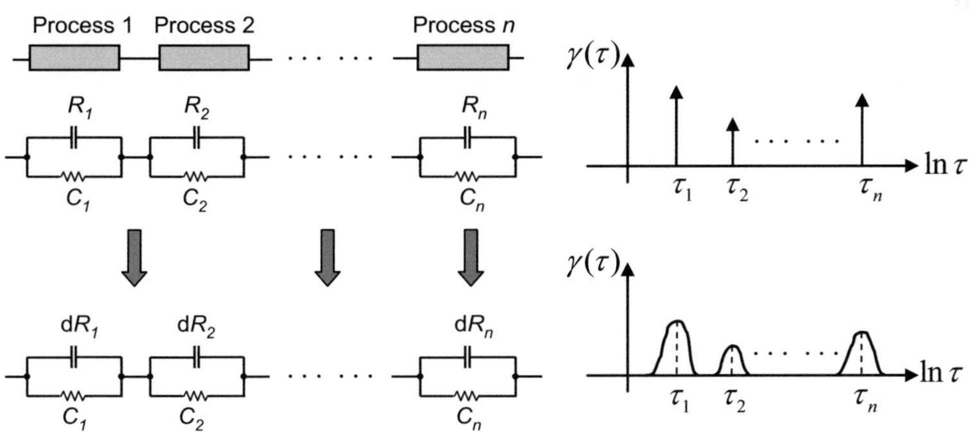

Abbildung 4.5: Die Interpretation der Impedanzdaten in Zusammenhang mit einem ange-nommenen elektrischen Ersatzschaltbild (ESB) verdeutlicht den theoretischen Hintergrund zur Berechnung der Verteilungsfunktion der Relaxationszeiten (DRT). Die Prozesse der SOFC werden durch eine Peak-Verteilung dargestellt. Ein ideales RC-Glied wird als Dirac-Impuls, ein realer Prozess dagegen als Peak um die charakteristische Zeitkostante in der DRT angezeigt [104].

Die Berechnung der DRT wurde im Rahmen dieser Arbeit nicht durch eine analytische Lösung des Integrals (4.1) bewerkstelligt, sondern erfolgte durch einen numerisch iterativen Lösungsalgorithmus. Der genutzte Algorithmus „FTKREG" [113], der ein Fredholm Integral 1. Art löst, basiert auf der Tikhonov Regularisierung [114, 115, 116] und wurde von

Dipl.-Ing. Volker Sonn in einer auf Visual Basic programmierten Microsoft Excel-Datei implementiert.

Die damit aus dem Realteil der Impedanz berechnete DRT (Abbildung 4.5) beschreibt die Verteilungsfunktion der Relaxationszeiten mit 80 Stützstellen, was einer Reihenschaltung aus 80 RC-Gliedern im Frequenzbereich entspricht. Zur Durchführung der Tikhonov Regularisierung benötigte der Algorithmus die Vorgabe eines Regularisierungs-Parameters λ. Dieser beeinflusst die Stabilität bzw. die Glattheit der Lösung. Für sehr kleine λ wird die Änderung benachbarter Dirac-Impulse maximal, die Lösung schwingt auf und wird instabil. Eine Identifikation der Prozesse ist dann nicht möglich. Wird λ sehr groß gewählt, muss die Änderung minimal, die Lösung also sehr glatt werden. Im extremsten Fall zeigt die DRT dann einen sehr breiten und alles beinhaltenden Prozess, ohne die Identifikation der einzelnen Beiträge zuzulassen [16].

4.2.3 Elektrisches Ersatzschaltbild

Verluste in der SOFC können durch verschiedene Modellvorstellungen beschrieben werden. Physikalisch begründete Ersatzschaltbilder basieren auf der analytischen Beschreibung der Prozesse durch komplexe Differentialgleichungen.

Für die ASC gibt es in der Literatur zahlreiche analytische Modelle, welche oft nur abgeschätzte oder aus der Literatur entnommene Parameter verwenden [100]. Meist wird zur Lösung des Problems eine Finite Elemente Methode (FEM) benutzt (Abschnitt 5.1), die nur mit großem Aufwand zur Beschreibung und damit Trennung der einzelnen Verluste herangezogen werden kann. Ein solches Modell müsste zudem noch auf den zu beschreibenden Zelltyp angepasst werden.

Eine weitere Methode die Verluste einer SOFC zu beschreiben, ist die Modellierung durch ein elektrisches Ersatzschaltbild (ESB). Hier wird das an der Zelle gemessene Impedanzspektrum durch ein Netzwerk von linearen elektrischen Elementen beschrieben. Die Grundelemente (Widerstand, Kapazität, Induktivität) reichen hierzu oft nicht aus und werden durch spezielle, oft in der Elektrochemie gebräuchliche, Elemente ergänzt. Bei der Auswahl der Elemente muss nicht zwingend ein physikalisch motivierter Ansatz verfolgt werden. Dennoch ist es wünschenswert, dass die durch ein ESB ermittelten Parameter, einen Bezug zu den in der Zelle ablaufenden physikalischen Vorgängen zulassen. Die Beschreibung der ASC gestaltet sich äußerst schwierig, da sich die ablaufenden Prozesse oft überlagern und sehr komplexe Zusammenhänge aufweisen. Um ein Ersatzschaltbild für eine ASC zu entwickeln, ist eine aufwendige systematische Untersuchung und eine Methode zur Impedanzanalyse, wie in Kapitel 4.2 diskutiert, notwendig.

ESB in der Literatur

Eine gute Möglichkeit die Komplexität bei Messungen an ASC zu reduzieren, stellt eine getrennte Untersuchung der Elektroden durch symmetrische Anordnungen dar. Hierzu gibt es in der Literatur zahlreiche Ansätze:

- Kim et al. untersuchten symmetrische LSM-Kathoden auf YSZ-Elektrolyt und benutzen ein ESB mit drei in Reihe geschalteten RQ-Elementen (Parallelschaltung aus R und Konstant-Phasen-Element). Durch eine systematische Untersuchung wird das hochfrequente RQ-Element dem Ladungstransfer, das mittelfrequente der O_2-Adsorbtion und das niederfrequente der Gasdiffusion zugeordnet [119].

- Dagegen setzen Werchmeister et al. für eine LSM-Kathode auf CGO-Elektrolyt lediglich zwei RQ-Elemente in Reihe an. Bei der durchgeführten Variation der Oxidationsgase erweitert Werchmeister das ESB auf bis zu fünf RQ-Elemente. Eine genaue Zuordnung der Elemente zu Verlustprozessen erfolgt nicht [120].

- Ebenfalls für LSM auf YSZ entwickeln Matsuzaki und Yasuda ein Randles Type ESB [121]. Dabei verschalten sie parallel zu einer Kapazität (Doppelschichtkapazität) eine Reihenschaltung aus Widerstand (Ladungstransportwiderstand) und R-Typ Warburg Impedanz (finite Diffusion) [122].

- Grunbaum et al. untersuchen LSCF-Kathoden auf CGO-Elektrolyt und benutzen eine Reihenschaltung aus Warburg- (Bulkdiffusion) und RQ-Element (Gasdiffusion), nachdem sie keinen zufriedenstellenden Fit mit nur einem Gerischer Element erreichten konnten [123].

- Mit zwei in Reihe geschalteten RQ-Elementen beschreiben Esquirol et al. die Impedanz einer LSCF-Kathode. Das niederfrequente RQ-Element ordnet Esquirol der Gasphasendiffusion und das hochfrequente der Sauerstoffadsorption und dem Oberflächenaustausch zu [124].

- Eine Untersuchung an Fe-Co basierten Kathoden (GSFC/GCO) führen Hansen et al. durch und beschreiben diese wie Esquirol mit zwei RQ-Elementen. Das niederfrequente RQ-Element setzt Hansen ebenfalls in Bezug zum Gasphasenprozess. Das hochfrequente wird ebenfalls der elektrochemischen Reaktion (Adsorption, Dissorption, Durchtritt) zugeordnet [125].

Literatur über die Modellierung der Impedanz einer ASC mit ESB gibt es dagegen kaum:

- Bradford et al. haben den erhöhten Aufwand nicht gescheut, aus Messungen an symmetrischen Kathoden sowie Anoden ein ESB für eine ASC mit LSM/YSZ-Kathode zu entwickeln. Für die Beschreibung der Verluste nutzt Bradford eine einfache

Serienschaltung aus Ohmschem Widerstand und fünf RQ-Elementen. Zwei RQ-Elemente werden der Kathode, drei der Anode zugeordnet. Komplexere Elemente wie Gerischer- oder Warburg-Elemente finden zur Beschreibung der Impedanz keine Anwendung [126].

- Ansar et al. untersuchen metallgestützte Zellen (MSC) mit LSCF-Kathode auf YSZ-Elektrolyt (ohne Zwischenschicht) und Ni/YSZ-Anode. In seiner Arbeit schlägt Ansar ein ESB mit seriellem RQ-Element für die Beschreibung der Kathode (Ladungstransfer) und zwei RQ-Elemente für die Anode (H_2O-Diffussion, Doppelladungsschicht) und einen Ohmschen Widerstand (Elektrolyt) vor [127].

- Leonide et. al. führt eine systematische Untersuchung (EIS, DRT) an ASC mit mischleitender LSCF-Kathode auf CGO-Zwischenschicht durch und schlägt zur Beschreibung der Impedanz ein ESB aus sechs Elementen vor [19, 22, 100]. Im Weiteren nutzt er zur Simulation der U-I-Kennlinie die durch das ESB bestimmten Paramater [100]. Das von Leonide vorgeschlagene ESB wird in dieser Arbeit verwendet und nachfolgend genauer vorgestellt.

ESB in dieser Arbeit

Die Separation der einzelnen Verlustprozesse erfolgte in dieser Arbeit mit dem ESB von Leonide [100]. Im Rahmen einer hochauflösenden Impedanzstudie, basierend auf der Voridentifikation der Verlustprozesse mit der DRT und einer systematischen Variation der Betriebsbedingungen, konnten zum ersten Mal in der Literatur die Trennung der Verlustprozesse an einer ASC erfolgen [19]. Leonide entwickelte für die ASC mit LSCF-Kathode auf CGO-Zwischenschicht ein ESB mit sechs in Reihe geschalteten Elementen (Abbildung 4.6).

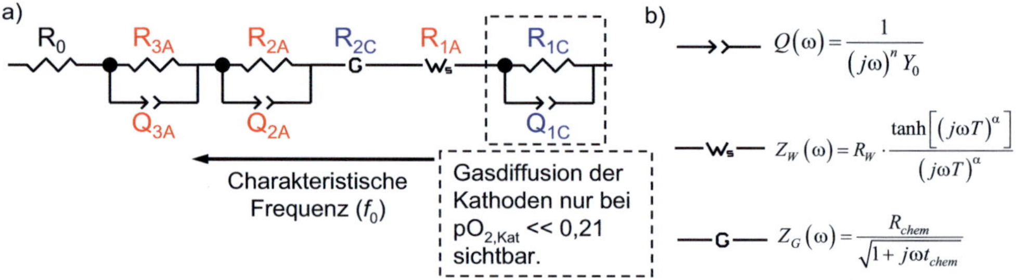

Abbildung 4.6: Elektrisches Ersatzschaltbild (ESB) zur Beschreibung der anodengestützten Zelle (ASC) [19]. a) Das ESB wurde genutzt, um die Polarisationsverluste der Elektroden zu separieren. Der Ohmsche Widerstand R_0 beschreibt den Elektrolytwiderstand. Die Prozesse der Anode werden durch ein Warburg-Element (Ws) und durch 2 RQ-Elemente, die der Kathode durch ein RQ- und ein Gerischer-Element (Ge) beschrieben. b) Die analytische Beschreibung der verwendeten Elemente [100].

Die Polarisationsverluste werden durch sechs Prozesse (P_{1C}, P_{2C}, P_{1A}, P_{2A}, P_{3A}) beschrieben und können in der DRT eindeutig zugeordnet werden (Abbildung 4.9b)). Die gemessene Impedanzantwort kann durch die skalare Addition der Impedanzen der einzelnen ESB-Elemente sehr gut beschrieben werden (Abbildung 4.7). Der Ohmsche Verlust im Elektrolyt und den Elektroden wird durch R_0 im Modell beschrieben. Die Verlustprozesse der Anode werden durch drei Elemente beschrieben: ein Warburg-Element P_{1A} für die Gasdiffusion im Anodensubstrat und zwei RQ-Elemente, P_{2A} + P_{3A}, welche die Gasdiffusion im Anodensubstrat gekoppelt mit Ladungstransfer und Ladungstransport beschreiben. Ein RQ-Element ist eine Parallelschaltung aus Ohmschem Widerstand (R) und Konstantphasen-Element (CPE bzw. Q). Kathodenseitig werden zwei Prozesse identifiziert. Das RQ-Element P_{1C} beschreibt die Gasdiffusion in der Kathodenstruktur, ein Gerischer-Element P_{2C} die Oberflächenaustauschreaktion und O^{2-}-Diffusion im Kathodenmaterial. Wie in der Studie gezeigt wird, ist P_{2C} nur für $pO_{2,Kat} < 0.21$ (Luft) zu erkennen und wird normalerweise von P_{1A} überdeckt. Die Gegenüberstellung der Prozesse zusammen mit physikalischem Ursprung, Abhängigkeiten und Frequenzbereichen erfolgt in Tabelle 1.

Tabelle 1: Verlustanteile der ASC mit einer 1 cm^2 aktiven LSM-Kathode bei 800°C und H$_2$ (3,5 % bis 63 % H$_2$O) als Brenngas und O$_2$-N$_2$ (1 % bis 21 % O$_2$) als Oxidationsmittel.

Prozess	Physikalischer Ursprung	Abhängigkeit	Frequenz / Hz
P_{1C}	Gasdiffusion in der porösen Kathode	pO_2, Temperatur (gering)	*0,3...10 Hz*
P_{2C}	O_2-Oberflächenaustausch und O^{2-}-Diffusion in der Kathode	pO_2, Temperatur	*10...1 kHz*
P_{1A}	Gasdiffusion im Anodensubstrat	pH_2, pH_2O, Temperatur (gering)	*3...20 Hz*
P_{2A}	(P_{2A}+P_{3A}) Gasdiffusion gekoppelt mit	pH_2, pH_2O, Temperatur	*200..10 kHz*
P_{3A}	Ladungstransferreaktion and O^{2-}-Transport in der Anodenfunktionsschicht	pH_2, pH_2O, Temperatur	*10 k...80 kHz*

Eine genaue Analyse der Impedanzantworten der einzelnen ESB-Elemente und deren korrespondierende DRT ist ausführlich in [19, 24, 100] gegeben. Durch einen Vergleich der ermittelten Parameter mit Werten aus der Literatur und einer Verknüpfung mit physikalischen Modellgleichungen erfolgte die detaillierte Validierung des entwickelten ESB [100].

In dieser Arbeit werden nachfolgend die Prozesse P_{2A}+ P_{3A} gemeinsam als Elektrochemie der Anode und P_{2C} als Elektrochemie der Kathode bezeichnet. Die Gesamtheit der Anodenprozesse (P_{1A} + P_{2A} + P_{3A}) wird als Anodenpolarisation ASR_{An} und die der Kathodenprozesse (P_{1C} + P_{2C}) entsprechend als Kathodenpolarisation ASR_{Kat} bezeichnet.

ESB-Element für LSM-Kathoden

In dieser Arbeit wurden ASC mit LSM/8YSZ-Kathoden untersucht. Zur Beschreibung der Verluste wurde das ESB von Leonide benutzt (Abbildung 4.6), obwohl es für eine ASC mit LSCF-Kathode entwickelt wurde.

Die Sauerstoffreduktion in der LSM/YSZ-Komposit-Kathode (P_{2C}) wird demnach mit einem Gerischer-Element beschrieben. Das Element beschreibt gewöhnlich die Oberflächenaustauschreaktion und die O^{2-}-Diffusion in mischleitendem Kathodenmaterial der LSCF-Kathode. Bei der LSM/8YSZ-Kathode ist die Sauerstoffreduktion an den TPB mit der O^{2-}-Diffusion in der ionisch leitenden 8YSZ-Materialphase gekoppelt. Leonide et al. schlagen für gekoppelte Prozesse, wie sie auch bei der Ni/YSZ-Cermet-Anode vorliegen, das komplexere Leitermodell vor [19, 128, 129]. Das Gerischer-Element selbst ist ein Spezialfall des Leitermodelles [96]. Die zuvor genannte Literatur verwendet mehrheitlich ein einfaches RQ-Element zur Beschreibung der Elektrochemie der Kathode. Die Verwendung des komplexeren Gerischer-Elementes, führt in den Arbeiten von Leonide und Endler-Schuck zu einer hohen Qualität der Fit-Ergebnisse [24, 100]. Die Anwendung des Gerischer-Elementes, an Stelle eines wesentlich komplexeren Leitermodells sorgt für eine deutlich höhere Stabilität der Fit-Prozedur. Zudem führt, wie im nächsten Abschnitt gezeigt wird, die Verwendung des Gerischer-Elementes zur Beschreibung der Elektrochemie einer LSM-Kathode zu einer hohen Qualität des Fit.

4.2.4 Complex Nonlinear Last Square Fit

Zur Trennung der einzelnen Elektrodenverluste reicht ein ESB nicht aus. Die Parameter der ESB-Elemente müssen so gewählt werden, dass das ESB die Impedanzantwort der Zelle möglichst genau wiedergibt. Zur Anpassung der Parameter, in der Literatur auch als Parameterschätzung, Ausgleichsrechnung oder schlicht Fit bezeichnet, werden spezielle statistische Methoden oder Algorithmen benutzt. In dieser Arbeit wurde zur Ermittlung der Parameter die Complex Nonlinear Least Square (CNLS)-Methode benutzt. Diese Methode minimiert die Summe des quadratischen Fehlers zwischen Messdaten und Modell [112].

Die Anpassung bzw. der Fit der Modellparameter an die gemessenen Impedanzdaten wurde mit der kommerziell erhältlichen CNLS-Fit-Software ZView® [131] durchgeführt. Bei der Fit-Prozedur sind die aus der DRT bestimmten Startwerte der Parameter der einzelnen Elemente eine wichtige Voraussetzung zur Konvergenz der Lösung.

Qualität des Fit

Die Bewertung des Fits, also die Qualität der Anpassung der Parameter, sollte nicht nur auf dem Vergleich von gemessener mit modellierter Impedanzortskurve basieren. Im Nyquist-Diagramm in Abbildung 4.7 ist die Impedanzantwort des angefitteten ESB exemplarisch für einen im Rahmen der Arbeit durchgeführten CNLS-Fit gezeigt. In dem Diagramm sind die einzelnen Impedanzantworten der ESB-Elemente ergänzt, welche der Anpassung zu Grunde liegen. Die modellierte Impedanzortskurve lässt sich durch eine skalare Addition der Beiträge de einzelnen Elemente berechnen. Eine Information über die frequenzabhängige Phasenlage oder die Amplitude kann aus der Nyquist-Darstellung der Impedanzdaten nicht entnommen werden.

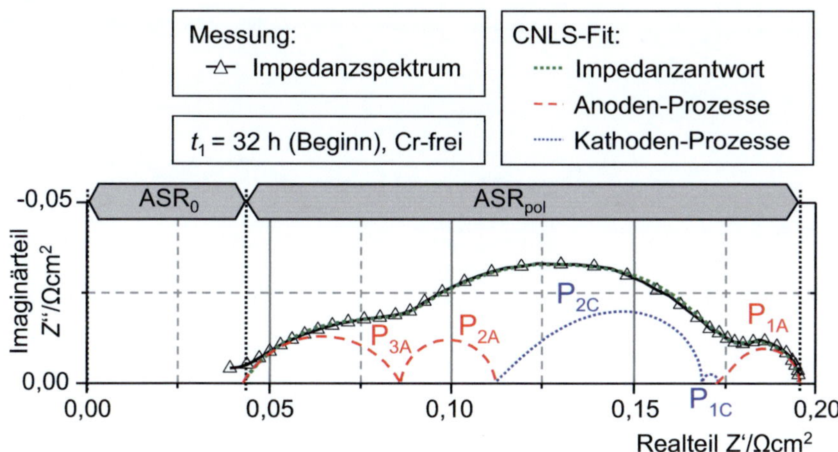

Abbildung 4.7: **Gegenüberstellung des gemessenen Impedanzspektrums (EIS, Zelle Z9_071) und der simulierten Impedanzantwort (CNLS-Fit) des angewendeten elektrischen Ersatzschaltbildes (ESB). Im Nyquist-Diagramm ist der *ASR$_0$* und *ASR$_{pol}$* und ein Beispiel für ein CNLS-Fit der Kathoden- und Anodenpolarisationsverluste dargestellt. Durch die skalare Addiion der einzelnen Impedanzantworten der Elemente wird die gemessene EIS beschrieben (*OCV*-Bedingung, t_1 = 32h, Cr-frei, *T* = 800°C, OM: Luft, BG: H$_2$ mit 63 % H$_2$O).**

Eine wesentlich bessere Grundlage zur Bewertung der Qualität eines Fit-Ergebnisses ist die Darstellung des frequenzabhängigen relativen Fehlers $E_{Rel}(f)$, welche in dieser Arbeit für die Bewertung sämtlicher Fit-Ergebnisse herangezogen wurde. Die Berechnung der Residuen erfolgt für den Imaginärteil in Gleichung (4.4) und den Realteil in Gleichung (4.3):

$$E_{rel(Z')}(\omega) = \frac{Z'_{Mess}(\omega) - Z'_{CNLS}(\omega)}{|\underline{Z}(\omega)|} \cdot 100\% \tag{4.3}$$

$$E_{rel(Z'')}(\omega) = \frac{Z''_{Mess}(\omega) - Z''_{CNLS}(\omega)}{|\underline{Z}(\omega)|} \cdot 100\% \tag{4.4}$$

Hierbei ist $E_{rel}(Z')(\omega)$ der relative Fehler des Realteils, $Z'_{Mess}(\omega)$ der gemessenen Realteil, $Z'_{CNLS}(\omega)$ der gefittete Realteil und $|\underline{Z}_{Mess}(\omega)|$ der Betrag der gemessenen Impedanz, jeweils bei der Kreisfrequenz $\omega = 2\pi f$ (Imaginärteil äquivalent).

Abbildung 4.8 zeigt die typische Verteilung der Residuen für einen durchgeführten Fit. Der relative Fehler $E_{Rel}(f)$ ist im Frequenzbereich 500 mHz bis 200 kHz kleiner als 0,7 %. Erst ab Frequenzen > 320 kHz übersteigt $E_{Rel}(f)$ > 1,9 %.

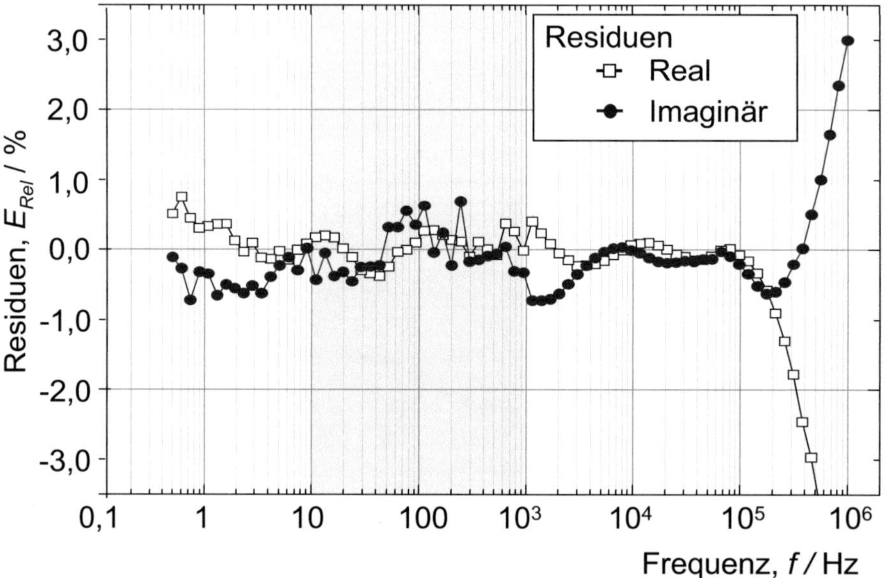

Abbildung 4.8: Typische Residuen zwischen gemessener Impedanz (EIS) und simulierter Impedanzantwort (CNLS-Fit) des elektrischen Ersatzschaltbildes (ESB).

Die mit einem Gerischer-Element an Stelle eines Leitermodells, beschriebene Elektrochemie P_{2C} der LSM-Kathode liegt im Frequenzbereich zwischen 10 und 1000 Hz. Im Frequenzbereich des P_{1C} beträgt der $E_{Rel}(f)$ zwischen Fit und Messdaten < 0.7 %. Dies spricht für die in dieser Arbeit getroffene Vereinfachung, die Elektrochemie der LSM-Kathode mit einem Gerischer-Element zu beschreiben. Der ansteigende Fehler bei Frequenzen > 200 kHz kann auf induktive Artefakte durch die parasitäre Leistungsinduktivität im Messstand zurückzuführen sein [74]. Die Residuen zeigen deutlich, dass das angewendete ESB die gemessenen Impedanzdaten sehr gut beschreibt. Mit der Parameterbestimmung der einzelnen ESB-Elemente können die individuellen Verlustprozesse der ASC getrennt werden.

4.2.5 Auswahl geeigneter Messbedingungen

Geeignete Messbedingungen erleichtern die Separation der einzelnen Verlustanteile vom Gesamtpolarisationswiderstand. Bereits Leonide bei der Entwicklung des ASB [19] wie auch Endler-Schuck bei der Untersuchung des Alterungsverhaltens von LSCF-Kathoden [130] passen die Messbedingungen auf das Ziel der Untersuchung an. So ändert Leonide z.B. die Betriebstemperatur, um elektrochemische Verluste zu identifizieren. Elektrochemische Prozesse zeigen eine deutliche Temperaturaktivierung, wohingegen Gasdiffusionsverluste wenig temperaturabhängig sind [19].

Sollen Alterungs- oder Vergiftungseffekte unter konstanten Betriebsbedingungen im Langzeitbetrieb untersucht werden, ist eine Variation der Betriebstemperatur nicht ziel-führend. Eine Änderung der Betriebsgase, wie z.B. eine Variation des pH_2O_{An}, kann sich auf das Alterungsverhalten der Anode (Ni-Agglomeration, Abschnitt 2.5.2) auswirken. Bei einer Untersuchung der Anodenalterung sollte dies unbedingt vermieden werden. Die Unter-suchung der Kathodenalterung während des galvanostatischen Langzeitbetriebes wird von Endler-Schuck durch eine Änderung des Brenngases während der EIS-Messungen ermög-licht. Endler-Schuck nutzt dabei den Effekt, dass im CO/CO_2-Betrieb der Anoden-Gas-diffusionsprozess P_{1A} bei deutlich niedrigeren Frequenzen liegt als im H_2/H_2O-Betrieb. Durch diese Verschiebung überlappt P_{1A} nicht mehr die Elektrochemie P_{2C} der LSCF-Kathoden und ermöglicht so einen präzisen Fit [19, 24]. Dieser Schritt ist in dieser Arbeit nicht zwingend erforderlich, da der elektrochemische Verlustprozess der LSM-Kathode $P_{2C,LSM}$ in Luft wesentlich größer ist als der der LSCF-Kathode $P_{2C,LSCF}$ ist ($R_{2C,LSM} \sim 56$ mΩ, Abschnitt 6.2.3, $R_{2C,LSCF} \sim 21$ mΩ [100]). Einerseits liegt $P_{2C,LSM}$ (10 Hz...1 kHz, Tabelle 1) in höheren Fre-quenzen als $P_{2C,LSCF}$ (20-300 Hz [100]), was die Überschneidung mit P_{1A} ohnehin reduziert und das Anfitten begünstigt. Andererseits führt der höhere Frequenzbereich des $P_{2C,LSM}$ zu einer starken Überlappung mit P_{2A} ($f = 200$ Hz...8 kHz, Tabelle 1). Dieser Effekt wirkt wieder-um erschwerend auf die Fit-Prozedur, kann aber durch eine weitere Anpassung der Mess-bedingungen abgeschwächt werden.

Abbildung 4.9 zeigt die bei verschiedenen pH_2O_{An} und bei konstantem Oxidationsmittel (Luft) und Temperatur gemessenen EIS und die korrespondierenden DRT. Mit der Erhöhung des pH_2O_{An} von 5 % auf 63 % kann eine starke Abnahme des ASR_{pol} festgestellt werden. Da sich nur die anodenseitigen Betriebsbedingungen geändert haben, kann die Abnahme des ASR_{pol} nur auf eine Verringerung der anodenseitigen Polarisationsverluste zurückzuführen sein. Eine Reduzierung des Beitrages der Anodenpolarisation führt zu einer relativen Erhöhung des Beitrages der Kathodenpolarisation, trotz konstantem Absolutwert der Kathodenverluste. Eine Reduzierung der Anodenpolarisation (Absolutwert) führt zu einer relativen Erhöhung des Beitrages der Kathodenpolarisation (konstanter Absolutwert) am ASR_{pol}. Dies entspricht einer höheren Gewichtung der Kathodenpolarisationsverluste, was sich positiv auf deren Bestimmung auswirkt.

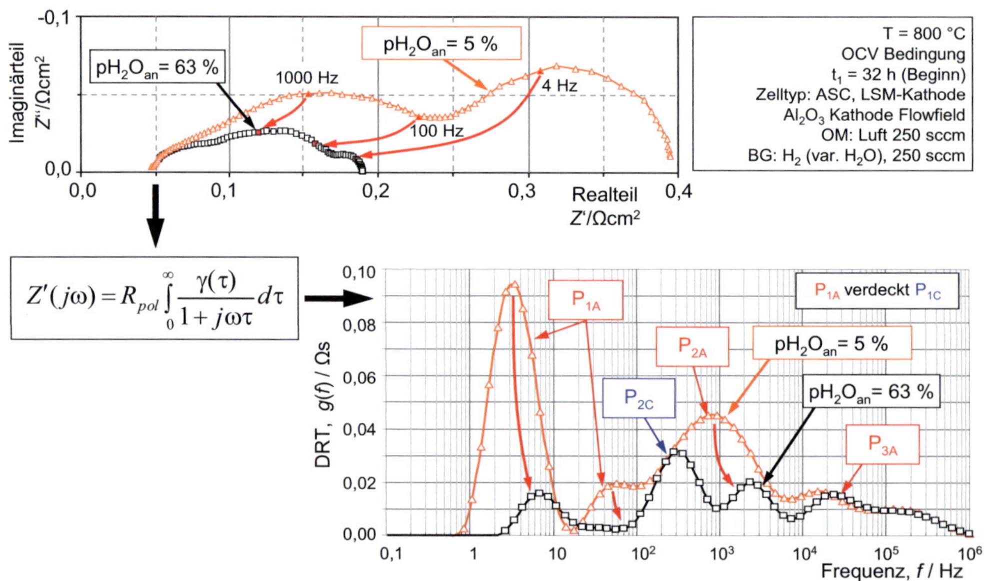

$$Z'(j\omega) = R_{pol} \int_0^\infty \frac{\gamma(\tau)}{1 + j\omega\tau} d\tau$$

Abbildung 4.9: Einfluss der Befeuchtung auf die Impedanz einer anodengestützten Zelle (ASC) und die berechnete Verteilungsfunktion der Relaxationszeiten (DRT). Mit Erhöhung des pH_2O_{An} von 5 % auf 63 % nehmen die Verlustprozesse der Anode ab.

Dieser Effekt wird durch die DRT-Analyse bestätigt. Die Höhe des Anodengasdiffusions-prozesses P_{1C} wie auch der Prozesse P_{2A} (P_{2A} + P_{3A} = Anoden-polarisation) verringert sich, was einer Reduzierung der Verlustanteile entspricht. Weiter verschieben sich die beiden Prozesse zu höheren Frequenzen, womit die Überschneidung von P_{2C} (10..1 kHz) und P_{2A} (1k...8 kHz) verringert wird (Tabelle 1). Die Kathodenprozesse P_{1C} und P_{2C}, sowie P_{3A} bleiben von der Brenngasvariation unbeeinflusst. Der Effekt der Frequenzverschiebung wirkt sich zusätzlich zur Reduzierung der Anodenpolarisation positiv auf die Separation der Verlustprozesse aus. Aus diesem Grund wurden EIS bei hoher Brenngasausnutzung (H_2, 63 % H_2O) zur Untersuchung des Einflusses der Cr-Vergiftung der Kathode in Abschnitt 6.2 herangezogen.

Die Untersuchung des Einflusses der MIC-Geometrie in Abschnitt 6.1 erfordert eine weitere Anpassung der Messbedingungen. Bei dieser Untersuchung galt es, den kathodenseitigen Gasdiffusionsprozess P_{1C} zu bestimmen. Wie bei der Einführung des angewendeten ESB bereits dargelegt, wird P_{1C} vom Gasdiffusionsprozess im Anodensubstrat P_{1A} völlig überdeckt. Ein Anfitten des P_{1C} und damit die Trennung von P_{1A} ist unter diesen Umständen nicht möglich. Um die Trennung des P_{1C} vom Gesamtpolarisationswiderstand zu ermöglichen, wurde der $pO_{2,Kat}$ schrittweise bis zu 0,4 % verringert. Abbildung 4.10 zeigt die gemessenen EIS und die korrespondierenden DRT.

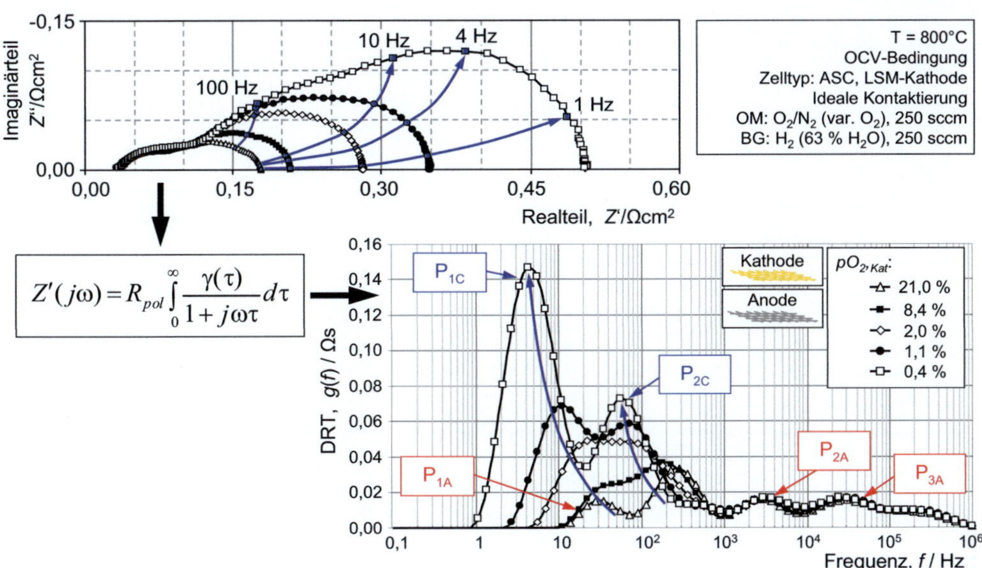

$$Z'(j\omega) = R_{pol} \int_0^\infty \frac{\gamma(\tau)}{1 + j\omega\tau} d\tau$$

Abbildung 4.10: Einfluss des Sauerstoffpartialdruckes ($pO_{2,Kat}$) auf a) die Impedanz einer anodengestützten Zelle (ASC) und b) die berechnete Verteilungsfunktion der Relaxationszeiten (DRT). Mit der Verringerung des $pO_{2,Kat}$ von 21 % auf 0.4 % nehmen die Verlustprozesse der Kathode P_{1C} und P_{2C} stark zu.

Der ASR_{pol} steigt mit reduziertem $pO_{2,Kat}$ stark an. Die DRT-Analyse zeigt deutlich, dass der Anstieg des ASR_{pol} durch die Zunahme der Kathodenpolarisationsprozesse P_{1C} und P_{2C} verursacht wird. P_{1C}, der noch bei Luft vollständig vom P_{1A} überdeckt wird, kann schon ansatzweise bei $pO_{2,Kat}$ = 2 % erkannt werden. Für geringere $pO_{2,Kat}$ (< 2 %) ist P_{1C} deutlich als eigenständiger, zu niedrigeren Frequenzen verschobener Prozess zu erkennen. Die Elektrochemie der Kathode P_{2C} zeigt eine ähnliche Abhängigkeit vom $pO_{2,Kat}$ wie P_{1C}. Im restlichen Frequenzbereich kann während der Variation des $pO_{2,Kat}$ keine Änderung der DRT festgestellt werden. Die Prozesse P_{1A}, P_{2A} und P_{3A} bleiben somit konstant.

Die Verschiebung zu niedrigeren Frequenzen und eine Erhöhung der Kathodenprozesse P_{1C} und P_{2C} ermöglichen das Anpassen der Parameter der ESB-Elemente mittels CNLS-Fit und somit die Trennung des P_{1C} vom ASR_{pol}.

5 FEM-Modell der Wiederholeinheit

In der Forschung wie auch in der Entwicklung ist die Beschreibung physikalischer Vorgänge oder technischer Aufgabenstellungen durch Modelle ein etabliertes Werkzeug. Auch in der Brennstoffzellenforschung gewinnt die Modellbeschreibung in Form von Mikrostrukturmodellen [17] oder auch die Beschreibung von elektrochemischen Verlusten durch elektrische Modelle [100, 126] zunehmend an Bedeutung. Die geeignete Modellbildung kann z.B. zum tieferen Verständnis der im Reformatbetrieb der BZ stattfindenden, komplexen elektrochemischen Prozesse [132] oder wie in dieser Arbeit zur Identifikation kontaktierungsbedingter Verluste beitragen.

Die durch die Kontaktierung der Zelle verursachten Ohmschen Verluste konnten vor dieser Arbeit nicht in-situ während einer Einzelzellmessung bestimmt werden. Die Kombination aus Modellierung und experimentell ermittelten Kennlinien und Potentialverläufen soll die Quantifizierung des Einflusses auf die Leistungsfähigkeit einer Wiederholeinheit ermöglichen. Damit ist die in Abhängigkeit eines MIC bzw. einer Flowfield-Geometrie zu erwartenden Leistungsdichte vorherzusagen.

In diesem Kapitel erfolgt zuerst eine kritische Auseinandersetzung mit ausgewählten in der Literatur publizierten Ansätze zur Modellierung einer Wiederholeinheit. Danach wird kurz die Finite Elemente Methode (FEM) in Bezug auf die Beschreibung einer SOFC eingeführt und das entwickelte Finite Elemente Methode (FEM)-Modell der Wiederholeinheit vorgestellt [97].

5.1 Modelle in der Literatur

In der Literatur werden verschiedene Modellansätze verfolgt, um den Einfluss der MIC-Geometrie auf die Leistungsfähigkeit einer SOFC-Wiederholeinheit zu untersuchen.

Nelson und Haynes setzen ein Kontinuum-Ebenen-Modell ein, um 1. Einschnürungseffekte der Stromwege, 2. den Stofftransport und 3. den Brenngasumsatz an den TPB zu analysieren [133]. Tanner und Vikar geben einen analytischen Ausdruck für den ASR_0 einer Wiederholeinheit. Sie benutzen differentielle Elemente, welche analytische Ausdrücke für Ladungstransportwiderstand (englisch: charge transfer resistance), Leitfähigkeiten, elektronische Potentiale und MIC-Geometrie berücksichtigen [134]. Ein zeitabhängiges Modell zur Simulation der Impedanzantwort einer Wiederholeinheit wurde von Gazzarri und Kessler vorgeschlagen. Sie entwickeln Massen- und Ladungstransportgleichungen und kombinieren diese mit Gasdiffusions- und Konzentrationspolarisationsverlusten der Elektrode für Gleich- und Wechselstrom. In einer vergleichenden Analyse der Simulationsergebnisse erfolgt die

Untersuchung des Einflusses von Korrosions- und Delaminationseffekten des MIC sowie der Schwefelvergiftung der Anode auf die Impedanzantwort der Wiederholeinheit. Eine Untersuchung der Leistungsdichte einer Wiederholeinheit erfolgt nicht [135, 136, 137, 138]. Ebenso bleiben die Autoren eine Validierung der Modelle anhand von experimentellen Daten schuldig. Dies stellt eine große Schwachstelle bei der Bewertung der entwickelten Modelle und der daraus resultierenden Schlussfolgerungen dar. Bisher veröffentlichte Modellierungsversuche [117, 118, 133, 134, 135, 137] basieren auf komplexen physikalischen Gleichungen mit einer großen Anzahl von Parametern, welche schwer durch Experimente bestimmt werden können und den Lösungsaufwand erheblich steigern.

5.2 Einführung FEM

Modelle einer Wiederholeinheit können neben der Darstellung durch analytische Beschreibungen auch in einer FEM-Software, wie z.B. das in dieser Arbeit verwendete COMSOL Multiphysics© V3.5 (COMSOL Inc., Burlington, USA), implementiert werden. FEM-Modelle bieten den Vorteil, dass sie die zu lösende Aufgabe in einer ein-, zwei- oder auch dreidimensionalen Struktur darstellen können. Meist weisen FEM-Programme eine komfortable Oberfläche zur Visualisierung der Simulationsergebnisse auf. Eine Vielzahl räumlich verteilter Phänomene lassen sich durch die FEM zeit- und ortsabhängig lösen.

5.2.1 FEM zur Beschreibung der SOFC

Die gängigen FEM-Modelle der SOFC beschreiben eine Zelle durch ein Schichtenmodell mit verschiedenen, miteinander gekoppelten physikalischen Teilmodellen. Um ein solches Schichtenmodell zu entwickeln, ist ein sehr hoher Simulationsaufwand zu betreiben. Gekoppelte physikalische Phänomene, wie z.B. die elektronische Leitfähigkeit, der Stofftransport oder die elektrochemische Reaktion an den TPB müssen in einzelne physikalische Teilmodelle (Domains) implementiert werden. Besteht ein Teilmodell wie die Zelle (Abbildung 5.1) aus einzelnen Schichten mit verschiedenen Eigenschaften, werden die Domains in Unterdomänen (Subdomains) unterteilt. Die geometrischen Grenzen der Domänen werden als boundary bezeichnet.

Die zu simulierenden Vorgänge in den Teilmodellen, wie auch die Kopplung zum Gesamtmodell, erfolgen über komplexe physikalische Gleichungen, sogenannte Ansatzfunktionen. Dazu zählt z.B. die Butler-Volmer-Gleichung, die beschreibt, wie sich der elektrische Strom bei Änderung des Elektrodenpotentials ändert [11]. Ebenso das Dusty-Gasmodell (Stefan Maxwell Modell mit Knutzentherm), das die Diffusion in porösem Medium beschreibt [13]. Um die Modelle anwenden zu können, müssen statistische Parameter wie z.B. Porosität, Tortuosität, Ladungstransferwiderstand, Austauschstromdichten, Ladungstransferkoeffizienten, volumenspezifische innere Oberfläche etc. angenommen werden. Diese Parameter sind messtechnisch nicht erfassbar. Ihre Werte stammen aus theoretischen Betrachtungen oder werden gegebenenfalls in Simulationen angefittet. Diese Art der Modellbildung nach der Finite-Elemente-Methode erlaubt die getrennte Betrachtung der einzelnen, in den Domänen des Modells ablaufenden, physikalischen Vorgänge. Deshalb auch der Zusatz Multiphysics im Software-Namen.

5.2.2 FEM-Prinzip

Die Finite Elemente Methode (FEM) basiert auf Zerlegung von Oberflächen in eine endliche Anzahl kleinster polygoner Elemente. Bei räumlichen Problemen wird das Volumen in Volumenelemente zerlegt. Die durch Diskretisierung entstandenen, einzelnen, endlichen (finiten) Elemente werden an den Eckpunkten miteinander verknüpft. Sie bilden so zwei- bzw. dreidimensionale Geometrien der zu simulierenden Objekte nach.

Das zu lösende Problem wird durch Ansatzfunktionen beschrieben, welche den Verlauf der physikalischen Größe zwischen den Eckpunkten eines Elementes wiedergeben. Die Eckpunkte stellen den Übergabepunkt der physikalischen Größe an das benachbarte Element dar. Somit sind die Ansatzfunktionen der Elemente mathematisch stetig miteinander verbunden. Die Ansatzfunktionen werden durch partielle Differenzialgleichungen (PDE) und vorzugebende Randbedingungen beschrieben und in einem komplexen Gleichungssystem gelöst. Die numerische Lösung des Gleichungssystems, also der partiellen Differenzialgleichungen, erfolgt automatisiert durch COMSOL Multiphysics [141].

Eine Vielzahl räumlich verteilter Phänomene lassen sich durch die FEM zeit- und ortsabhängig lösen. Bei statischen Problemen wird iterativ ein Gleichgewichtszustand ermittelt, an dem die potentielle Energie des Systems ein Minimum aufweist.

Das Lösen und Aufstellen eines FEM-Problems in COMSOL erfolgt in fünf aufeinanderfolgenden Schritten:

- Definition der zu diskretisierenden Geometrie

- Aufstellen der Ansatzfunktion bzw. der PDE

- Definition der Randbedingungen

- Diskretisierung der Geometrie in finite Elemente

- Numerische Berechnung des Gleichungssystems (Näherungslösung)

- Visualisierung der Ergebnisse

Die Darlegung des angewendeten FEM-Modells erfolgt anhand der Chronologie der hier vorgestellten Schritte.

5.3 FEM-Modell der Wiederholeinheit

Bei der Entwicklung des FEM-Modells der Wiederholeinheit wurde kein komplexes Schichtenmodell mit gekoppelten Teilmodellen, sondern ein hybrider Ansatz verfolgt. Das entwickelte Modell ist eine rein elektrische Nachbildung der Zelle. Grundlegende Idee des hybriden Modells ist, dass die Ansatzfunktionen des FEM-Modells aus Messergebnissen gebildet werden. Das entwickelte Modell bildet die Zelle und ihre Verlustleistung rein elektrisch ab und ist auf beliebige Kontaktgeometrien anpassbar. Die so beschaltete Modellzelle wird genutzt, um die Verlustanteile durch die Kontaktgeometrie zu identifizieren und quantitative Aussagen zu treffen. Das zu lösende Problem wird auf den Application Mode „Conductive Media DC" (Elektrische Gleichstromleitfähigkeit) beschränkt und ist auf eine Betriebstemperatur von 800°C ausgelegt [97].

In diesem Unterkapitel werden das Modell und dessen Funktion schrittweise dargelegt. Zuerst erfolgen die Festlegung der Modellgeometrie und die Aufstellung der Ansatzfunktionen und Randbedingungen, welche die korrekte Funktion des Modells ge-währleisten sollen. Anschließend wird kurz die Diskretisierung der Wiederholeinheit und die numerische Lösung behandelt, bevor die Visualisierung der Ergebnisse vorgenommen wird.

5.3.1 Definition der Geometrie

Die Auswahl der Geometrie ist stark an der Problemstellung orientiert. Zunächst ist die zu definierende Geometrie so einfach wie möglich zu wählen, um den Rechenaufwand gering zu halten. Dabei richtet sich das Augenmerk vor allem auf mögliche Symmetrien. Dieses Vorgehen spart Rechenzeit und Speicherressourcen. Das entwickelte Modell beschreibt eine Wiederholeinheit durch eine Domain mit vier einzelnen Subdomains. Zwei Subdomains für die Elektroden und weitere Subdomains für Anoden- und Kathoden-Flowfield.

Wiederholeinheit

Die in Abbildung 2.10 gezeigte Wiederholeinheit repräsentiert die Kontaktsituation einer Einzelzelle. Die Widerholeinheit besteht aus einer ASC zwischen zwei Flowfields. Diese besteht wie ein metallischer Interkonnektor (MIC) oder auch eine bipolare Platte aus Kontaktstegen und Gaskanälen.

Folgende vereinfachenden Annahmen liegen dem entwickelten FEM-Modell und der Auswahl der Geometrie zugrunde:

- Der Kontakt zwischen Elektrode und Kontaktsteg ist in Gasflussrichtung (z-Richtung) homogen bzw. von gleichmäßiger Qualität (Kontaktfläche und Kontaktwiderstand). Die Geometrie des Flowfields zeigt in z-Richtung eine parallele Anordnung von Kontaktsteg und Gaskanal.

- Das Modell repräsentiert ein infinites Zellelement in Gasflussrichtung (z-Richtung). Dies ist aufgrund der hohen Gasflüsse im Experiment und der damit vernachlässigbaren Brenngasausnutzung in Gasflussrichtung möglich.

- Die Geometrie jedes Kontaktsteges und Gaskanales eines Flowfieldtyps ist gleich.

Die Konsequenz aus den getroffenen Vereinfachungen ist ein repräsentativer Ausschnitt einer Wiederholeinheit, wie in Abbildung 2.10 eingezeichnet. Das zwei-dimensionale Modell (Abbildung 5.1) besteht aus der Zelle zwischen einem halben Kontaktsteg und einem halben Gaskanal. Das Zentrum des vollen Kontaktsteges liegt bei $x = 0$, das des Gaskanales bei $x = L$. Die Modellierung der Zelle, die somit eine Ausdehnung in x-Richtung von $x = 0$ bis $x = L$ aufweist, reicht aus, um den Einfluss der Kontaktgeometrie auf die Leistung zu simulieren.

Zelle

Das Modell der ASC besteht beim entwickelten hybriden Ansatz aus Kathode und Anode. Der Zellgeometrie kommt gänzlich ohne Elektrolyt aus und besteht somit aus zwei Subdomains (Abbildung 5.1). Die zwei-dimensionale Zellgeometrie entspricht einem Quer-schnitt der aktiven Zellfläche in x-y-Richtung. Die implementierte Anode besteht nur aus einer Subdomain, dem Anodensubstrat. Da die Anodenfunktionsschicht nur 10 µm dünn ist, trägt sie lediglich mit < 3,5 % zur Anodengesamtdicke bei. Da sich die elektrische Eigenschaft des Anodensubstrates nur gering vom Anodensubstrat unterscheidet, kann die Anodenfunktionsschicht im Modell vernachlässigt werden. Die Anoden-Subdomain weist damit eine Ausdehnung vom 300 µm in y-Richtung auf. Die LSM-Kathode wurde aufgrund ihrer verschiedenen Eigenschaften von Stromsammler und Funktionsschicht zweischichtig implementiert. Somit besteht die 75 µm dicke Kathoden-Subdomain aus Funktionsschicht mit 15 µm und dem Stromsammler mit 60 µm. Die Schnittstelle zwischen Anoden und Kathoden-Subdomain liegt bei $y = c$.

Flowfield

Die kathoden- und anodenseitigen Flowfields wurde als eigenständige Subdomains implementiert (Abbildung 5.1). Die Geometrien können dabei beliebig geändert werden. Wichtig dabei ist, dass in x-Richtung die geometrische Mitte des Kontaktsteges bei $x = 0$ und die des Gaskanales bei $x = L$ liegt. In y-Richtung dehnt sich das Anoden-Flowfield von $y = 0$ bis zur Anoden-Domain bei $y = c - 300$ µm aus. Das Kathoden-Flowfield reicht von $y = c + 75$ µm bis zu $y = h$.

5.3.2 Aufstellen der Ansatzfunktionen

Das physikalische Problem wird durch Ansatzfunktionen der einzelnen Domains im Modell und den damit verbundenen Partiellen Differentialgleichungen (PDE) beschrieben. Existieren keine passenden vordefinierten Ansatzfunktionen, um das zu lösende Problem zu beschreiben, können diese frei definiert werden. Dadurch ist eine vielfältige Anpassung auf verschiedenste physikalische Phänomene möglich. Das vorliegende Modell beschreibt das Verhalten der Zelle bzw. ihre elektrischen Verluste durch eine rein elektrische Modellvorstellung.

Die Subdomains (Abbildung 5.1) sind alle Bestandteil einer Domain, also durch ein physikalisches Phänomen in einem einzigen Teilmodell enthalten. Somit entfällt die Kopplung von Ansatzfunktionen verschiedener Teilmodelle zum Gesamtmodell. Das für die Subdomains gewählte physikalische Phänomen bzw. zu lösende Problem ist im Application Mode „electrical conductive media DC" (Elektrische Leitfähigkeit, Gleichstrom) angesetzt. Die vier Subdomains Anode, Kathode, und je ein Flowfield pro Elektrode sind als leitfähige Geometrien implementiert. Der Ladungstransport innerhalb der Domain ist durch eine zweidimensionale Laplace Gleichung (5.1) mit Neumann-Randbedingung beschrieben. Die Neuman-Randbedingung stellt sicher, dass keine Ladungsspezies innerhalb der Domain generiert oder vernichtet werden. Eine Temperaturabhängigkeit des Modells ist nicht implementiert und auf eine Temperatur von 800°C ausgelegt.

$$-\nabla(\sigma_{el}\nabla\varphi_{el}) = 0 \tag{5.1}$$

Dabei ist σ_{el} die elektronische Leitfähigkeit und φ_{el} das elektrische Potential in der jeweiligen Subdomain.

Die Bestimmung der elektronischen Leitfähigkeit der Elektroden bzw. der implementierten Schichten erfolgte durch Vier-Punkt-Leitfähigkeitsmessungen. Hierzu wurde die effektive elektronische Leitfähigkeit der porösen Schichten, wie sie in der Elektrode eingesetzt werden, gemessen. Die Geometriedaten der verwendeten Proben wurden durch REM-Aufnahmen bestimmt. Die Berechnung der Leitfähigkeit erfolgt nach dem zweiten Ohmschen Gesetz (2.7). Die Leitfähigkeit des Anodensubstrates wurde unter reduzierender Atmosphäre (H_2, 5 % H_2O) bei 800°C auf $\sigma_{Ni\text{-}Cermet,800°C}$ = 150 kSm^{-1} bestimmt. Die ermittelte Leitfähigkeit der Kathodenstromsammlerschicht beträgt bei 800°C in Luft $\sigma_{LSM,800°C}$ = 1800 Sm^{-1} und die der Kathodenfunktionsschicht $\sigma_{LSM/8YSZ,800°C}$ = 180 Sm^{-1}. Details zur Vier-Punkt-Leitfähigkeitsmessungen finden sich im Anhang 8.3. Die Leitfähigkeit des Anoden-Flowfields (Ni, $\sigma_{Ni,800°C}$ = 2,187 MSm^{-1}) und des Kathoden-Flowfields (Au, $\sigma_{Au,800°C}$ = 11 MSm^{-1}) wurde der Materialbibliothek von COMSOL entnommen. Die vorgestellten Leitfähigkeiten wurden den entsprechenden Sub-Domains bzw. den Schichten innerhalb der Subdomain zugewiesen. Da keine Kopplung verschiedener Teilmodelle bei der Beschreibung mit nur einem Application Mode nötig ist, müssen nur noch die Randbedingungen definiert werden.

5.3.3 Definition der Randbedingungen

Lässt sich ein physikalisches Problem durch Ansatzfunktionen oder selbst aufgestellte PDE beschreiben, müssen an den Schnittstellen zwischen und an den Grenzen der Subdomains Randbedingungen definiert werden. Ohne definierte Randbedingungen ist eine Lösbarkeit des physikalischen Problems nicht möglich. Existieren keine passenden vordefinierten Randbedingungen, können diese zwischen Dirichlet- oder Neumann-Randbedingung frei gewählt und definiert werden.

In Abbildung 5.1 sind die vier Subdomais und die angesetzten Randbedingungen gezeigt. Die Definition der Randbedingungen ist wie folgt:

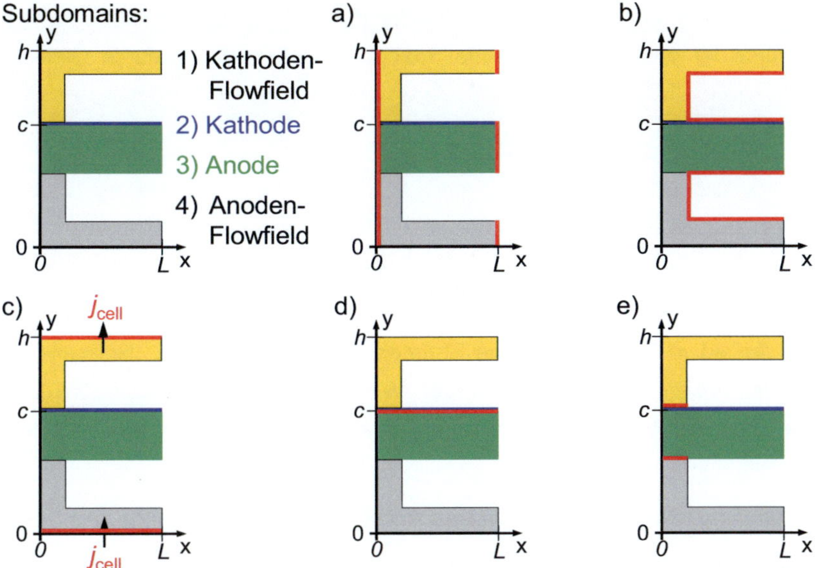

Abbildung 5.1: FEM Modellgeometrie: vier Subdomains bilden den repräsentativen Ausschnitt der Wiederholeinheit. Die implementierten Randbedingungen (rot): a) und b) Isolation, c) Stromquelle und -senke, d) ASR-Schicht und e) Kontaktwiderstand.

a) Elektrische Isolation an den Symmetrieebenen der Wiederholeinheit

Die Symmetrie zeichnet sich dadurch aus, dass im infinitesimalen Abstand auf beiden Seiten der Symmetrieebene die elektrischen Feldlinien senkrecht auf dieser stehen. Über einer elektrischen Symmetrieebene existiert demnach keinen Potentialgradienten. Um einen Strom fließen zu lassen, bedarf es jedoch eines Potentialgradienten. Als Konsequenz des fehlenden Potentialgradienten über der Symmetrieebene kann sich kein Stromfluss einstellen. Angewendet auf die Wiederholeinheit bedeutet dies, dass über eine Symmetrieebene kein Stromfluss in x-Richtung möglich ist. Dies entspricht einer elektrisch isolierenden Grenze bei $x = 0$ und $x = L$.

b) Elektrische Isolation an der Grenzfläche zum Gasraum

Da kein Stromfluss über die Gasphase erfolgen kann, muss dieser an den Grenzflächen zwischen Elektroden und Gaskanal bzw. Flowfield und Gaskanal unterbunden werden. Die Grenzfläche zwischen leitendem Material und Gasphase wird als elektrisch isolierend definiert.

c) Stromquelle bei y = 0 und Stromsenke bei y = h

Der Stromfluss wird durch Definition einer Quelle bei y = 0 und einer Senke bei y = h sichergestellt. Zusätzlich wird durch die Wahl der Randbedingung festgelegt, dass das Potential bei y = 0 und y = h in x-Richtung konstant ist. Im Modell entsteht also kein elektrisches Feld bzw. eine Zellspannung durch einen über der Zelle herrschenden Sauerstoffpartialdruck. Vielmehr wird ein Stromfluss (Gleichung (5.2)) durch die Wiederholeinheit IWE erzwungen und der dadurch verursachte Spannungsverlust $U_{Verlust}$ durch Gleichung (5.3) berechnet.

$$I_{WE} = \int_A j_y \, dA = z \int_0^L j_{Zelle}(x)\big|_{y=c} \, dx \tag{5.2}$$

$$U_{Verlust} = \int_0^h \vec{E}(y) \, dy \tag{5.3}$$

Dabei ist A die aktive Zellfläche, J_y die Stromdichte in y-Richtung, L die Breite und h die Höhe des repräsentativen Ausschnitts der Wiederholeinheit (Abbildung 2.10), j_{Zelle} die Stromdichte über der Grenzfläche zwischen Kathode und Anode und E beschreibt das elektrische Feld in y-Richtung.

d) Randbedingung zwischen Kathode und Anode bei y = c

Die Randbedingung zwischen Kathode und Anode bei y = c kann wahlweise

1. als ASR-Schicht zur Simulation von U-I-Kennlinien oder

2. als Elektrolyt-Schicht zur Berechnung des ASR_0 der Widerholeinheit ($ASR_{0,WE}$)

parametriert werden. Nachfolgend wird zuerst die Funktion der ASR-Schicht und dann die der Elektrolyt-Schicht als Randbedingung diskutiert. Diese Randbedingung wird aufgrund ihrer Funktion als Schicht bezeichnet, obwohl sie keinerlei Ausdehnung in y-Richtung aufweist und demnach keine Schicht im eigentlichen Sinne ist.

1. Die ASR-Schicht-Randbedingung

Die komplexen elektrochemischen Reaktionen und die Transportprozesse einer ASC werden beim hybriden Modellansatz durch deren flächenspezifischen Widerstand (ASR) im FEM-Modell beschrieben. Die offene Zellspannung (OCV) aufgrund des Sauerstoffpartialdruckgradienten zwischen Oxidationsmittel (Luft) und Brenngas (H_2, 5 % H_2O) wird nicht betrachtet. Für das FEM-Modell ist nur der durch den Stromfluss verursachte Spannungs-verlust über der Wiederholeinheit $U_{Verlust}$ relevant. Die U-I-Kennlinien einer Wiederholeinheit ($U_{WE}(I_{WE})$) werden durch die Subtraktion der $U_{Verlust}$ von der OCV durch Gleichung (5.4) berechnet.

$$U_{WE}(I_{WE}) = OCV - U_{Verlust} \qquad (5.4)$$

Dabei ist U_{WE} die von der Zellstromdichte I_{WE} abhängige Arbeitsspannung der Wieder-holeinheit, $U_{Verlust}$ die berechnete Verlustspannung und OCV die Leerlaufspannung. Durch die Simulation von $U_{Verlust}$ für verschiedene Stromdichten, kann U_{WE} für den gesamten Arbeitsbereich und somit eine U-I-Kennlinie berechnet werden. Den in dieser Arbeit simulierten U-I-Kennlinien lag eine OCV = 1,075 V zugrunde.

Um die Polarisationsverluste der ASC abzubilden, wird eine ASR-Schicht als Rand-bedingung zwischen der leitfähigen Kathode und dem leitfähigen Anodensubstrat (Abbildung 5.1d) bei y = c definiert. Die ASR-Schicht repräsentiert sowohl die Ohmschen Verluste des Elektrolyts und der Elektroden als auch die Polarisationsverluste der beiden Elektroden. Diese ASR-Schicht ist als Randbedingung im COMSOL FEM-Modell implementiert und beschreibt die lokale Stromdichte $j_{Zelle}(x)|y = c$, welche in y-Richtung über die Grenzschicht zwischen Anode und Kathode fließt. Die implementierte ASR-Schicht beschreibt dabei $j_{Zelle}(x)|_{y=c}$ als Funktion der Spannungsdifferenz $\Delta U(x)|_{y=c}$ zwischen Kathoden- ($\varphi_{Kathode}(x)|_{y=c}$) und Anodenpotential ($\varphi_{Anode}(x)|_{y=c}$) an der gemeinsamen Grenzfläche bei y = c. Die lokale Stromdichte $j_{Zelle}(x)|_{y=c}$ wie auch die lokale Potentialdifferenz $\Delta U(x)|_{y=c}$ sind in x-Richtung variabel:

$$\Delta U(x)\Big|_{y=c} = \varphi_{Kathode}(x)\Big|_{y=c} - \varphi_{Anode}(x)\Big|_{y=c} \qquad (5.5)$$

Zur Parametrierung der ASR-Schicht wurde die U-I-Kennlinie einer ideal kontaktierten Zelle (Abbildung 2.10) genutzt. Eine homogene Stromdichteverteilung (Abbildung 2.12) und eine gleichmäßige Gasversorgung (Abbildung 2.13) über der ganzen aktiven Zellfläche ist durch den Einsatz von Al_2O_3-Flowfield und Kontaktnetz gesichert. Unter diesen idealen Bedingungen finden alle Transportprozesse (Gasdiffusion und Massentransport, elek-tronischer und ionischer Ladungsträgerfluss) in y-Richtung, also senkrecht zum Elektrolyten, statt. Der Ohmsche Widerstand der Anode und der Kathode in y-Richtung (Kathode: Stromsammler 60 μm, Funktionsschicht 15 μm, Anodensubstrat = 300 μm) wurde aus den gemessenen Leitfähigkeitswerten berechnet. Dieser Beitrag am ASR_0 der Zelle beträgt weit weniger als 0,2 mΩcm^2. Schließlich bedeutet dies, dass der Anteil der Ohmschen Verluste durch Stromfluss in den Elektroden in y-Richtung bei der ideal kontaktierten Zelle vernachlässigt werden kann.

Die Gesamtheit der Ohmschen und Polarisationsverluste der ideal kontaktierten Zelle spiegeln sich in deren U-I-Kennlinie wieder. Durch Messungen einer U-I-Kennlinie wird somit die Gesamtheit der Ohmschen und Polarisationsverluste erfasst. Aufgrund der vernachlässigbaren Ohmschen Verluste der Elektroden in y-Richtung bietet die U-I-Kennlinie der ideal kontaktierten Zelle den ASR_{Zelle} als Funktion des Spannungsabfalles über dem Elektrolyten. Auf die Modellgeometrie übertragen, beschreibt der ASR_{Zelle} die elektrische Potentialdifferenz ΔU bei y = c der Grenzschicht zwischen Kathode und Anode:

$$ASR_{Zelle}(\Delta U) = \frac{\Delta U}{j_{Zelle}(\Delta U)} = \frac{OCV - U_{Zelle}}{j_{Zelle}(OCV - U_{Zelle})} \tag{5.6}$$

Der ASR_{Zelle} ist hier nur eine Funktion der Potentialdifferenz ΔU bei konstanter Temperatur (hier 800°C) und Gaszusammensetzung (OM: Luft, BG: H_2, 5 % H_2O). Die Gleichung (5.6) ($ASR_{Zelle}(\Delta U)$) beschreibt das Zellverhalten und soll als Randbedingung zwischen Kathoden- und Anodensubdomain implementiert und als ASR-Schicht bezeichnet werden. Formt man die Gleichung (5.7) nach der örtlichen Stromdichte $j_{Zelle}(x)|_y = c$ um, kann damit der Strom in y-Richtung zwischen Anode und Kathode an der Stelle x berechnet werden. Die so aus Messwerten entwickelte Randbedingung (5.7) ermöglicht dem hybriden Modell die Berechnung der lokalen Stromdichte (in y-Richtung) zwischen Anodensubdomain und Kathodensubdomain an der Position x als Funktion der Potentialdifferenz $\Delta U(x)|_y = c$ und des von $\Delta U(x)|_y = c$ abhängigen ASR_{Zelle}:

$$j_{Zelle}(x)\Big|_{y=c} = \frac{\Delta U(x)\big|_{y=c}}{ASR_{Zelle}(\Delta U(x)\big|_{y=c})} \tag{5.7}$$

Wird die Randbedingung zwischen Anoden-Subdomain und Kathoden-Subdomain mit der ASR-Schicht (5.7) parametriert, können U-I-Kennlinien der Wiederholeinheit in Abhängigkeit der Flowfield-Geometrie simuliert werden. Hierdurch ist eine Prognose der Leistungsfähigkeit einer Wiederholeinheit möglich. Aus der Form der Randbedingung geht hervor, dass die Lösung des Leitfähigkeitsproblems bzw. die Berechnung einer U-I-Kennlinie nur iterativ erfolgen kann

2. Die Elektrolyt-Schicht-Randbedingung:

Im entwickelten FEM-Modell ist eine weitere Parametrierungsmöglichkeit der Randbedingung zwischen Anoden-Subdomain und Kathoden-Subdomain möglich.

Um den Ohmschen Widerstand einer Wiederholeinheit ($ASR_{0,WE}$) zu berechnen, wird die Randbedingung (5.7) modifiziert. Der Ausdruck $ASR_{Zelle}(\Delta U)$ (Gleichung (5.6)) wird durch einen konstanten Widerstandswert ersetzt. Hierzu wird der Ohmsche Elektrolytwiderstand genutzt. Mit der Elektrolyt-Schicht-Randbedingung (5.8) kann die örtliche Stromdichte $j_{Zelle}(x)|_y = c$ zwischen Anode und Kathode in Abhängigkeit des Elektrolytwiderstandes und der Potentialdifferenz $\Delta U(x)|_y = c$ berechnet werden. Der ASR_0 der ideal kontaktierten Zelle ($ASR_{0(ideal)}$) kann durch elektrochemische Impedanzspektroskopie (EIS) bestimmt werden und gibt den Ohmschen Widerstand des Elektrolyten an. Die Ohmschen Widerstands-beiträge der Elektroden können, wie bereits zuvor diskutiert, bei idealer Kontaktierung vernachlässigt werden. Die Berechnung des $ASR_{0,WE}$ erfolgt durch Gleichung (5.9):

$$j_{Zelle}(x)\big|_{y=c} = \frac{\Delta U(x)\big|_{y=c}}{ASR_{0(ideal)}} \tag{5.8}$$

$$ASR_{0(WE)} = \frac{U_{Verlust}}{I_{WE}} \tag{5.9}$$

e) Randbedingung zwischen Elektrode und Flowfield

Die Randbedingungen zwischen Kathoden-Domain und Flowfield $y = c + 75\,\mu m$ sowie zwischen Anoden-Domain und Flowfield $y = c - 300\,\mu m$ sind ähnlich aufgebaut wie die Randbedingung zwischen Anode und Kathode. Diese ASR_K-Schichten werden genutzt, um den Spannungsabfall zwischen Flowfield und Elektrode zu beschreiben. Auch hier wird aufgrund ihrer Funktion die Bezeichnung Schicht verwendet, obwohl sie keinerlei Ausdehnung in y-Richtung aufweist und demnach keine Schicht im eigentlichen Sinne ist. Die Randbedingung (5.10) beschreibt den Potentialgradienten zwischen Elektrodendomain und entsprechender Flowfield-Domain in Anhängigkeit des Zellstromes I_{WE}, der Kontakt-stegbreite A_K und des Flächenspezifischen Kontaktwidertand ASR_K:

$$\Delta U_K = \frac{ASR_K}{A_K} \cdot I_{WE} \tag{5.10}$$

In dieser Arbeit wird der kathodenseitige $ASR_{K,Kat}$ bzw. anodenseitige $ASR_{K,An}$ zwischen Elektrode und Flowfield direkt aus den an der Einzelzelle gemessenen Daten ermittelt. Die simulierte Potentialverteilung in der Elektrode wird durch Anpassung des einzigen freien Fit-Parameters ASR_K an das mittels Potentialsonden (Abbildung 4.1) gemessene Potential angeglichen. Der durch diese Prozedur ermittelte ASR_K ist auf die tatsächlich vorliegende Kontaktfläche zu beziehen.

5.3.4 Diskretisierung der Geometrie

In diesem Schritt findet der Übergang vom kontinuierlichen Modell zum diskreten FEM-Modell statt. Die Diskretisierung der Geometrie in Polygone bzw. Volumenelemente erfolgt in COMSOL automatisiert. Dabei wird ein Netz (Mesh) aus vielen finiten Teilgebieten über die Geometrie gelegt. Ein Netz besteht bei zwei-dimensionalen Geometrien aus Dreiecken und bei drei-dimensionalen Geometrien aus Tetraedern. Die Genauigkeit der numerischen Lösung korreliert mit der Auflösung bei der Diskretisierung.

Je feiner das Netz, desto genauer aufgelöst ist die physikalische Beschreibung und damit die Lösung. Dieser Zusammenhang konvergiert und bringt ab einer bestimmten Auflösung keine nennenswerte Verbesserung der Rechengenauigkeit. Mit steigender Auflösung steigt der Rechen- und Speicheraufwand. Daher sollte zwischen Rechenleistung und Anspruch an die Genauigkeit der Lösung ein Kompromiss gefunden werden. Das automatisch generierte Netz ist ohne größeren Aufwand zu verfeinern. Die höhere Auflösung lässt sich für die gesamte Modellgeometrie oder für ausgewählte Bereiche durchführen. Bereichsbegrenztes Verfeinern hat den Vorteil, dass nur dort genauer diskretisiert wird, wo eine exakte Berechnung des Problems gewollt ist.

In den Berechnungen, welche dieser Arbeit zu Grunde liegen, wurde die Diskretisierung in den sehr gut leitenden Anoden- und Kathoden-Flowfield-Subdomains sowie der Anoden-Subdomain grob gehalten. Das resultierende Mesh ist in Abbildung 5.2c) deutlich zu erkennen. Die Bereiche an der Schnittstelle Anoden- und Kathoden-Domain, also auch der ASR-Schicht, wurde manuell stark verfeinert. In diesen Bereichen ist eine genaue Berechnung des Leitfähigkeitsproblems wünschenswert und erhöht die Qualität der Lösung. Die so durchgeführte Diskretisierung nähert die Geometrie dem repräsentativen Ausschnitt der Wiederholeinheit mit nur 5400 Dreiecken an.

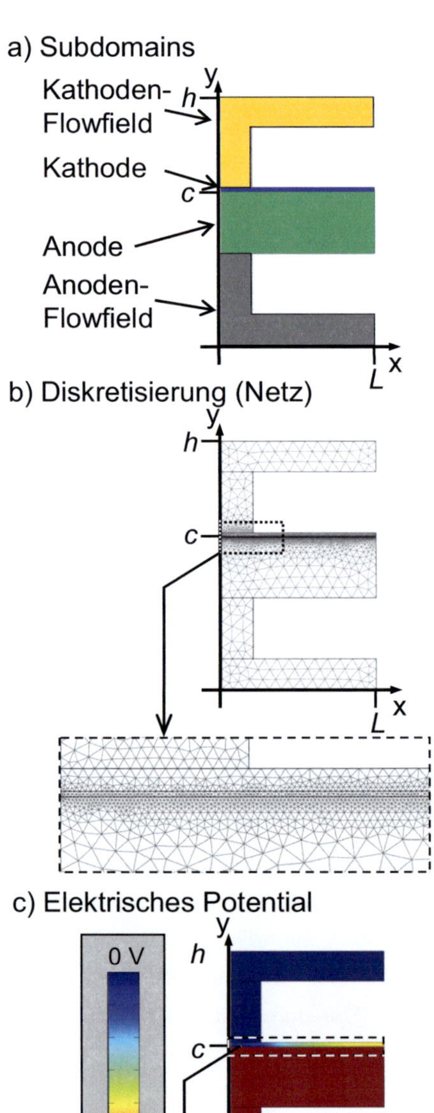

Abbildung 5.2: Zwei-dimensionales FEM-Modell des repräsentativen Ausschnitts der Wiederholeinheit bestehend aus 1/2 Kontaktsteg und 1/2 Gaskanal. a) Implementierte Subdomains, b) Diskretisierung (Netz) und c) simulierte elektrische Potentialverteilung.

5.3.5 Numerische Berechnung

Das durch die Ansatzfunktion und die Randbedingungen beschriebene und mit dem Netz diskretisierte physikalische Problem gilt es numerisch zu lösen. Hierzu bietet COMSOL einen direkten und einen iterativen Löser an. Für die richtige Auswahl des Lösers muss die Systemmatrix, über die das Gleichungssystem gelöst wird, auf Linearität, Stationarität sowie Symmetrie untersucht werden [141]. Allgemein gilt, dass Berechnungen mit dem direkten Löser zuverlässiger konvergieren als die mit dem iterativen Löser. Der Rechenspeicherbedarf bei Berechnungen mit direktem Löser ist in der Regel höher. Bei richtiger Wahl des Lösers konvergiert die Berechnung des gestellten physikalischen Problems. Damit steht eine numerische Näherungslösung zur Auswertung zur Verfügung.

Das in dieser Arbeit zu lösende Problem wurde mit dem iterativen Löser berechnet. Zudem erfolgte die Berechnung für eine ganze Parameterschar. Somit war es möglich, in einem Lösungsvorgang eine komplette U-I-Kennlinie der Wiederholeinheit zu berechnen. Die einzuprägende Zellstromdichte wurde von 0 bis 2 Acm^{-2} mit einer Schrittweite von 20 mAcm^{-2} vorgegeben und nach Gleichung (5.8) die U-I-Kennlinie berechnet. Zur Berechnung einer kompletten U-I-Kennlinie benötigt ein konventioneller Arbeitsplatzrechner (Intel Prozessor, 2,67 GHz, 4GB RAM) nicht mehr als 45 Sekunden.

5.3.6 Visualisierung der Ergebnisse

COMSOL bietet eine vielfältige Oberfläche zur direkten graphischen Darstellung der Lösung. Hierdurch können einzelne oder mehrere physikalische Größen der jeweiligen Subdomains in einer Graphik visualisiert werden. Dies ist in Abbildung 5.2c) exemplarisch für die simulierte Potentialverteilung als Farbverlaufsschema dargestellt. Die empfundene Qualität der Lösung hängt sehr stark von der gewählten Darstellungsform ab. Es empfiehlt sich daher der Export der berechneten Werte als ASCII-Datei. Dies erlaubt die quantitative Auswertung oder eine weitere Nutzung der Daten durch andere Programme. Die in Abbildung 6.5a) gezeigten Potentialverläufe wurden so mit den gemessenen Daten aufbereitet.

5.4 Zusammenfassung des FEM-Modells

Das entwickelte FEM-Modell verfolgt im Gegensatz zu den in der Literatur gängigen SOFC Modellen einen hybriden Ansatz [97]. Bei den genannten Modellen [133, 134, 135] werden die physikalischen Phänomene der BZ durch komplexe Differentialgleichungen und Randbedingungen beschrieben. Hierzu müssen zellspezifische Parameter angenommen werden, die messtechnisch kaum oder nur sehr schwer zu bestimmen sind. Oft werden Parameter durch Anfitten des Modells an Messdaten statistisch angenähert. Dies macht die Implementierung und Lösung eines solchen FEM-Modells sehr aufwändig und fehleranfällig. Beim hybriden Ansatz werden dagegen die zur Beschreibung der Zelle benötigten Parameter direkt aus Messdaten gewonnen. Dies stellt einen bedeutenden Vorteil gegenüber den herkömmlichen Modellen dar. Ändert sich die Eigenschaft einer Zelle, z.B. aufgrund eines Optimierungsbedarfs, kann das hybride Modell durch eine einzige Zellmessung an die Änderung angepasst werden. Dies ermöglicht eine schnelle Beurteilung der durchgeführten Optimierung.

Das präsentierte Modell beschreibt die Leistung einer Wiederholeinheit in Abhängigkeit von der Flowfield-Geometrie durch eine rein elektrische Modellvorstellung bzw. Ansatzfunktion in einer Domain. Dadurch entfällt die komplexe Kopplung von verschiedenen Domänen mit spezifischen physikalischen Phänomenen. Zudem kommt das Modell aufgrund der getroffenen Annahmen mit einer sehr einfachen Geometrie aus vier Sub-Domains aus.

Zum Lösen des hybriden Modells wird aufgrund der genannten Vorteile nur eine geringe Rechenleistung bei dennoch kurzer Rechenzeit benötigt. Mit dem vorgestellten Modell kann die U-I-Kennlinie einer Wiederholeinheit mit einem herkömmlichen Arbeitsplatzrechner innerhalb weniger Sekunden (< 45 s) simuliert werden.

Ein weiterer Nachteil der in der Literatur publizierten Modelle ist die unzureichende Validierung. Eine Gegenüberstellung der Simulationsergebnisse mit Messdaten erfolgt größtenteils nicht. Die Validierung des hybriden Modells erfolgt im Abschnitt 6.1.2.

6 Ergebnisse und Diskussion

Im ersten Teil dieses Kapitels wurde der Einfluss der Kontaktgeometrie auf die Leistungs-fähigkeit der kontaktierten Einzelzelle untersucht. Hierzu wurde die Elektrode der ASC in drei Messreihen mit verschiedenen Kontaktgeometrien kontaktiert. Innerhalb der jeweiligen Messreihe bleibt die Gegenelektrode ideal kontaktiert. Weiter wurden in den jeweiligen Messreihen die gleichen Messabläufe angewendet, um Einflüsse der Betriebsparameter auf die Gegenüberstellung auszuschließen. In der ersten Messreihe erfolgte die Variation der Anoden-, in der zweiten und dritten Messreihe die Variation der Kathodenkontaktierung. Parallel zu den Messreihen wurden die jeweilige Kontaktgeometrie im FEM-Modell imple-mentiert und die Leistungsdaten berechnet. Die Kombination von FEM-Modell, U-I-Kenn-linienmessung und Impedanzanalyse (EIS, DRT, CNLS-Fit eines ESB) ermöglicht die detaillierte Untersuchung der Verlustprozesse. Durch die vorgestellte Methodik wird der Einfluss der Kontaktgeometrie elektrodenabhängig ermittelt und Leistungs bestimmende Verluste werden identifiziert und quantifiziert [139].

Im zweiten Teil des Kapitels wurden die Cr-Vergiftung der Kathode und deren Einfluss auf die Leistungsfähigkeit der Einzelzelle untersucht. Die Quantifizierung der Cr-Vergiftung erfolgt im Vergleich zweier Messungen, welche demselben Messablauf unterzogen und an nominell identischen ASC durchgeführt wurden. Die erste Messung erfolgte in Cr-freier Umgebung, die zweite in Anwesenheit eines als Cr-Quelle im Gasraum der Kathode platzierten Cr-Stahls. Bei beiden Messungen wurde die Kathode elektrisch mit einem Pt-Netz kontaktiert. Durch das Pt-Netz als Stromsammler werden die im ersten Teil des Kapitels diskutierten Einflüsse der Kontaktgeometrie auf die Leistungsfähigkeit vermieden. Zu Beginn und am Ende des jeweils 280 h dauernden galvanostatischen Betriebes der Zellen erfolgt deren elektrochemische Charakterisierung mittels U-I-Kennlinien und EIS Messungen. Die Cr-abhängige Degradationsrate wird durch die Gegenüberstellung der gemessenen Leistungsdichten über die Zeit und zwischen den Messungen zu gleichen Messzeitpunkten ermittelt. Auch hier ermöglicht die detaillierte Analyse der gemessenen Impedanzdaten durch DRT und anschließendem CNLS-Fit des ESB die Trennung des Gesamtpolarisations-verlustes in die Beiträge der einzelnen Elektrodenpolarisationsverluste. Die Separation der Verluste erlaubt die eindeutige Identifizierung und Quantifizierung des für die Leistungs-degradation verantwortlichen Prozesses [140].

6.1 Einfluss der Kontaktgeometrie auf die Leistungsfähigkeit

6.1.1 Einfluss der Anodenkontaktierung

In Rahmen der ersten Messreihe erfolgt die Betrachtung des Einflusses der anodenseitigen Kontaktierung auf die Leistungsfähigkeit der 1 cm^2 Einzelzelle. Hierzu werden gemessene und simulierte Leistungsdaten der Zelle mit idealer Kontaktierung (Abbildung 3.7a)) denen der mit Flowfield-Geometrie 1 kontaktierten Anode (Abbildung 3.7d)) gegenübergestellt. Die Kathode ist in beiden Fällen ideal kontaktiert, um eine Überlagerung der Effekte auszuschließen und den Einfluss der anodenseitigen Kontaktgeometrie isoliert zu untersuchen. Das in Abbildung 3.5 gezeigte Messprogramm wurde bei beiden Messungen unverändert angewendet, um Einflüsse der Betriebsparameter auf den Vergleich auszuschließen. Im ersten Schritt wird der Kontaktwiderstand zwischen Anoden-Flowfield und Anodensubstrat durch die Potentialsondenmessung untersucht. Im zweiten Schritt erfolgt die Betrachtung der Leistungsdaten anhand der gemessenen und simulierten U-I-Kennlinie. In einem weiteren Schritt ermöglicht der Betrieb unter realistischer Brenngaszusammensetzung weiter reichende Aussagen über den Einfluss des Anodenflowfields auf die Leistungsfähigkeit der ASC.

Elektrische Potentialverteilung und Kontaktwiderstand

Die elektrische Potentialdifferenz zwischen Anodensubstrat und Anodenkontaktgeometrie wurde bei zwei verschiedenen Varianten gemessen. Als erste Variante wurde die ideale Kontaktierung (Abbildung 3.7a)) und als zweite das Anodenflowfield Geometrie 1 (Abbildung 3.7d)) mit dünnen Stegen angewendet.

Die bei einem Zellstrom vom j_{Zelle} = 1 Acm^{-2} mit den Potentialsonden an der Position x = L gemessene Potentialdifferenz $U_{Pot.Sonde,mess}$(x) zwischen Anodenflowfield Design 1 und Anodensubstrat betrug < 1 mV. Wie in Abschnitt 4.1.4 gezeigt, wird die $U_{Pot.Sonde}$ durch den Kontaktwiderstand zwischen Flowfield und Substrat (bzw. Netz und Substrat) und den elektronischen Leistungsverlusten im Substrat wie auch im Flowfield (bzw. Netz) verursacht. Nach dem 1. Ohmschen Gesetz (2.7) ist der Beitrag durch die Kontaktierung am ASR_0 < 1 mΩcm^2. Dieser Wert zeigt eine hohe Übereinstimmung mit den Simulationsergebnissen. Das Anodensubstrat und das Anodenflowfield werden aufgrund der hohen Leitfähigkeit nahezu als Äquipotentialfläche angezeigt (Abbildung 5.2c)). Die simulierte Potentialdifferenz $U_{Pot.Sonde,sim}$ zwischen Anodensubstrat und Anodenflowfield beträgt lediglich 0,2 mV. Durch Anpassung des freien Fit-Parameters $ASR_{K,An}$, der den Kontaktwiderstand zwischen Anodenkontaktierung und Anodensubstrat beschreibt, kann die $U_{Pot.Sonde,sim}$ dem gemessenen Wert von 1 mV angeglichen werden. Der in-situ bestimmte $ASR_{K,An}$ beträgt bei der angewendeten Kontaktierung ~ 0,8 mΩcm^2.

Leistung, Ohmscher und Polarisationswiderstand

In Abbildung 6.1 sind die gemessenen (Symbole) und simulierten (Linien) U-I-Kennlinien der ideal kontaktierten und der mit Anodenflowfield Geometrie 1 kontaktierten Anode gegenübergestellt. Die im H_2/H_2O-Betrieb (pH_2O_{An} = 5 %) gemessenen U-I-Kennlinien zeigen deutlich, dass die verwendete Geometrie 1 keinen Einfluss auf die Leistungsfähigkeit der untersuchten ASC hat. Die simulierten Kennlinien beschreiben das Verhalten der Zelle sehr genau und belegen somit die korrekte Funktion des FEM-Modells. Dieses Ergebnis wird durch den Vergleich der Widerstände (Tabelle 2) bestätigt. Weder im gemessenen ASR_{pol} noch im gemessenen und simulierten ASR_0 sind Abweichungen außerhalb der Messungenauigkeiten zu beobachten.

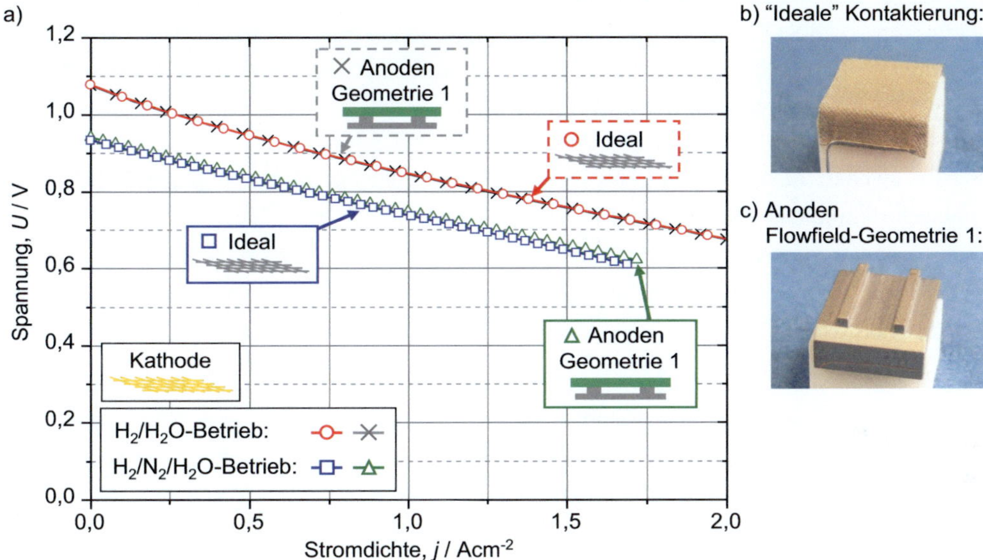

Abbildung 6.1: a) Gemessene Strom-Spannungskennlinie (U-I-Kennlinie) der b) ideal kontaktierten (Zelle Z8_075) und c) der anodenseitig mit Flowfield-Geometrie 1 (Zelle Z9_057) kontaktierten Zelle. Die Kennlinien wurden im H_2/H_2O-Betrieb (BG: H_2 mit 5 % H_2O, 250 sccm, OM: Luft 250 sccm) und im $H_2/N_2/H_2O$-Betrieb (BG: 34 % H_2, 45 % N_2, 21 % H_2O, 199 sccm, OM: Luft 900 sccm) aufgenommen (T = 800°C).

Abbildung 6.1 zeigt die im $H_2/N_2/H_2O$-Betrieb gemessenen U-I-Kennlinien. Die Messung bei einer Mischung von H_2, N_2 und höherer Brenngasausnutzung (pH_2O_{An} = 21 %) erlaubt Aussagen über den Einfluss des Anodenflowfields bei Stack ähnlichen Betriebsbedingungen. Der Vergleich der gemessenen Kennlinien zeigt, dass auch bei realistischerem Brenngas der Einfluss auf die Leistungsfähigkeit der ASC der untersuchten Geometrie 1 vernachlässigbar gering bleibt.

Fazit

Es wurde gezeigt, dass der Kontaktwiderstand zwischen untersuchtem Anodenflowfield und Anodensubstrat, sowie Verluste durch Querleitung im Anodensubstrat selbst, vernachlässigbar gering sind ($< 1 \ m\Omega cm^2$). Durch die untersuchte Anoden-Flowfield-Geometrie 1 (Kontaktsteg = 1 mm, Gaskanal = 4 mm) ist weder eine Beeinflussung der Zellleistung noch des Polarisationswiderstandes beobachtbar. Die Messungen zeigen, dass der Einfluss des Anodenflowfields auch in einem weiten Bereich der Betriebsgase vernachlässigt werden kann. Nichts desto trotz sollte der Einfluss des Anodenflowfield bei realistischeren Gasen wie CH_4 oder Dieselreformat untersucht werden. Anodenflowfields mit breiteren Kontaktflächen, ähnlich der Geometrie 2, wurden nicht untersucht. Breitere Stege würden zwar den Ohmschen Widerstand reduzieren, dafür aber den effektiven Diffusionswiderstand erhöhen (Abschnitt 2.4.3). Diese Maßnahme würde die Leistung der Wiederholeinheit nicht verbessern, da die Ohmschen Verluste bereits sehr gering sind ($< 1 \ m\Omega cm^2$).

6.1.2 Testgeometrie und Potentialsonden

In der zweiten Messreihe wurden ausschließlich Testgeometrien eingesetzt. Das geometrische Verhältnis von Kontaktsteg- zu Gaskanalbreite bei den Testgeometrien ist für die technische Anwendung nicht relevant. Die Testgeometrien wurden eingesetzt, um die Validierung der simulierten Potentialverteilung und des ermittelten Kontaktwiderstandes zu ermöglichen.

Die Testgeometrien verursachen durch die sehr dünne (200 µm) und in x-Richtung inhomogene Kontaktierung der Kathode einen Stromfluss parallel zum Elektrolyten. Die Elektronen müssen vom Kontaktsteg (in x-Richtung) durch die dünne, begrenzt elektronisch leitende Kathode bis zu den TPB unter der unkontaktierten Fläche (Gaskanal) fließen. Der dadurch verursachte Potentialgradient (Gleichung (2.7)) und der Abtransport von Elektronen an den TPB führen zu einer elektrischen Potentialverteilung in der Kathode. Diese kann mittels Potentialsonden messtechnisch an der Kathodenoberfläche erfasst werden und erlaubt wiederum ortsaufgelöst (x-Richtung) Rückschlüsse auf die vorherrschende Stromdichteverteilung (Abschnitt 5.3).

Durch Abgleich von gemessener und simulierter $U_{Pot.Sonde}$ kann die Validierung des FEM-Modells erfolgen. Die $U_{Pot.Sonde}$ zwischen dem Messpunkt an Kathodenoberfläche und der Kontaktierung repräsentiert die Summe aus dem Potentialgradient in der Kathode und dem Spannungsabfall am Kontakt zwischen Elektrode und Kontaktgeometrie (Kontaktwiderstand, Abschnitt 4.1.4). Das Variieren des freien Fit-Parameters $ASR_{K,Kat}$ ermöglicht die Anpassung der simulierten $U_{Pot.Sonde}$ an die gemessene $U_{Pot.Sonde}$. Durch die ausreichend genaue Simulation der elektrischen Potentialverteilung kann der Kontaktwiderstand modellgestützt in-situ bestimmt werden (Abschnitt 5.3).

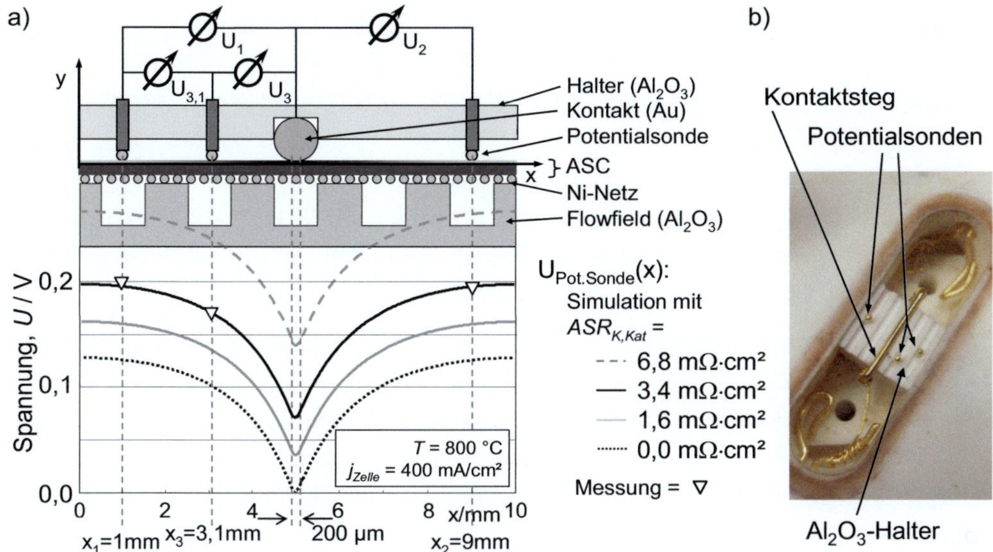

Abbildung 6.2: Zur Validierung des FEM-Modells eingesetzte Testgeometrie 1. a) Darstellung der simulierten Potentialdifferenz $U_{Pot.Sonde,sim}(x)$ (Linien) zwischen dem Kontakt und der Oberfläche der Kathode bei verschiedenen $ASR_{K,Kat}$ und die mit den Sonden gemessene Potentialdifferenz $U_{Pot.Sonde,mess}(x)$ an den verschiedenen Messstellen (Symbole). b) Zur Kontaktierung eingesetzter Al₂O₃-Halter mit mittigem Kontaktsteg (x = 5 mm) und Potentialsonden (Z9_037, T = 800°C, $pO_{2,Kat}$ = 21 %, pH_2O_{An} = 5 %).

Elektrische Potentialverteilung und Kontaktwiderstand

Das Diagramm in Abbildung 6.2 zeigt die für Testgeometrie 1 (Abbildung 3.7b)) zwischen dem Goldkontaktdraht und der Oberfläche der Kathode (y = c + 75 µm) gemessene $U_{Pot.Sonde}(x)$. In Abbildung 6.3 erfolgt die darstellung für Testgeometrie 2 (Abbildung 3.7c)). Die $U_{Pot.Sonde}(x)$ wurde für verschiedene $ASR_{K,Kat}$ simuliert und im Diagramm gegenübergestellt. Bei einem $ASR_{K,Kat}$ von 3,4 mΩcm² (bezogen auf die reale Kontaktfläche) weist die $U_{Pot.Sonde,sim}(x)$ die höchste Übereinstimmung mit den gemessenen Werten von $U_{Pot.Sonde,mess}(x)$ auf.

Bei Testgeometrie 1 zeigt die berechnete $U_{Pot.Sonde}(x)$ eine exakte Symmetrie zum Kontaktsteg. Die Symmetrie wird nicht durch den gefitteten $ASR_{K,Kat}$ beeinflusst. Daraus folgt, dass bei symmetrischer Positionierung der Potentialsonden (x₁ =1 mm, x₂ = 9 mm) vom Kontaktsteg (x = 5 mm) das selbe Potential an den Messpunkten im Gaskanal vorherrschen muss. Mit der geringen Abweichung der gemessenen Werte von $U_{Pot.Sonde,mess}(x_1)$ = 0,196 V und $U_{Pot.Sonde,mess}(x_2)$ = 0,193 V wird die hohe Genauigkeit der Messanordnung belegt (relativer Fehler 1,6 %).

Das $U_{Pot.Sonde,mess}(x)$ hängt allerdings nicht allein vom Kontaktwiderstand, sondern auch von der Stromdichteverteilung in der Kathode ab (Abschnitt 4.1.4).

Würde das FEM-Modell das Verhalten der Zelle und damit die Stromdichteverteilung in der Kathode nicht ausreichend genau beschreiben, ergäbe sich ein von der Realität abweichender Elektronenfluss in x-Richtung. Dieser wiederum würde den Potentialgradienten in x-Richtung und $U_{Pot.Sonde}(x)$ beeinflussen. Bei einem ungenauen FEM-Modell würde dieser durch den Fit des freien Parameters $ASR_{K,Kat}$ die $U_{Pot.Sonde,sim}(x)$ an das $U_{Pot.Sonde,mess}(x)$ angepasst werden können. Der $ASR_{K,Kat}$ beschriebe in diesem Fall nicht den Spannungsabfall am Kontaktwiderstand, sondern würde die Ungenauigkeiten der berechneten Stromdichteverteilung ausgleichen. Folglich bliebe eine falsch berechnete Potentialverteilung durch die Anpassung des $ASR_{K,Kat}$ unbemerkt.

Um zu gewährleisten, dass durch die Kombination von Potentialsondenmessung und FEM-Modellierung der korrekte $ASR_{K,Kat}$ bestimmt wird, muss eine Validierung der simulierten Potentialverteilung bzw. Stromdichteverteilung erfolgen. Hierzu wird das Differenzpotential ($U_{3,1}$) zwischen zwei in x-Richtung versetzten Messstellen ($x_3 = 3{,}1$ mm, $x_1 = 1$ mm) herangezogen. Wie in Abbildung 6.2 gezeigt, wird die $U_{3,1\_sim}$ zwischen beiden Messstellen nicht vom Kontaktwiderstand beeinflusst. Die simulierte Potentialdifferenz beträgt für alle angewendeten $ASR_{K,Kat}$ $U_{3,1\_sim} = 26$ mV. Der Vergleich zwischen der gemessenen und der simulierten $U_{3,1}$ ergibt einen relativen Fehler von 7 % ($U_{3,1\_mess} = 28$ mV). Der Fehler von 7 % kann von Ungenauigkeiten im FEM-Modell oder von Messungenauigkeiten bei der Bestimmung der tatsächlichen x-Position der Sonden herrühren. Bei einer angenommenen geometrischen Ungenauigkeit bei der Bestimmung von Position $x_3 = 3{,}1$ mm von ca. $\pm\,0{,}08$ mm (rel. geometrischer Fehler $\pm\,2{,}5$ %) verändert sich das simulierte Differenzpotential um $> \pm\,2$ mV.

Um den Einfluss von geometrischen Ungenauigkeiten zu verringern, wurde Testgeometrie 2 angewendet (Abbildung 3.7c)). Die Kathode wurde bei $x = 1$ mm mit dem Au-Draht kontaktiert. Die Anordnung ermöglichte größere Abstände der Potentialsonden ($x_1 = 4.2$ mm, $x_2 = 7{,}8$ mm) zueinander und zum Au-Kontakt. Die größeren Abstände verringern den Einfluss durch geometrische Ungenauigkeiten, da bei demselben geometrischen Absolutfehler der relative Fehler verringert wird. Zusätzlich ist eine geringere Änderung der $U_{Pot.Sonde,sim}(x)$ mit zunehmendem Abstand zum Kontakt festzustellen, was die Auswirkung von geometrischen Unsicherheiten weiter verringert. Bei Testgeometrie 2 kann zwischen den Potentialsonden ein $U_{2,1\_mess} = 55$ mV gemessen werden. Aus der Simulation geht ein Wert von $U_{2,1\_sim} = 56$ mV hervor. Bei der selben geometrischen Unsicherheit von $\pm\,0{,}8$ mm an Position $x_1 = 4{,}2$ mm (rel. geometrischer Fehler $\pm\,1{,}9$ %) ergibt sich lediglich eine Änderung des $U_{2,1\_sim} < \pm\,1$ mV. Damit ergäbe sich ein maximaler Fehler zwischen $U_{2,1\_mes}$ und $U_{2,1\_sim}$ von ~ 3,6 %.

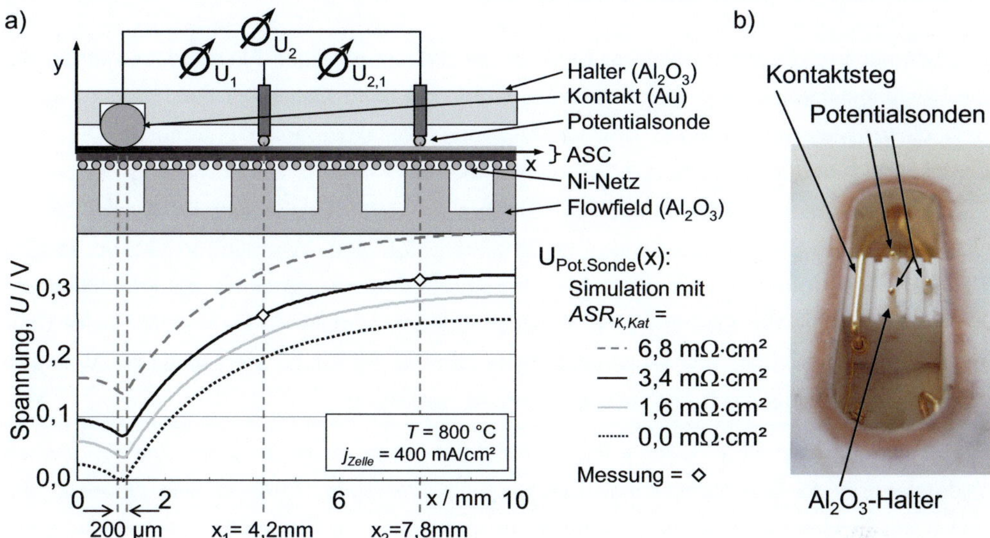

Abbildung 6.3: Zur Validierung des FEM-Modells eingesetzte Testgeometrie 2. a) Darstellung der simulierten Potentialdifferenz $U_{Pot.Sonde,sim}(x)$ (Linien) zwischen dem Kontakt und der Oberfläche der Kathode bei verschiedenen $ASR_{K,Kat}$ und die mit den Sonden gemessene Potentialdifferenz $U_{Pot.Sonde,mess}(x)$ an den verschiedenen Messstellen (Symbole). b) Zur Kontaktierung eingesetzter Al₂O₃-Halter mit seitlichem Kontaktsteg (x = 1 mm) und Potentialsonden (Z9_040, $T = 800°C$, $pO_{2,Kat} = 21\ \%$, $pH_2O_{An} = 5\ \%$).

Fazit

Durch Anwendung kathodenseitiger Testgeometrien konnte eine in x-Richtung ausgedehnte elektrische Potentialverteilung zur Validierung des FEM-Modells realisiert werden. Das elektrische Potential wurde messtechnisch durch den Einsatz von Potentialsonden an definierten x-Positionen erfasst. Die hohe Übereinstimmung der simulierten und gemessenen Potentiale bestätigte die durch das Modell berechnete Stromdichteverteilung bzw. die daraus resultierenden Potentiale in Abhängigkeit von der Kontakt- bzw. Flowfield-Geometrie. Durch die Validierung der simulierten Stromdichteverteilung wurde gezeigt, dass der freie Modellparameter $ASR_{K,Kat}$ den Widerstand zwischen Kontakt und Kathode wiedergibt. Für die angewendeten Testgeometrien wurde ein $ASR_{K,Kat} = 3.4\ m\Omega cm^2$ ermittelt. Durch die Kombination von Potentialsondenmessung und FEM-Modell ist die Bestimmung des Kontaktwiderstandes zwischen Flowfield und Elektrode in-situ möglich. Hierzu sind keine weiteren Kontaktwiderstandsmessungen nötig.

6.1.3 Einfluss der Kathodenkontaktierung

Im Rahmen der Untersuchung zum Einfluss der kathodenseitigen Flowfieldgeometrien auf die Leistungsfähigkeit der 1 cm^2 Einzelzelle wurde die dritte Messreihe durchgeführt. Innerhalb dieser Messreihe wurden drei verschiedene Kontaktvarianten untersucht. Die ideal kontaktierte Kathode (Abbildung 3.7a)) dient dabei als Referenz zur Bewertung der beiden Flowfieldgeometrien 1 (Abbildung 3.5e), Stegbreite 1 mm, Gaskanalbreite 4 mm) und 2 (Abbildung 3.7f), Stegbreite 2,4 mm, Gaskanalbreite 2,6 mm). Wie auch in den vorherigen Schritten wurde die Gegenelektrode (Anode) innerhalb der Messreihe ideal kontaktiert um eine Überlagerung der Effekte auszuschließen. Ebenso erfolgte die elektrochemische Charakterisierung innerhalb der Messreihe nach dem in Abbildung 3.5 gezeigten Messprogramm, um Einflüsse der Betriebsparameter auszuschließen.

Die Bewertung dieses Einflusses erfolgt anhand der gemessenen Leistungs- und Ohmschen Widerstandswerte. Zur Identifikation Leistungs bestimmender Faktoren wie Querleitungs- und Kontaktwiderstand werden simulierte und gemessene U-I-Kennlinien, sowie die simulierten Ohmschen Widerstände verglichen. Das durch das FEM-Modell berechnete elektrische Potential und die Stromdichteverteilung erlauben Rückschlüsse auf weitere Leistungs beeinflussende Faktoren. Deren Voridentifikation ermöglicht die DRT-Analyse der gemessenen Impedanzdaten bei verschiedenen Gaszusammensetzungen an der Kathode. Durch Anpassung des ESB mittels CNLS-Fit ist die Identifikation und Quantifizierung der Gasdiffusion als ein weiterer Leistungs bestimmender Faktor möglich.

Leistung und Ohmscher Widerstand

Abbildung 6.4 zeigt die simulierte und gemessene U-I-Kennlinie der ideal kontaktierten wie auch der mit den beiden Kathoden-Flowfields kontaktierten Zellen. Die gemessene Leistung mit Flowfield-Geometrie 1 ($P_{Geometrie1}(0,7V) = 1,03$ Wcm^{-2}) liegt um 21 % unter der mit idealer Kontaktierung erzielten Leistung ($P_{ideal}(0.7V) = 1,3$ Wcm^{-2}). Flowfield-Geometrie 2 verursacht einen Leistungsverlust von 41 % verglichen mit der ideal kontaktierten Zelle ($P_{Geometrie2}$ = 0,76 Wcm^{-2}). Gemessene und simulierte Werte bei idealer Kontaktierung stimmen sehr gut für den gesamten Arbeitsbereich der Zelle überein. Dies belegt die korrekte Funktion des Modells bei der Simulation von U-I-Kennlinie bzw. Leistungsdaten. Die Leistung der mit Flowfield-Geometrie 1 kontaktierten Zelle zeigt eine geringe Abweichung zwischen simulierter und gemessener U-I-Kennlinie (relativer Fehler < 3 %). Bei geringeren Stromdichten (< 1,3 Acm^{-2}) liegt die gemessene Leistung etwas über, bei höheren Stromdichten (> 1,3 Acm^{-2}) unter der simulierten Leistung. Für sehr hohe Stromdichten (> 1,8 Acm^{-2}) nimmt die Abweichung stark zu (> 4 %). Die Leistungsdaten zeigen bei Flowfield-Geometrie 2 für den gesamten Arbeitsbereich eine starke Abweichung. Das FEM-Modell berechnet für Flowfield-Geometrie 2 eine höhere Leistung als eine mit Geometrie 1 erzielte, wohingegen die Messung eine deutlich reduzierte Leistung aufweist. Zudem zeigt die Abweichung zwischen den berechneten und den experimentellen Daten eine nicht lineare Zunahme mit steigender Stromdichte.

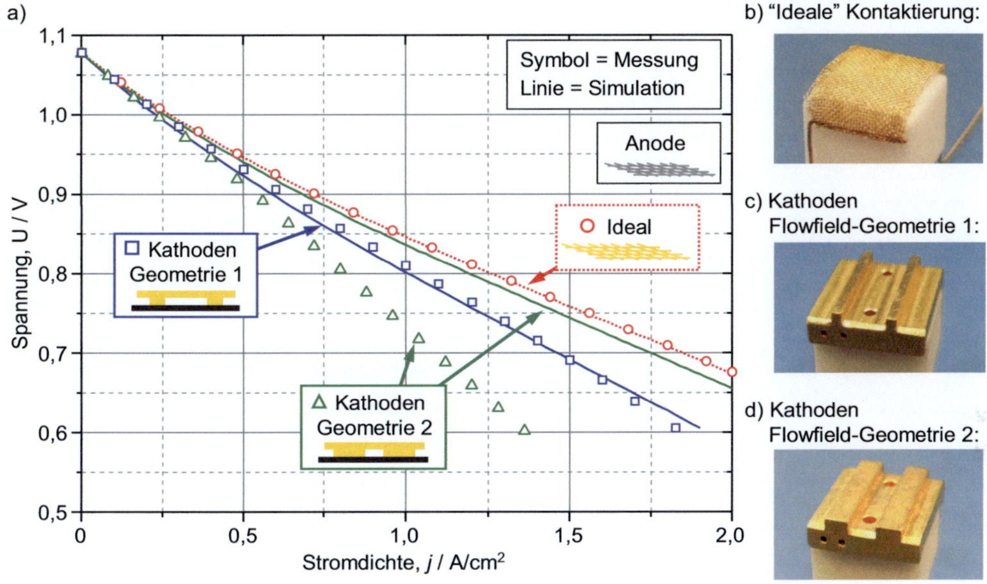

Abbildung 6.4: a) Berechnete (Linien) und gemessene (Symbole) Strom-Spannungskennlinien (U-I-Kennlinie) der b) ideal kontaktierten (Zelle Z8_075) und der kathodenseitig mit c) Flowfield-Geometrie 1 (Zelle Z8_089) und d) mit Flowfield-Geometrie 2 (Z8_100) kontaktierten Zelle (T = 800°C, $pO_{2,Kat}$ = 21 %, pH_2O_{An} = 5 %).

In Tabelle 2 und Abbildung 6.7 sind die Werte des gemessenen ASR_0 und des berechneten $ASR_{0(WE)}$ aufgeführt. Die ermittelten Ohmschen Widerstandswerte stimmen sowohl für die ideal kontaktierte als auch für die beiden mit Flowfield-Geometrie kontaktieren Zellen gut überein.

Der mit dem Modell für Flowfield-Geometrie 1 bestimmte Kontaktwiderstand beträgt $ASR_{K,Kat}$ ~ 0,4 mΩcm². Der Parameter $ASR_{K,Kat}$ wurde bei niedrigen Stromdichten bestimmt, da dort das Modell die U-I Kennlinie sehr genau beschreibt und der relative Fehler minimal ist. Aufgrund der geringen $U_{Pot.Sonde}$(x) bzw. des geringen Potentials an den Sonden (x = 5 mm, Abbildung 6.5a)) stoßen Messgenauigkeit (geometrisch) und Modell an ihre Grenzen. Für den gemessenen ASR_0 ergibt sich aus der Simulation ein Beitrag von < 2 mΩ bei einer effektiven Zellfläche von 1 cm². Durch eine Vergrößerung der Kontaktfläche würden der Kontaktwiderstand und dessen Beitrag zum ASR_0 weiter reduziert. Die Vergrößerung der Kontaktflächen verändert die Eigenschaften des LSM-Au-Kontaktes nicht. Diesem Sachverhalt folgend kann für Flowfield-Geometrie 2 ein $ASR_{K,Kat}$ ~ 0,4 mΩcm² und ein Beitrag von < 1mΩ am ASR_0 angenommen werden.

Tabelle 2: Berechnete und gemessene flächenspezifische Ohmsche Widerstände (ASR_0) und der gemessene flächenspezifische Polarisationswiderstand (ASR_{pol}) der ideal kontaktierten (Zelle Z8_075), der anodenseitig mit Flowfield-Geometrie 1 (Zelle Z9_057) kontaktierten und der kathodenseitig mit Flowfield-Geometrie 1 (Zelle Z8_089) und 2 (Zelle Z8_100) kontaktierten Zelle unter OCV-Bedingungen (T = 800°C, $pO_{2,Kat}$ = 21 %, pH_2O_{An} = 5 %).

	Kathode	Anode	ASR_0 [mΩ·cm²]		ASR_{pol} [mΩ·cm²]
			Messung	Simulation	Messung
Ideale Kontaktierung			34	34	309
Anoden Geometrie 1			35	34	310
Kathoden Geometrie 1			56	57	312
Kathoden Geometrie 2			39	39	327

$ASR_{pol}@OCV$

Der Anstieg des ASR_0 (ΔASR_0) bei Flowfieldkontaktierung (Geometrie 1 = 65 %, Geometrie 2 = 15 %, Abbildung 6.11b)) gegenüber der ideal kontaktierten Zelle wird hauptsächlich durch die Querleitung $R_{Querleitung}$, also dem Elektronenfluss von Kontaktfläche zu den TPB unter dem Gaskanal (in x-Richtung), verursacht. Der Beitrag der $R_{Querleitung}$ am ΔASR_0 beträgt bei Geometrie 1 ~ 91 % (20 mΩcm²), bei Geometrie 2 ~ 80 % (4 mΩcm²) (Abbildung 6.12). Ein großer Teil der Elektronen kann bei breiten Stegen wie bei der idealen Kontaktierung direkt vom Kontakt zu den TPB unter der Kontaktfläche in y-Richtung fließen. Deshalb ist bei schmäleren Gaskanälen und damit kürzeren Stromwegen in x- Richtung der Anstieg des ASR_0 bei Geometrie 2 geringer als bei Geometrie 1. Eine Kopplung des Querleitungsverlustes mit dem Polarisationsverlust für die untersuchten Flowfieldgeometrien wird im nachfolgenden Abschnitt „Polarisations- und der Gasdiffusionswiderstand" genauer betrachtet. Die durch die Geometrie verursachten Querleitungsverluste wirken sich auf die simulierten U-I-Kennlinien aus. Geometrie 2 zeigt in der Simulation eine höhere Leistung als Geometrie 1 und spiegelt damit den Einfluss des geringeren $R_{Querleitung}$ wider. Die gemessenen Kurven zeigen dagegen einen gegensätzlichen Zusammenhang. Trotz geringerem $R_{Querleitung}$ der Geometrie 2 liegt die gemessene Leistung unter der mit höherem $R_{Querleitung}$. Dies ist ein deutlicher Hinweis auf einen weiteren Leistungs beeinflussenden Faktor neben der bereits quantifizierten Querleitung.

Elektrische Potentialverteilung

Abbildung 6.5a) zeigt die für Flowfield-Geometrie 1 und Abbildung 6.6a) die für Geometrie 2 simulierte $U_{Pot.Sonde,sim}(x)$ zwischen Flowfield und der Oberfläche der Kathode (y = c 75 μm) für verschiedene Stromdichten. Nach der in Abschnitt 6.1.2 beschriebenen Methode wurde der Kontaktwiderstand $ASR_{K,Kat}$ = 0,4 mΩcm² (bezogen auf die effektive Kontaktfläche) bei einer Stromdichte von j_{Zelle} = 20 mAcm^{-2} (bezogen auf die aktive Zellfläche) bestimmt. Da der

Kontaktwiderstand nicht von der Stromdichte abhängt, kann der ermittelte Wert für alle Simulationen unter Variation der Stromdichte angewendet werden.

Der Vergleich zwischen $U_{Pot.Sonde,mess}(x)$ und $U_{Pot.Sonde,sim}(x)$ bei x = 5 mm zeigt eine steigende Abweichung. Wäre ein falsch ermittelter $ASR_{K,Kat}$ der Grund für die Abweichung, würde diese ein zur Stromdichte lineares Verhalten nach Gleichung (2.6) aufweisen. Da die Abweichung zwischen simuliertem und gemessenem $U_{Pot.Sonde}$ jedoch kein zur Stromdichte lineares Verhalten zeigt, kann der $ASR_{K,Kat}$ als Ursache ausgeschlossen werden. Eine falsche $U_{Pot.Sonde,sim}(x)$ kann daher nur durch eine fehlerhaft simulierte Stromdichteverteilung verursacht werden. Diese wurde aber durch die Testgeometrien mit einem dünnen Kontaktsteg bestätigt. In Abbildung 6.5 sind die für Geometrie 1 und in Abbildung 6.6 die für Geometrie 2 berechnete Stromdichteverteilung zwischen Kathoden- und Anoden-Subdomain (y = c, Abschnitt 5.3) für verschiedenen Stromdichten abgebildet.

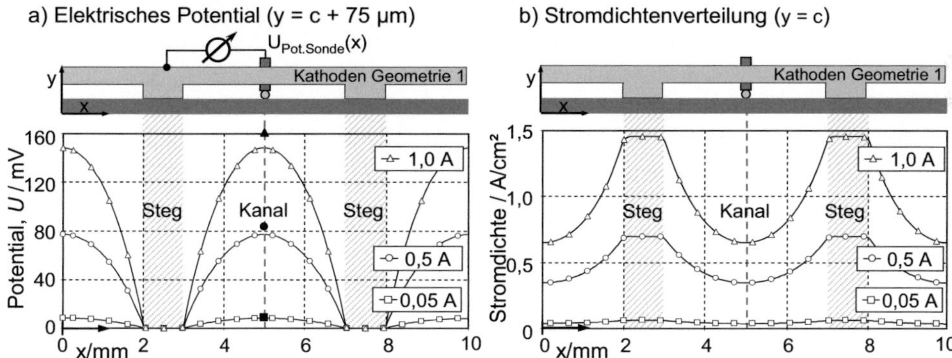

Abbildung 6.5: **a) Für Kathoden-Flowfield-Geometrie 1 bei verschiedene Stromdichten simulierte Potentialdifferenz $U_{Pot.Sonde,sim}(x)$ (Linien) und gemessene Potentialdifferenz $U_{Pot.Sonde,mess}(x = 5\ mm)$ (ausgefüllte Symbole) zwischen Flowfield und der Kathodenoberfläche. b) Stromdichteverteilung an der Grenzfläche zwischen Kathoden und Anode Subdomain $(j_{Zelle}(x)|_{y=c})$ für verschiedene Stromdichten ($T = 800°C$, $pO_{2,Kat} = 21\ \%$, $pH_2O_{An} = 5\ \%$, Zelle: Z8_089).**

Das Potential wie auch die Stromdichteverteilung wird für sehr dünne Kontaktstege (200 µm) und breite Gaskanäle (5 mm bzw. 9 mm), wie in Abschnitt 6.1.2 gezeigt, korrekt simuliert. Die Abweichung zwischen gemessenem und simuliertem $U_{Pot.Sonde}(x = 5\ mm)$ nimmt mit der Breite der Kontaktstege und dünner werdenden Gaskanälen zu. Die $U_{Pot.Sonde,mess}$ übersteigt die $U_{Pot.Sonde,sim}$ bei einer Stromdichte von $j_{Zelle} = 0,5\ Acm^{-2}$ für Geometrie 1 um 7,8 % und für Geometrie 2 um 72 %. Ein fehlerhaft simuliertes Potential bei x = 5 mm, also in der Mitte des Gaskanals, kann daher nur von einer falsch simulierten Stromdichteverteilung (Abbildung 6.6b)) an den TPB unter den Stegen und / oder im Gaskanal verursacht werden. Da ein Fehler in der FEM-Simulation der Potentialverteilung bei sehr dünnen Stegen nicht fest-stellbar war, dieser jedoch mit steigender Stegbreite an Bedeutung gewinnt, wird nachfolgend die Stromdichteverteilung unter den Stegen genauer diskutiert.

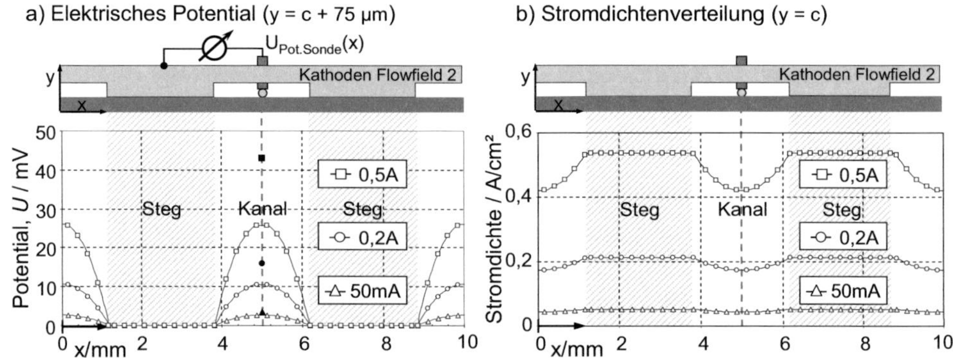

Abbildung 6.6: Für Kathoden-Flowfield-Geometrie 2 bei verschiedene Stromdichten simulierte Potentialdifferenz $U_{Pot.Sonde,sim}(x)$ (Linien) und gemessene Potentialdifferenz $U_{Pot.Sonde,mess}(x = 5\,mm)$ (ausgefüllte Symbole) zwischen Flowfield und der Kathodenoberfläche. b) Stromdichteverteilung an der Grenzfläche zwischen Kathoden und Anode Subdomain $(j_{Zelle}(x)|_{y=c})$ für verschiedene Stromdichten ($T = 800°C$, $pO_{2,Kat} = 21\,\%$, $pH_2O_{An} = 5\,\%$, Zelle: Z8_100).

Bei der Validierung der simulierten Potentialverteilung (Abschnitt 6.1.2) wurde eine Sensitivitätsanalyse für geometrische Unsicherheiten durchgeführt. Es wurde gezeigt, dass durch geometrische Unsicherheiten bei kurzem Abstand (< 2 mm) zwischen den Messpunkten der Potentialsonde Fehler von bis zu 7 % und bei größerem Abstand (> 3 mm) bis zu 3,7 % entstehen können. Bei Geometrie 1 mit einem Abstand von 2 mm liegt die Abweichung zwischen simuliertem und gemessenem $U_{Pot.Sonde}$ nur gering über dem durch die geometrischen Unsicherheiten bedingten Fehler. Die hohe Abweichung bei Geometrie 2 mit einem Abstand von 1,3 mm ist nicht mit geometrischen Unsicherheiten zu rechtfertigen. Die simulierten Stromdichten bei y = c weisen unter den Kontaktstegen unabhängig von deren Breite einen konstanten Verlauf auf. Eine konstante Stromdichte erfordert jedoch eine gleichmäßige und homogene Versorgung der TPB mit Elektronen und Sauerstoffmolekülen. Die homogene Versorgung mit Elektronen ist möglich, da der Weg von der Kontaktfläche (y = c + 75 µm) zu allen TPB unterhalb des Kontaktsteges (y = c) die gleiche Länge aufweisst und nur in y-Richtung stattfinden muss. Die Versorgung der TPB unter den Stegen mit O_2-Molekülen findet ausschließlich in x-Richtung, also parallel zum Elektrolyten, statt. Der der direkte Diffusionsweg in y-Richtung ist durch die Stege abgedeckt. Dadurch ergeben sich, abhängig von der Kontaktstegbreite, unterschiedlich lange Diffusionswege des O_2. Bei der ideal kontaktierten Kathode findet die Diffusion ausschließlich in y-Richtung durch die 75 µm dicke Kathode statt. Der Gasdiffusionsweg zu den TPB unter dem Kontaktsteg (x-Richtung) einer Widerholeinheit beträgt bei Geometrie 1 bereits 500 µm und bei Geometrie 2 sogar 1200 µm. Um eine konstante Stromdichte unter den Kontaktstegen aufrecht zu-erhalten, müssen die hierzu benötigten O^{2-}-Ionen einen signifikant längeren Diffusionsweg zurücklegen als bei der ideal kontaktierten Zelle. Je breiter der Kontaktsteg, umso länger ist der Diffusionspfad zu den TPB unterhalb der Stegmitte. Damit müsste der zusätzliche Diffusionsverlust mit steigender Stegbreite an Einfluss zunehmen.

Die beim Erstellen des FEM-Modells getroffene Annahme, dass Diffusionsverluste vernachlässigt werden können, ist ein möglicher Ursprung für die oben beschriebenen Unstimmigkeiten und muss überprüft werden. Eine explizite Berücksichtigung der Gas-diffusion müsste aufgrund des längeren Diffusionsweges in x-Richtung und damit erhöhten Gasdiffusionsverlusten die simulierte örtliche Stromdichte bei y = c unterhalb des Kontakts-teges verringern. Dies hätte zur Folge, dass die örtliche Stromdichte unter dem Gaskanal bei gleicher Gesamtstromdichte ansteigen müsste. Eine erhöhte Stromdichte parallel zum Elektrolyten führt zu einem erhöhten Potentialgradienten in x-Richtung. Die $U_{Pot.Sonde,mess}$ würde daraufhin ansteigen. Die Berücksichtigung der Gasdiffusionsverluste im FEM-Modell könnte die Abweichung zwischen der simulierten und der gemessenen $U_{Pot.Sonde}$ verringern und damit die Realität genauer wiedergeben.

Nach der zuvor geführten Diskussion könnte ein weiterer Leistungs bestimmender Faktor die durch die Flowfield-Kontaktierung erhöhten Gasdiffusionsverluste der Kathode sein. Um die Gasdiffusionsverluste zu untersuchen, erfolgt eine detaillierte Analyse der gemessenen Impedanzdaten mittels DRT, CNLS-Fit und ESB.

Polarisations- und Gasdiffusionswiderstand

In Abbildung 6.7 sind die gemessenen Impedanzortskurven der ideal kontaktierten und die der mit Flowfield-Geometrie 1 und 2 kontaktierten Zelle bei T = 800°C in Luft an der Kathode und H_2 mit 5 % H_2O an der Anode unter OCV-Bedingung gezeigt. Die gemessenen Widerstände sind in Tabelle 2 aufgeführt.

Eine Erhöhung des ASR_{pol} bei Flowfieldkontaktierung im Vergleich zur ideal kontaktierten Zelle ist ein Beleg für einen gestiegenen Polarisationsverlust. Der Vergleich des ASR_{pol} von ideal kontaktierter (ASR_{pol_ideal} = 309 mΩcm^2) mit dem der mit Flowfield-Geometrie 1 kontak-tierten Zelle ($ASR_{pol\_Geometrie1}$ = 312 mΩcm^2) zeigt nur einen sehr geringen Anstieg des Polari-sationsverlustes. Beim Vergleich des mit Geometrie 2 gemessenen ASR_{pol} ($ASR_{pol\_Geometrie2}$ = 327 mΩcm^2) ist eine Erhöhung des ASR_{pol} von ~ 6 % festzustellen. Dies ist ein deutlicher Hinweis auf einen von der Kontaktstegesbreite abhängigen Leistungs beeinflussenden Polarisationsverlust.

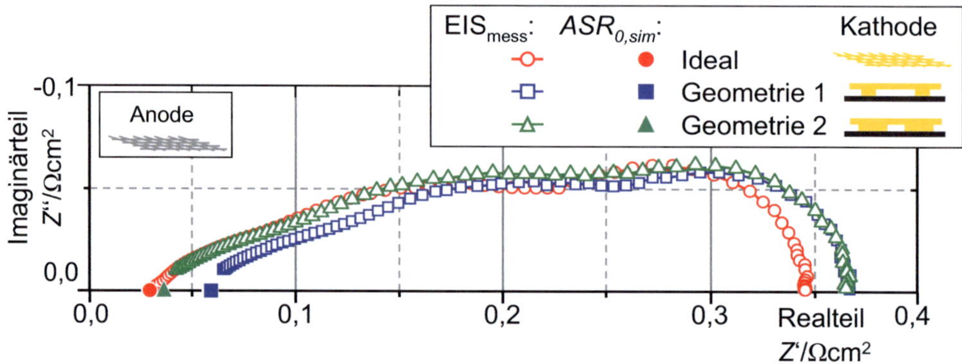

Abbildung 6.7: Gemessene Impedanzspektren und simulierter flächenspezifischer Ohmscher Widerstand der Wiederholeinheit (ASR_0) der ideal kontaktierten (Zelle Z8_075) und der kathodenseitig mit Flowfield-Geometrie 1 (Zelle Z8_088) und 2 (Zelle Z8_100) kontaktierten Zelle (T = 800°C, $pO_{2,Kat}$ = 21 %, pH_2O_{An} = 5 %).

Um den Anstieg des Polarisationswiderstandes in Bezug auf die kathodenseitigen Gas-diffusionsverluste zu untersuchen, erfolgten EIS-Messungen unter reduzierten Sauerstoff-partialdrücken an der Kathode im Bereich zwischen $pO_{2,Kat}$ = 0,4 % bis 21 % (O_2 in N_2) und hohem Wasserdampfpartialdruck im Brenngas von pH_2O_{An} = 63 % (H_2O in H_2). In Abbildung 4.10 sind die gemessenen Impedanzspektren der ideal kontaktierten Zelle für $pO_{2,Kat}$ = 0,4 .... 21 % im Nyquistplot dargestellt. Die zur Voridentifikation berechneten DRT zeigen, dass mit reduziertem $pO_{2,Kat}$ der Gasdiffusionsprozess in der Kathode P_{1C} erhöht wird und sich zu niedrigeren Frequenzen verschiebt. Dadurch wird P_{1C} nicht mehr durch den Anodengas-diffusionsprozess P_{1A} verdeckt und ist vom Prozess der Kathodenelektrochemie klar trennbar (Abschnitt 4.2.5).

Abbildung 6.8 zeigt die DRT bei einem $pO_{2,Kat}$ von ~ 1 % und 21 % (Luft) für die einzelnen kathodenseitigen Kontaktvarianten. Vergleicht man die DRT bei $pO_{2,Kat}$ = 21 % der ideal kontaktierten mit der durch Geometrie 1 kontaktierten Zelle ist kein Unterschied bemerkbar. Die DRT bei $pO_{2,Kat}$ ~ 1 % jedoch zeigen einen deutlichen Unterschied im Frequenzbereich des P_{1C} (0,3 bis 20 Hz) und lassen einen erhöhten Gasdiffusionsverlust erkennen. Bei der Kontaktierung der Kathode durch Geometrie 2 kann schon in der DRT bei $pO_{2,Kat}$ = 21 % ein erhöhter Peak im Frequenzbereich von P_{2C} festgestellt werden. Dieser Fakt wird in der nach-folgenden Analyse des $R_{Diff,Kat}$ noch eine Rolle spielen.

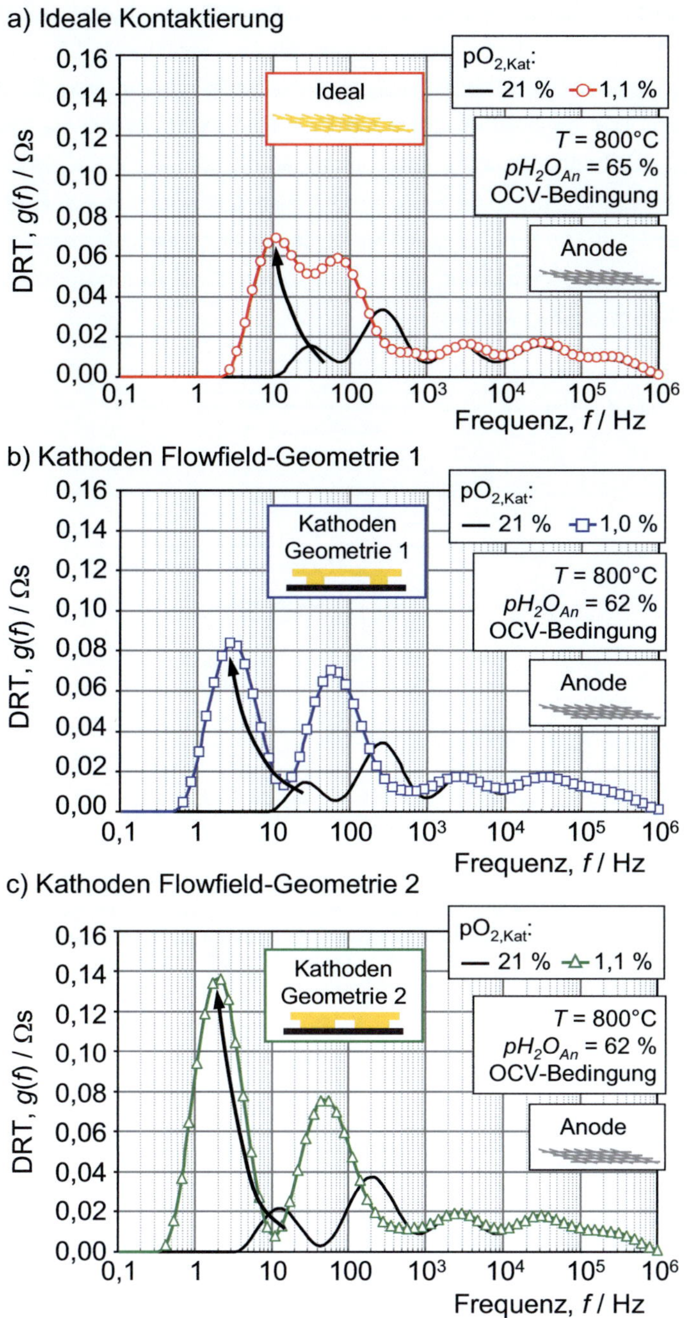

Abbildung 6.8: Verteilungsfunktion der Relaxationszeiten (DRT) der ideal kontaktierten (Zelle Z8_075) und der kathodenseitig mit Flowfield-Geometrie 1 (Zelle Z8_089) und 2 (Zelle Z8_100) kontaktierten Zelle bei $pO_{2,Kat}$ = 1 % und 21 % (T = 800°C, pH_2O_{An} = 5 %).

Die Gegenüberstellung der DRT bei einen $pO_{2,Kat}$ von ~ 1,1 % erfolgt in Abbildung 6.9. Hier wird deutlich, dass der Gasdiffusionsprozess der Kathode P_{1C} mit breiter werdenden Kontaktstegen zunimmt und sich zu tieferen Frequenzen hin verschiebt. Die Verschiebung zu tieferen Frequenzen lässt den Prozess P_{1C} fast vollständig getrennt vom Prozess P_{2C} in der DRT erscheinen. Bei genauer Betrachtung des P_{2C} ist zu erkennen, dass dieser bei niedrigem $pO_{2,Kat}$ bei beiden Flowfield-Geometrien erhöht ist. Die Flowfields wurden aus Gold gefertigt und sind damit inert. Eine Reaktion mit dem Kathodenmaterial kann daher ausgeschlossen werden [10]. Die Erhöhung der elektrochemischen Verlustprozesse in der Kathode (P_{2C}) mit steigender Stegbreite kann folglich nur durch die Kopplung von Gasdiffusion und Elektrochemie hervorgerufen werden.

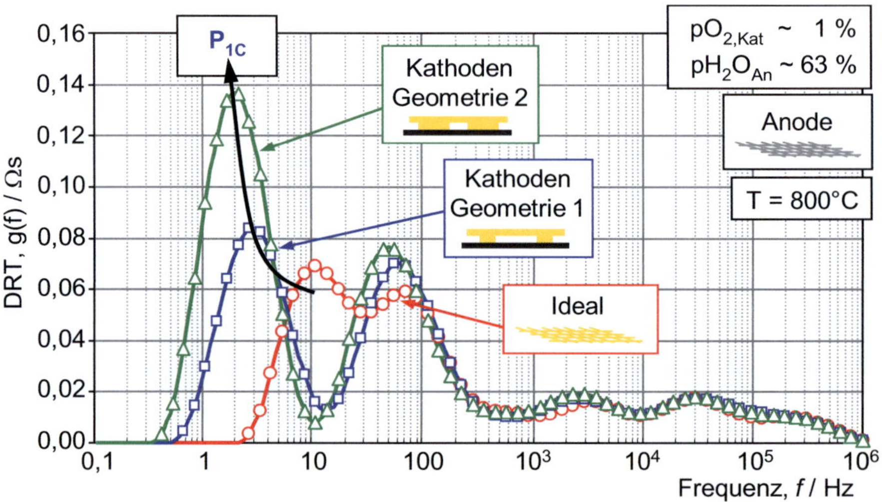

Abbildung 6.9: Die Gegenüberstellung der Verteilungsfunktion der Relaxationszeiten (DRT) bei einem $pO_{2,Kat}$ von ~ 1,1 % der ideal kontaktierten (Zelle Z8_075) und der kathodenseitig mit Flowfield-Geometrie 1 (Zelle Z8_089) und 2 (Zelle Z8_100) kontaktierten Zelle erlaubt die Quantifizierung der kathodenseitigen Gasdiffusion (T = 800°C, pH_2O_{An} ~ 63 %).

Die Bestimmung des $R_{Diff,Kat}$ erfolgte bei niedrigem $pO_{2,Kat}$ (< 2 %) durch einen CNLS-Fit des in Abschnitt 4.2.3 vorgestellten ESB an die gemessene EIS-Daten. Eine direkte Evaluierung des $R_{Diff,Kat}$ aus einem bei 800°C unter Luft und H_2 (5 % H_2O) gemessenen EIS ist ohne Vorkenntnisse und vereinfachenden Annahmen nicht möglich. Unter diesen Betriebsbedingungen wird der kleine Gasdiffusionsprozess der Kathode P_{1C} ($R_{2C} = R_{Diff,Kat}$(Luft) < 4 mΩcm², Relaxationsfrequenz ~ 9 Hz) vom größeren Gasdiffusions-prozess im Substrat Anode P_{1A} verdeckt (R_{1A} = 130 mΩcm², Relaxationsfrequenz ~ 4 Hz). Bei günstig ausgewählten Betriebsbedingungen, namentlich hohe pH_2O_{An} und niedrige $pO_{2,Kat}$ < 8 %, verringert sich R_{1A} auf 30 mΩcm², während sich $R_{Diff,Kat}$ erhöht und zu tieferen Frequenzen hin verschiebt. Der Gasdiffusionswiderstand R_{1A} wurde an der ideal kontaktierten Zelle bei $pO_{2,Katt}$

= 21 % (Luft) und pH_2O_{An} = 63 % mittels CNLS-Fit des ESB bestimmt und bei allen weiteren Fits der gesamten Prozedur festgehalten. Im Diagramm in Abbildung 6.10 geben die Symbole die für $R_{Diff,Kat}$ ermittelten Werte für die ideal und die mit Flowfield kontaktierten Zellen wieder. Die bei $pO_{2,Kat} \sim 1{,}1$ % ermittelten $R_{Diff,Kat}$-Werte zeigen das bereits in der DRT identifizierte Verhalten und steigen mit zunehmender Kontaktstegbreite.

Die Berechnung des kathodenseitigen Gasdiffusionswiderstandes in Luft $R_{Diff,Kat}$(Luft) ist mit Gleichung (6.1) möglich [13]. Diese Gleichung beschreibt den Gasdiffusionswiderstand der porösen Elektrode für eine rein ein-dimensionale Diffusion (y-Richtung) in Abhängigkeit des $pO_{2,Kat}$ von der effektiven Diffusionslänge ($l_{eff,Kat}$) und dem effektiven molekularen Diffusionskoeffizienten (D^{eff}) einer O_2/N_2-Gasmischung. Die Parameter R, T, F entsprechen der gebräuchlichen Bedeutung. Der Parameter $pO_{2,Kat}$ kann aus der OCV zum jeweiligen Messzeitpunkt durch die Nernst-Gleichung (2.4) berechnet werden.

$$R_{\text{Diff,Kat}} = \left(\frac{RT}{4F}\right)^2 l_{\text{eff},Kat} \frac{1}{D^{\text{eff}}_{O_2,N_2}} \left(\frac{1}{pO_{2,Kat}} - 1\right)\left(1.0132 \bullet 10^5 \frac{Pa}{atm}\right)^{-1} \tag{6.1}$$

Zur Berechnung des $R_{diff,Kat}$(Luft) werden die unbekannten Parameter D^{eff} und $l_{eff,Kat}$. benötigt und nachfolgend diskutiert.

Gleichung (6.2) beschreibt D^{eff} anhand des Strukturparameters ψ_{Kat} und des Molekularen Diffusionskoeffizienten $D_{mol,i}$, wobei i für die beteiligten Gaskomponenten steht [13].

$$D^{\text{eff}}_{O_2,N_2} = \Psi_{Kat} \bullet D_{mol,N_2,O_2} \tag{6.2}$$

Der Strukturparameter ψ_{Kat} wird nach Gleichung (6.3) aus dem Verhältnis zwischen Porosität ε_{Kat} und Tortuosität τ_{Kat} der Elektrode berechnet [13]. Da davon ausgegangen werden kann, dass ψ_{Kat} von der Kontaktierung unbeeinflusst bleibt und allen Messungen die nominell gleiche LSM-Kathode zugrunde liegt, ist der Strukturparameter innerhalb dieser Messreihe konstant.

$$\Psi_{Kat} = \frac{\varepsilon_{Kat}}{\tau_{kat}} \tag{6.3}$$

Der Molekulare Diffusionskoeffiziente $D_{mol,i}$ der einzelnen Gaskomponenten lässt sich als Summe des Knudsen- ($D_{Knudsen,i}$) und des Bulk- ($D_{Bulk,i}$) Diffusionskoeffizienten beschreiben [13]:

$$\frac{1}{D_{mol,i}} = \frac{1}{D_{bulk,i}} + \frac{1}{D_{Knudsen,i}} \tag{6.4}$$

Dabei berücksichtigt $D_{Knudsen,i}$ unter anderem die Eigenschaften der Gaskomponente und des mittleren Porenradius in der Elektrode. Die Knudsen-Diffusion beschreibt die Diffusionshemmung durch Stöße der Gasmoleküle mit dem Elektrodenmaterial. Die Bulk-Diffusion dagegen beschreibt die Diffusionshemmung durch Stöße zwischen den beteiligten Gasmolekülen [13]. Da durch die Kontaktierung weder die Gaseigenschaften noch der mittlere Porenradius der Elektrode beeinflusst werden, kann auch $D_{mol,i}$ als Summe von $D_{Knudsen,i}$ und $D_{Bulk,i}$ innerhalb der Messreihe als konstant angenommen werden:

$$const. = D^{eff}_{O_2,N_2} = \Psi_{Kat} \bullet D_{mol,O_2,N_2} \tag{6.5}$$

Der Strukturparameter ψ_{Kat} sowie der Molekulare Diffusionskoeffiziente D_{mol} können der Literatur entnommen werden [13, 19, 100, 137]. Dabei ist aber nicht gewährleistet, dass die Parameter aus der Literatur auf die in dieser Arbeit verwendete Komposit-Kathode anwendbar sind. Wesentlich wichtiger für die Anwendung von Gleichung (6.1) ist die Tatsache, dass diese die Gasdiffusion in einer zweischichtigen Kathode beschreiben soll.

Wie im REM-Bild (Abbildung 3.3b)) zu erkennen ist, weist der LSM-Stromsammler im Vergleich zur Funktionsschicht wesentlich größere Partikel und Poren auf. Dementsprechend besitzen die Schichten der LSM-Kathode unterschiedliche Struktureigenschaften. Es ist davon auszugehen, dass in der Stromsammlerschicht aufgrund der höheren Porosität und der größeren Porenradien die Gasdiffusion leichter als in der dichteren Funktionsschicht ablaufen kann. Dieser Annahme folgend findet der O_2-Transport unter die Kontaktstege des Flowfield, also parallel zum Elektrolyten (x-Richtung), hauptsächlich im Stromsammler statt. Dies wiederum bedeutet, dass die Gasdiffusion in der Funktionsschicht nur in y-Richtung stattfindet und der Beitrag zum $R_{Diff,Kat}$ für alle Messungen nahezu konstant ist.

Für die Bestimmung des $R_{Diff,Kat}$ durch den CNLS-Fit des ESB hat dieses Verhalten keine Auswirkung. Der ermittelte $R_{Diff,Kat}$ ist eine integrale Größe und gibt den Gasdiffusionswiderstand der Reihenschaltung aus Stromsammler und Funktionsschicht wieder.

Bei der ideal kontaktierten Zelle findet die Gasdiffusion nur in y-Richtung statt (Abschnitt 2.4.3). Damit kann $l_{eff,Kat,ideal} = 75\,\mu m$ anhand der REM-Aufnahme bestimmt werden. Gleichung (6.6) zeigt die nach dem einzig unbekannten Parameter D^{eff} umgeformte Modellgleichung (6.1) von Kim:

$$D^{eff}_{O_2,N_2} = \frac{l_{eff,Kat,ideal}}{R_{Diff,Kat,ideal}} \left(\frac{RT}{4F}\right)^2 \left(\frac{1}{pO_{2,Kat}} - 1\right) \left(1.0132 \bullet 10^5 \frac{Pa}{atm}\right)^{-1} \tag{6.6}$$

Durch Anwendung der Gleichung (6.6) auf die für die ideal kontaktierte Zelle durch CNLS-Fit bestimmten Werte erhält man den für die verwendete Komposit-Kathode repräsentativen $D^{eff} = 0{,}04093\ cm^2s^{-1}$ (D^{eff} = const.). Das Fit-Ergebnis ist in Abbildung 6.10 ergänzt und zeigt eine gute Übereinstimmung mit den ermittelten $R_{Diff,Kat}$-Werten. Unter Verwendung der Gleichung (6.1) und dem ermittelten D^{eff} kann der $R_{Diff,Kat,ideal}$(Luft) = 3,7 mΩcm^2 der ideal kontaktierten Kathode berechnet werden.

Wie zuvor diskutiert, findet die Gasdiffusion bei Flowfieldkontaktierung nicht allein in y-, sondern auch in x-Richtung parallel zum Elektrolyten unter den Kontaktstegen statt. Kim geht in der Beschreibung der Gasdiffusion jedoch von einer rein ein-dimensionalen Gasdiffusion aus [13]. Der Beitrag der Gasdiffusion in x-Richtung (parallel zum Elektrolyten) nimmt jedoch mit zunehmender Stegbreite zu. Integral über die gesamte Zellfläche betrachtet, sollte dieser Effekt zu einer Erhöhung der $l_{\text{eff,Kat}}$ in Anhängigkeit von der Stegbreite führen.

Die Modellgleichung wurde dennoch genutzt, um den Gasdiffusionswiderstand bei Flowfieldkontaktierung zu beschreiben. Gleichung (6.7) wurde an die experimentell ermittelten $R_{Diff,Kat,Geo}$-Werte für die beiden Geometrien unter Verwendung des bereits ermittelten D^{eff} angepasst.

$$l_{\text{eff,Kat,Geo}} = R_{\text{Diff,Kat,Geo}} \cdot D^{\text{eff}}_{O_2,N_2} \cdot \left(\frac{RT}{4F}\right)^{-2} \left(\frac{1}{pO_{2,Kat}} - 1\right)^{-1} \left(1.0132 \cdot 10^5 \, \frac{Pa}{atm}\right) \qquad (6.7)$$

Die ermittelte $l_{\text{eff,Kat,Geo}}$ wurde in die Modellgleichung (6.1) eingesetzt, der $R_{\text{diff,Kat,Geo}}$ berechnet und in Abbildung 6.10 ergänzt. Das pO_2-abhängige Verhalten des Gasdiffusionswiderstandes wird für Geometrie 1 mit dünnen Stegen (1 mm) ausreichend genau beschrieben. Der mit berechnete $R_{Diff,Kat}$(Luft) beträgt 6,3 mΩ und die ermittelte $l_{\text{eff,Kat,Geo1}}$ = 127 µm. Für Geometrie 2 mit breiten Stegen (2,4 mm) kann die pO_2-Abhängikeit des $R_{Diff,Kat}$ durch die Modellgleichung nicht ausreichend genau beschrieben werden. Eine für alle experimentell bestimmten $R_{\text{diff,Kat,Geo2}}$-Werte gültige $l_{\text{eff,Kat,Geo2}}$ kann mit der Gleichung (6.7) nicht bestimmt werden. Es zeigt sich eine $pO_{2,Kat}$ abhängige $l_{\text{eff,Kat,Geo2}}$.

Wie in der DRT in Abbildung 6.8c) zu erkennen ist, führt Geometrie 2 schon in Luft zu einer Erhöhung des Peaks im Frequenzbereich f = 2-30 Hz. In diesem Frequenzbereich überlagern sich die Gasdiffusionsprozesse der Elektroden P_{1A} und P_{1C} in der DRT. Aufgrund des erhöhten $R_{Diff,Kat}$ kann bereits bei $pO_{2,Kat}$ = 8,3 % ein qualitativ hochwertiger CNLS-Fit der Gasdiffusion erfolgen. Das pO_2-abhängige Verhalten des $R_{\text{diff,Kat,Geo2}}$ kann durch eine Extrapolation mit einer Potenzfunktion (y = 0,0041 x$^{-0,9077}$) im Bereich der ermittelten Werte beschrieben werden (Abbildung 6.10). Durch die Fortführung der Extrapolation zu höheren $pO_{2,Kat}$ wird ein $R_{Diff,Kat,Geo1}$(Luft) = 16,9 mΩ für Geometrie 2 bestimmt. Der extrapolierte Wert kann durch ein CNLS-Fit des Prozesses P_{1C} in Luft unter Einbeziehung der für die ideal kontaktierte Zelle ermittelten Prozesse bestätigt werden. Hierzu wurde der von der ideal kontaktierten Zelle bekannte P_{1A} zum Fit der mit Geometrie 2 kontaktierten ASC verwendet. Voraussetzung hierfür ist die Annahme, dass sich die Anodenverluste bei nominal identischen ASC nicht unterscheiden. Der durch den CNLS-Fit ermittelte $R_{Diff,Kat}$(Luft) = 16,0 mΩ bestätigt die durchgeführte Extrapolation. Die Anwendung der Gleichung (6.7) auf den durch Extrapolation ermittelten $R_{Diff,Kat,Geo2}$(Luft) ergibt einen $l_{\text{eff,Kat,Geo2}}$ = 339 µm.

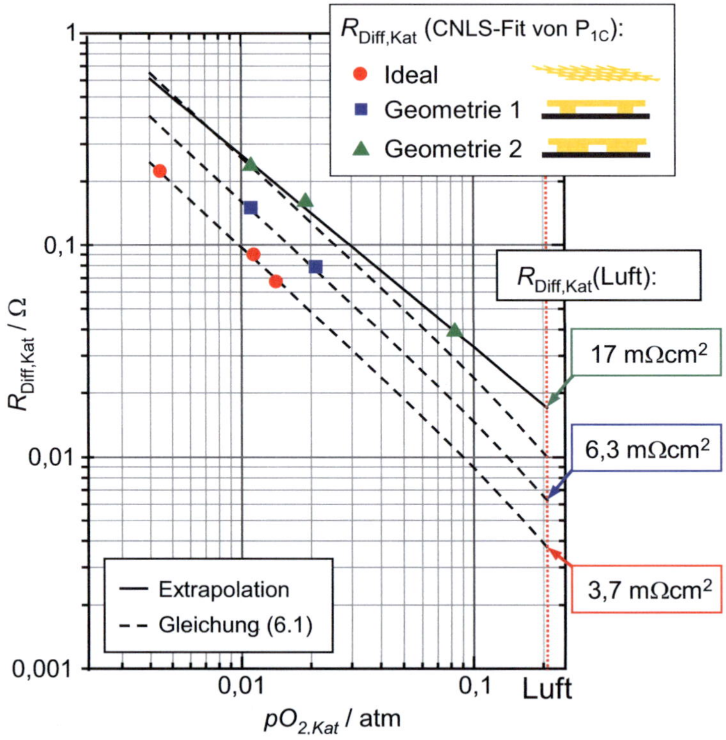

Abbildung 6.10: Gasdiffusionswiderstände der Kathode ($R_{Diff,Kat}$) der ideal kontaktierten (Zelle Z8_075) und der mit Kathoden Flowfield 1 (Zelle Z8_089) und 2 (Zelle Z8_100) kontaktierten Zelle (T = 800°C, $pO_{2,Kat}$ = 1,1 bis 21 %, pH_2O_{An} = 63 %). Durch CNLS-Fit wurde der $R_{Diff,Kat}$ (Symbole) bei geringen $pO_{2,Kat}$ (Ideal und Geometrie 1 < 2 %; Geometrie 2 < 8 %) ermittelt. Der $R_{Diff,Kat}$ in Luft wurde für die ideal kontaktierten und der mit Geometrie 1 kontaktierten Kathode durch Modellgleichung (6.1), bei Geometrie 2 durch Extrapolation bestimmt.

Aus dem Vergleich der effektiven Diffusionslängen $l_{eff,Kat}$ wird deutlich, weshalb der kathodenseitige Gasdiffusionswiderstand $R_{Diff,Kat}$ mit steigender Stegbreite zunimmt. Für Geo-metrie 1 mit dünnen Stegen (1 mm) kann ein Anstieg des effektiven Gasdiffusionspfades durch die anteilige Gasdiffusion zu den TPB unter die Kontaktstege von 75 µm auf $l_{eff,Geo1}$ = 127 µm festgestellt werden. Dies führt im Vergleich zur ideal kontaktierten Kathode zu einer Erhöhung des ermittelten Gasdiffusionswiderstandes $R_{Diff,Kat,Geo1}$ in Luft von 63 % auf 6,3 mΩ. Der Anteil der Diffusion unter die Kontaktstege nimmt bei breiter werdenden Stegen zu. Darum steigt bei Geometrie 2 mit breiten Stegen (2,4 mm) die $l_{eff,Geo2}$ sogar auf 341 µm an. In Luft entspricht dies einem $R_{Diff,Kat,Geo2}$ =16,9 mΩ, welcher den der ideal kontaktierten Zelle um 352 % übersteigt.

Dieses Ergebnis in Kombination mit den vorgestellten Leistungsdaten zeigt, dass die kathodenseitige Gasdiffusion in x-Richtung unter die Kontaktstege ein zu berücksichtigender und Leistungs bestimmender Faktor ist. Weiter zeigt das Ergebnis, dass der Anstieg des ASR_{pol} unter OCV-Bedingungen und $pO_{2,Kat}$ = Luft mit der Zunahme des Gasdiffusionswiderstandes erklärt werden kann. Eine Kopplung von durch breite Gaskanäle verursachten Querleitungsverlusten auf die Polarisationsverluste kann darum für die untersuchten Flowfieldgeometrien unter diesen Betriebsbedingungen ausgeschlossen werden. Es ist offensichtlich, dass ein FEM-Modell der Wiederholeinheit, welches zwar Querleitungsverluste berücksichtigt, aber die Gasdiffusion in x-Richtung vernachlässigt, für Flowfieldgeometrien mit Kontaktstegbreiten über 1 mm nicht eingesetzt werden kann. Für Flowfields mit Stegbreiten > 1 mm muss in das Modell die Gasdiffusion in der Kathodenschicht integriert werden, damit der Einfluss der Kontaktgeometrie auf die Leistung der Zelle korrekt vorhergesagt werden kann.

Fazit

Die durchgeführten Experimente und das entwickelte FEM-Modell zeigen, dass die Leistung einer Wiederholeinheit stark von der kathodenseitigen Flowfield-Geometrie beeinflusst wird.

Im linken Balkendiagramm in Abbildung 6.11 ist die relative Leistungsdichte bei einer Zellspannung von 0,7 V in Abhängigkeit der Kontaktierung dargestellt. Normiert wurde auf den mit ideal kontaktierter Kathode erreichten Wert mit $P_{ideal}(0,7\ V)$ = 100 %. Eine Leistungseinbuße von 21 % bei Flowfield-Geometrie 1 und von 41 % bei Geometrie 2 macht deutlich, dass die Geometrie einen großen Einfluss auf die Leistungsfähigkeit einer Wiederholeinheit bzw. den Stack hat.

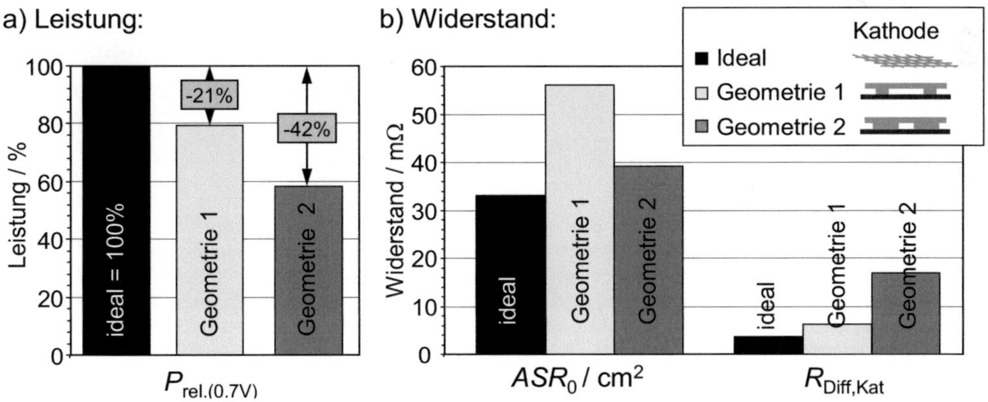

Abbildung 6.11: Einfluss der untersuchten kathodenseitigen Kontaktierungsvarianten auf die Leistungsfähigkeit der anodengestützten Zelle (ASC). Gegenüberstellung der Leistungswerte, Ohmschen Widerstände und des Gasdiffusionswiderstandes der Kathode der ideal kontaktierten (Zelle Z8_075) und der mit Kathoden-Flowfield 1 (Zelle Z8_089) und 2 (Zelle Z8_100) kontaktierten Zelle (T = 800°C, $pO_{2,Kat}$ = 21 %, pH_2O_{An} = 5 %).

Das rechte Balkendiagramm zeigt den gemessenen Ohmschen Widerstand (ASR_0) und den ermittelten Gasdiffusionswiderstand der Kathode ($R_{Diff,Kat}$) der idealen, sowie der mit Flowfield-Geometrie 1 und 2 kontaktierten Zelle. Der Anstieg des ASR_0, verursacht durch den Elektronenfluss zu den TPB unterhalb der Gaskanäle, und des $R_{Diff,Kat}$, seinerseits durch die Gasdiffusion zu den TPB unterhalb der Kontaktstege hervorgerufen, korrespondiert mit den verschiedenen Kontaktsteg- und Gaskanalbreiten der beiden Flowfieldgeometrien. Dieser Zusammenhang ist in Abbildung 6.12 als schematische Darstellung detailliert gezeigt.

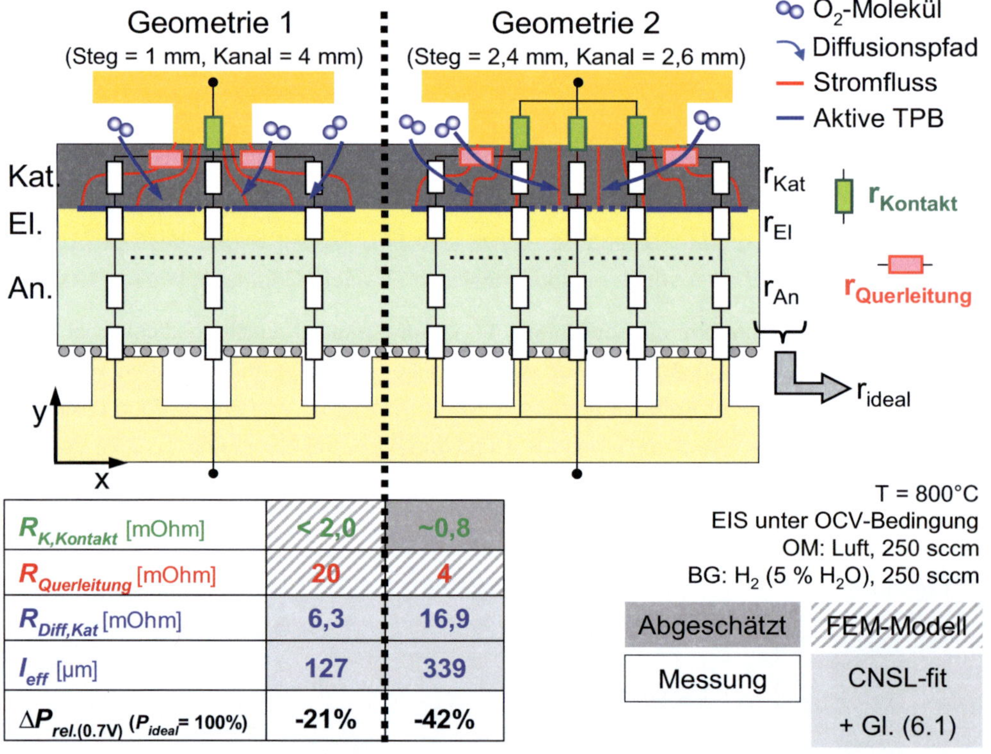

	Geometrie 1	Geometrie 2
$R_{K,Kontakt}$ [mOhm]	<2,0	~0,8
$R_{Querleitung}$ [mOhm]	20	4
$R_{Diff,Kat}$ [mOhm]	6,3	16,9
I_{eff} [µm]	127	339
$\Delta P_{rel.(0.7V)}$ (P_{ideal}= 100%)	-21%	-42%

Abbildung 6.12: Gegenüberstellung der identifizierten und quantifizierten Verluste in Abhängigkeit der Kathoden Flowfield-Geometrie. Die Flowfield-Geometrie 1 mit breiten Gaskanälen (4 mm) und dünnen Kontaktstegen (1 mm) verursacht hohe Ohmsche Querleitungsverluste, wohingegen Geometrie 2 mit breiten Kontaktstegen (2,4 mm) und dünnen Gaskanälen (2,6 mm) hohe Gasdiffusionsverluste durch eine Erhöhung der effektiven Diffusionslänge verursacht. Beide Effekte führen zu einer Verringerung der Leistungsfähigkeit der kontaktierten Zelle.

Die in dieser Arbeit durchgeführten Experimente und Simulationen zeigen bei Verwendung eines MIC mit schmalen Kontaktstegen und breiten Gaskanälen (Geometrie 1: Steg 1 mm, Kanal 4 mm) eine Zunahme der Ohmschen Verluste von 65 %. Dieser Anstieg verringert sich auf 15 %, wenn die Kathode mit einem MIC mit breiteren Kontaktstegen und schmalen

Gaskanälen (Geometrie 2: Steg 2,4 mm, Kanal 2,6 mm) kontaktiert wird. Diese Beobachtung kann nicht durch den Kontaktwiderstand zwischen MIC und Kathode erklärt werden. Der Anteil am ASR_0 des Kontaktwiderstandes ($R_{K,Kat}$) ist für beide Geometrien kleiner als 3,6 %. Fakt ist, dass der Strom von den TPB unter dem Gaskanal zu den Kontaktstegen parallel zum Elektrolyten (x-Richtung) fließen muss. Der so verursachte Querleitungsverlust hat bei einem MIC mit schmalen Gaskanälen (Geometrie 2: Kanal 2,6 mm, $R_{Querleitung}$ = 4mΩ, Anteil am ASR_0 = 10 %) einen wesentlich geringeren Beitrag zu den Ohmschen Verlusten als bei breiteren Kanälen (Geometrie 1: Kanal 4 mm, $R_{Querleitung}$ = 20mΩ, Anteil am ASR_0 = 36 %). Dieser Anteil der Ohmschen Verluste wird beherrscht durch a) die Dicke der Kathode und b) die elektronische Leitfähigkeit σ_{el} des Kathodenmaterials. Als Konsequenz daraus kann die Leistungsfähigkeit einer Wiederholeinheit bzw. des Stacks durch die richtige Auswahl des Kathodenmaterials (hohes σ_{el}) oder eine Erhöhung der Kathodendicke verbessert werden. Eine vorgeschlagene Maßnahme zur Leistungssteigerung ist eine Erhöhung der Kathoden-dicke durch mehrfachen Siebdruckauftrag der Stromsammlerschicht. Diese Maßnahme hat den Vorteil, dass keine Änderung der Stack-Komponenten oder der verwendeten Materialien notwendig wird. Im Anhang 8.1 wird der Leistungssteigerung durch Erhöhung der Strom-sammlerdicke nachgegangen.

Basierend auf EIS-Messungen bei OCV-Bedingungen und der Analyse der gewonnenen Impedanzdaten konnte der Gasdiffusionsverlust in Abhängigkeit von der Flowfield-Geometrie als weiterer Verlustprozess identifiziert und quantifiziert werden. Bei Verwendung eines MIC mit breiteren Kontaktstegen und schmalen Gaskanälen (Geometrie 2: Steg 2,4 mm, Kanal 2,6 mm) stieg der kathodenseitige Gasdiffusionswiderstand ($R_{Diff,Kat}$) um 352 % an. Der An-stieg verringert sich bei einem MIC mit schmalen Kontaktstegen und breiten Gaskanälen (Geometrie 1: Steg 1 mm, Kanal 4 mm) auf 69 %. Dieser Effekt ist auf einen längeren effek-tiven Diffusionspfad (l_{eff}) der O_2-Moleküle vom Gasraum (Gaskanal) zu den TPB unter den Kontaktstegen parallel zum Elektrolyten (x-Richtung) zu erklären. Zu der bei idealer Kontak-tierung nur in y-Richtung stattfindenden Gasdiffusion kommt nun bei MIC-Kontaktierung ein von der Stegbreite abhängiger Beitrag in x-Richtung hinzu. Bei einem MIC mit breitem Kontaktsteg und schmalen Gaskanälen (Geometrie 2: Steg 2,4 mm, Kanal 2,6 mm) erhöht sich der effektive Diffusionspfad l_{eff} auf 339 µm. Durch einen MIC mit schmalen Kontakt-stegen und breiten Kanälen (Geometrie 1: Steg 1 mm, Kanal 4 mm) kann die l_{eff} auf 127 µm verringert werden. Zum ersten Mal kann mit der entwickelten Methodik gezeigt werden, dass die Gasdiffusionspolarisation bereits in Luft einen Leistungs beeinflussenden Faktor darstellt und bei dem Design der MIC-Geometrie berücksichtigt werden muss. Eine aus dieser Er-kenntnis folgende Maßnahme zur Verbesserung der Leistungsfähigkeit einer Widerholeinheit bzw. des Stacks kann die Anpassung der Kathodeneigenschaften wie der Porosität dar-stellen. Mit einer erhöhten Porosität könnten Gasdiffusionsverluste verringert werden.

6.1.4 Fazit zum Einfluss der Kontaktgeometrie

Die Kombination aus FEM-Modellierung und experimenteller Charakterisierung durch EIS und U-I-Kennlinien erlaubt die Untersuchung des Einflusses der Kontaktgeometrie auf die Leistungsfähigkeit der Einzelzelle.

Im Rahmen der Untersuchung wurden kathodenseitig zwei von der Flowfield-Geometrie verursachte Leistungs bestimmende Verluste identifiziert. Ein Flowfield mit Kontaktstegen und Gaskanälen verursacht zusätzliche Ohmsche Verluste. Bei der Kontaktierung durch ein Flowfield müssen die Elektronen vom Kontaktsteg bis zu den TPB unter dem Gaskanal durch die dünne, begrenzt elektronisch leitfähige Kathode fließen. Die Länge des parallel zum Elektrolyten stattfindenden Elektronentransportes steigt mit zunehmender Gaskanal-breite. Der so entstandene Querleitungsverlust erhöht den ASR_0 durch kathodenseitige Flowfieldgeometrien mit breiten Gaskanälen (Geometrie 1: Kanal = 4 mm, Steg = 1 mm) um 65 %, bei Flowfields mit schmäleren Kanälen (Geometrie 2: Kanal = 2,6 mm, Steg = 2,4 mm) um 15 %.

Der kathodenseitige Kontaktwiderstand hat bei den angewendeten MIC-Geometrien und Materialien einen vernachlässigbaren Einfluss auf den Anstieg des ASR_0 (< 3,5 %). Aufgrund der hohen Leitfähigkeit des Anodensubstrates sind anodenseitig Kontakt- und Querleitungsverluste vernachlässigbar gering.

Als weiterer Leistungs bestimmender Verlustfaktor wurde zum erstmals der durch die Flowfield-Geometrie erhöhte Gasdiffusionswiderstand der porösen Kathode in Luft iden-tifiziert. Dieser ist auf eine Verlängerung des effektiven Diffusionspfades der O_2-Moleküle vom Gaskanal zu den TPB unter den Kontaktstegen zurückzuführen. Bei Flowfield 2 mit breiten Kontaktstegen (Steg = 2,6 mm, Kanal = 2,4 mm) erhöht sich der kathodenseitige Gasdiffusionsverlust in Luft um 352 %. Verringert sich die Länge des effektiven Diffusions-pfades durch dünnere Stege (Steg = 1 mm, Kanal = 4 mm), reduziert sich der Anstieg auf 69 %. Eine Änderung des Gasdiffusionswiderstandes des dicken Anoden-substrates durch die Flowfieldkontaktierung konnte nicht beobachtet werden.

In Bezug auf die hohe Leistung der anodengestützten Zelle verursacht die kathodenseitige Flowfield-Geometrie bzw. die MIC-Geometrie einen Leistungsverlust von bis zu 41 %, wohingegen die Kontaktierung der Anode eine vernachlässigbare Rolle (Leistungsverlust < 1 %) spielt.

6.2 Degradation der Leistungsfähigkeit durch Cr-Vergiftung

Die Bestimmung der durch die Cr-Vergiftung bedingten Degradation erfolgt durch den Vergleich einer in Cr-freier Umgebung und einer in Anwesenheit einer Cr-Quelle im Gasraum der Kathode durchgeführten Messung (Abbildung 4.1). Bei beiden Messungen wurde die Kathode elektrisch mit Pt-Netz als Stromsammler kontaktiert, um die im ersten Teil des Kapitels diskutierten Geometrieeffekte auf die Leistungsfähigkeit zu vermeiden. Weiter wurde bei beiden Messungen das in Abbildung 3.6 gezeigte Messprogramm angewendet, um Einflüsse der Betriebsparameter auszuschließen. Die angewendete Startprozedur entspricht qualitativ der initialen Startprozedur eines Stacks und erlaubt es, die festgestellte Leistungs-degradation auf den BZ-Stack zu übertragen. Zu Beginn und am Ende des 280 h dauernden galvanostatischen Betriebes erfolgte die elektrochemische Charakterisierung mittels U-I-Kennlinien und EIS Messungen.

Die Cr-freie Messung zeigt dabei das Degradationsverhalten der Zelle als Summe der Einzeldegradationen (Kapitel 2.5), wohingegen die Zelle in Anwesenheit der Cr-Quelle zu-sätzlich zu den Einzeldegradationen den Einfluss der Cr-Vergiftung aufweist (Abschnitt 2.5.3). Unter der Vorrausetzung, dass keine weiteren Faktoren verändert und nominell gleiche ASC verwendet wurden, kann durch Subtraktion der Degradationsrate zu denselben Messzeitpunkten die durch Cr-Vergiftung hervorgerufene Degradation bestimmt werden (Abschnitt 2.5.1).

In diesem Unterkapitel erfolgt zuerst die Quantifizierung des Einflusses der Cr-Vergiftung auf die Leistung und nachfolgend auf den Polarisationswiderstand der Zelle. Die Voridentifikation der durch die Cr-Vergiftung beeinflussten Verlustprozesse ist mit den aus den gemessenen EIS-Daten berechneten DRT möglich. Darauf aufbauend wird der Gesamtpolarisations-widerstand durch CNLS-Fit und ESB in die einzelnen Polarisationsverluste der Elektroden aufgetrennt. Dieser Schritt ermöglicht die eindeutige Identifikation des durch die Cr-Ver-giftung beeinflussten Verlustprozesses.

6.2.1 Leistung

Abbildung 6.13 zeigt die Leistungsdichte bei j_{Zelle} = 0,5 Acm^{-2} der ASC mit einem Kathoden-Flowfield aus Al_2O_3 (Cr-frei) und einem Flowfield aus Cr-Stahl (Cr-Quelle). Die Leistungs-dichten wurden zum Zeitpunkt t_1 = 32 h, zu Beginn und bei t_2 = 320 h des galvanostatischen Betriebes bestimmt. Während des galvanostatischen Betriebes (j_{Zelle} = 0,5 Acm^{-2}) ver-besserte sich die Leistungsdichte unter Cr-freien Bedingungen um ~ 0,3 % ($P_{Cr-frei,t1}$ = 465 mWcm^{-2}, $P_{Cr-frei,t2}$ = 467 mWcm^{-2}). Von einer Verbesserung der Zellleistung bei FZJ ASC mit LSM-Kathoden wird auch von Becker berichtet [16]. Becker beobachtet in den ersten 1000 h bei Stromdichten j_{Zelle} > 0.5 Acm^{-2} und einer Betriebstemperatur von 800°C einen Anstieg der Leistungsdichte um ~ 0,5 %/1000 h [16]. Dagegen kann in der Anwesenheit des Cr-Stahls eine Abnahme von 5 % während des ~ 280 h andauernden galvanostatischen Betriebes festgestellt werden ($P_{Cr-Quelle,t1}$ = 438 mWcm^{-2}, $P_{Cr-Quelle,t2}$ = 16 mWcm^{-2}). Bei einem angenommenen linearen Verlauf der Degradation ergäbe sich durch Extrapolation der gemessenen Leistungsdegradation eine Rate von 79 mWcm^{-2}/1000 h (15 %/1000 h) unter den angewendeten Betriebsbedingungen und Anwesenheit von Cr-Spezies. Die initiale Leistungsdichte ist zum Zeitpunkt t_1 in Anwesenheit der Cr-Quelle bereits um 6 % gegenüber der Cr-freien Messung reduziert. Diese Differenz steigt im Verlauf des galvanostatischen Betriebes bis auf 11 % an.

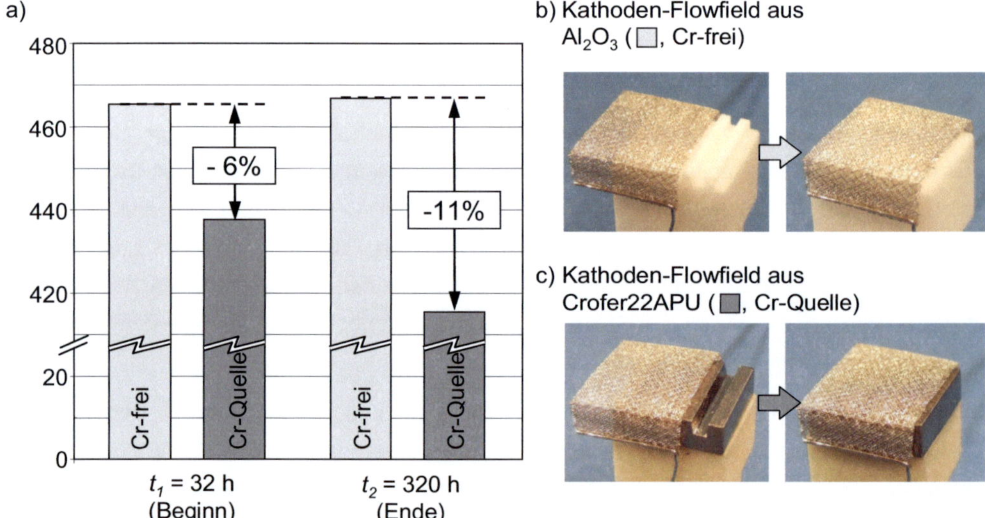

Abbildung 6.13: a) Leistungsdichte der anodengestützten Zelle (ASC) in Abwesenheit von Chrom-Spezies (Kathoden Flowfield aus Al₂O₃, Cr-frei, Zelle Z9_071)) und in Anwesenheit eines Flowfields aus einer Cr-Stahl-Legierung als Cr-Quelle (Crofer22APU, Zelle Z9_073) (T = 800°C, OM: Luft, BG: H₂. 3,4 % H₂O). Die Leistungsmessung erfolgte zu Beginn (t_1 = 32 h) und am Ende (t_2 = 320 h) eines galvanostatischen Betriebes (280 h bei j_{Zelle} = 0,5 Acm^{-2}). b) Cr-freie Kontaktierung bestehend aus Stromsammler (Pt-Netz) und Kathoden-Flowfield aus Al₂O₃. c) Das Kathoden-Flowfield aus einer Cr-Stahl-Legierung (Crofer22APU) ist als Cr-Quelle hinter dem Stromsammler plaziert.

Diese Ergebnisse geben erste Hinweise, dass bereits während der initialen Inbetriebnahme der Zelle eine Schädigung der Kathode durch Cr-Eintrag auftritt. An dieser Stelle lässt eine Interpretation der gemessenen Leistungswerte keine weiteren Schlüsse auf den Degradationsmechanismus und damit den Einfluss der Cr-Vergiftung zu. Um die Degradation weiter zu untersuchen, werden die gemessenen EIS herangezogen.

6.2.2 Ohmscher und Polarisationswiderstand

Um den genauen Ursprung der durch das Flowfield aus Cr-Stahl verursachten, starken Leistungsdegradation zu bestimmen, werden die gemessenen EIS-Daten herangezogen. Abbildung 6.14 zeigt die gemessenen Impedanzspektren zu Beginn (t_1) und am Ende (t_2) des galvanostatischen Betriebes für a) die Cr-freie Bedingung und b) mit Cr-Quelle im Gasraum über der Kathode. Die Gaszusammensetzung über den Elektroden wurde dabei so gewählt, dass die Untersuchung der Kathodenverluste begünstigt wird (Kapitel 4.2.5). Namentlich wurde bei H_2 mit 63 % H_2O Anteil als Brenngas und Luft als Oxidationsmittel gemessen. Auf EIS-Messungen unter Variation des $pO_{2,Kat}$ wurde verzichtet, um kathodenseitige a) konstante und b) systemrelevante Betriebsbedingungen zu gewährleisten. Die Ergebnisse sind durch die Anwendung systemrelevanter Betriebsbedingungen an der Kathode auf den BZ-Stack übertragbar.

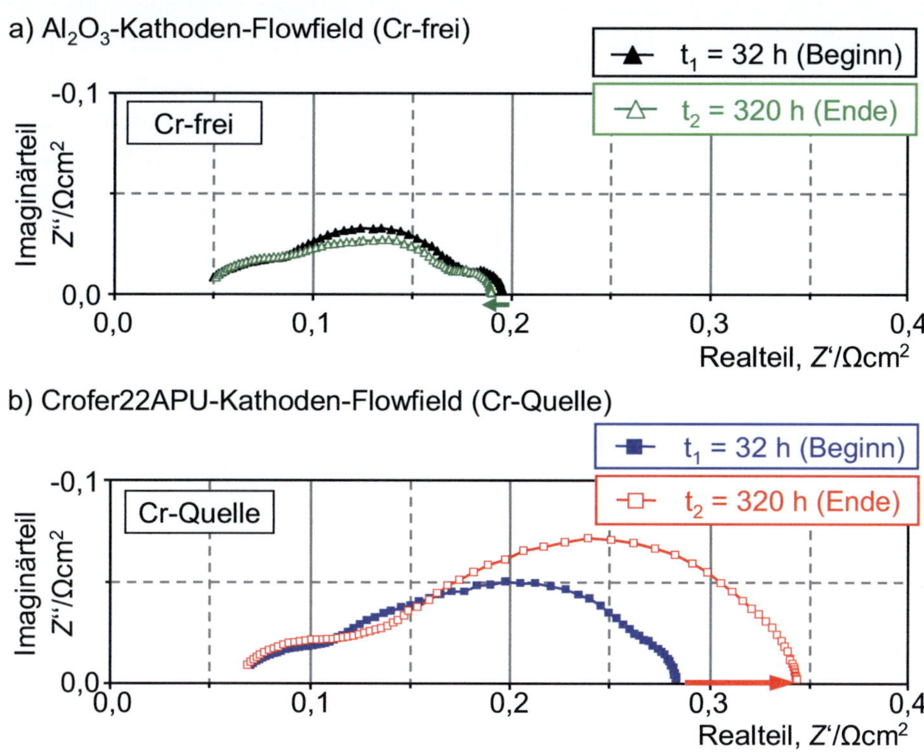

Abbildung 6.14: Elektrochemisches Impedanzspektrum (EIS) einer anodengestützten Zelle (ASC) mit kathodenseitigem a) Al₂O₃-Flowfield (Cr-frei, Zelle Z9_071) und b) einem Flowfield aus Croder22APU (Cr-Quelle, Zelle Z9_073). Die EIS wurde unter OCV-Bedingungen zu Beginn (t_1 = 32 h) und am Ende (t_2 = 320 h) eines galvanostatischen Betriebes (280 h bei j_{Zelle} = 0,5 Acm^{-2}) aufgenommen (T = 800°C, OM: Luft, BG: H_2. 63 % H_2O).

Es ist offensichtlich, dass der ASR_0 wie auch der ASR_{pol} vom Flowfieldmaterial beeinflusst wird. Der Unterschied im ASR_0 ist der unterschiedlichen Flowfield-Geometrie (Abbildung 3.8) zuzuordnen. Das als Stromsammler zwischen Flowfield und Kathoden eingesetzte doppelte Platinnetz wird nur durch die Stege auf die Oberfläche der Kathode gepresst. Unter den Gaskanälen fehlt diese Anpresskraft. Mit zunehmender Kanalbreite wird die ohne Anpress-kraft zu kontaktierende Fläche größer und die Wahrscheinlichkeit von elektrisch unzu-reichend kontaktierten Stellen an der Kathodenoberfläche nimmt zu. Dadurch stellt sich der schematisch in Abbildung 6.15 dargestellt und in Abschnitt 2.4.3 diskutierte Querleitungs-verlust ein, welcher den ASR_0 erhöht. Sollte sich die Cr-Vergiftung der Kathode auf deren Leitfähigkeit auswirken, würde dies durch den diskutierten Effekt überlagert und bliebe unbemerkt. Die bei einer Zellstromdichte von $j_{Zelle} = 0,5$ Acm^{-2} ermittelte Leistungsdichte der ASC mit Crofer22APU Flowfield kann in erster Näherung um den Querleitungsverlust bzw. den durch den Anstieg des ASR_0 ($\Delta ASR_0 = 18$ mΩcm^2) verursachten Ohmschen Verlust korrigiert werden. Diese am ΔASR_0 umgesetzte Leistung wird entsprechend der Stromdichte nach Gleichung (2.8) berechnet. Die initiale Leistungsdichte (t_1) in Anwesenheit der Cr-Quelle liegt nach der Korrektur um 5 % unter der Cr-frei gemessenen Leistungsdichte. Nach dem galvanostatischen Betrieb beträgt die korrigierte Differenz 10 %. Diese grobe Ab-schätzung macht deutlich, dass der Anstieg des ASR_0 durch die unterschiedliche Flowfield-Geometrie nicht für die Leistungsunterschiede zwischen Cr-freier und der Messung mit Cr-Quelle verantwortlich sein kann.

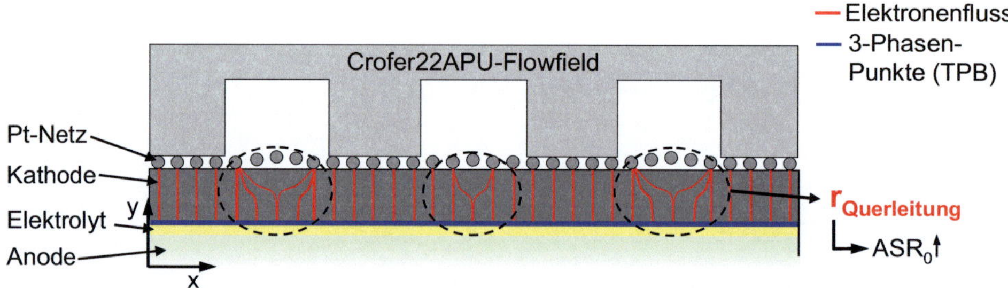

Abbildung 6.15: Querleitungsverluste bei Cofer22APU-Flowfield. Aufgrund der breiten Gas-kanäle fehlt die auf das Pt-Netz wirkende Anpresskraft und es kann zu elektrisch unzu-reichend kotaktierten Stellen an der Kathodenoberfläche kommen. Diese Verursachen Quer-leitungsverluste die den flächenspezifischen Ohmschen Widerstand (ASR$_0$) erhöhen.

Während des 280 h galvanostatischen Betriebes verringert sich der ASR_{pol} unter Cr-freien Bedingungen um ~ 3 % ($\Delta ASR_{pol,Cr-frei} = -4,8$ mΩcm^2). Im Gegensatz hierzu nimmt der ASR_{pol} in Anwesenheit des Cr-Stahls um 29 % ($\Delta ASR_{pol,Cr-Quelle} = +63$ mΩcm^2) zu. Hier führt eine angenommene lineare Degradation durch Extrapolation zu einer beträchtlichen Rate des

ASR_{pol} von 225 mΩcm^2/1000 h (103 %/1000 h). An dieser Stelle sei nochmals darauf hingewiesen, dass die Messbedingungen so gewählt wurden, dass die Untersuchung der Kathodenverluste begünstigt wird und die anodenseitigen Gase somit nicht den Betriebsbedingungen im System entsprechen. Die ermittelten ASR_{pol}-Tendenzen sind daher nicht quantitativ, sondern qualitativ mit den Ergebnissen der Leistungsmessungen korrelierbar.

Der signifikante Anstieg des Polarisationswiderstandes zeigt eine erhebliche Abhängigkeit vom verwendeten Flowfieldmaterial und der Betriebszeit. Vergleicht man den initialen ASR_{pol} bei t_1 = 31 h der Zelle mit Al$_2$O$_3$-Flowfield ($ASR_{pol,Cr\text{-}frei,t1}$ = 152 mΩcm^2) mit dem der mit Cr-Stahl Flowfield betriebenen Zelle ($ASR_{pol,Cr\text{-}Quelle,t1}$ = 219 mΩcm^2) kann ein Anstieg von $\Delta ASR_{pol,t1}$ = 66 mΩcm^2 festgestellt werden. Der initiale Anstieg von 44 % kann dabei nur auf die Anwesenheit des Cr-Stahls und die damit verbundene Cr-Vergiftung der Kathode während der Startprozedur zurückzuführen sein. Mehr Informationen über die frühe Interaktion zwischen Fe-Cr-Stahl des MIC und Sc-dotierten LaMnO$_3$-Kathoden sind in [89] gegeben. Jiang et al. untersuchen die chemische Interaktion zwischen dampfförmigen Cr-Spezies und LSM-Kathoden unter OCV-Bedingungen. Die Interaktion zwischen Cr-Spezies und LSM in den ersten Stunden des Versuchs werden durch Jiangs Beobachtungen bestätigt. Im weiteren Verlauf des Betriebes steigt die Differenz zwischen den ASR_{pol} bei t_2 = 320 h um weitere 63 mΩcm^2 auf $\Delta ASR_{pol,t2}$ = 136 mΩcm^2 an ($ASR_{pol,Cr\text{-}frei,t2}$ = 146 mΩcm^2, $ASR_{pol,Cr\text{-}Quelle,t1}$ = 282 mΩcm^2). Dies entspricht einer relativen Erhöhung von 93 % des ASR_{pol} zwischen Messung mit Al$_2$O$_3$ und Cr-Stahl Flowfield. Die absolute Erhöhung des ASR_{pol} während des 280 h dauernden galvanostatischen Betriebes bei 0,5 Acm^{-2} liegt in derselben Größenordnung wie die Erhöhung während der initialen Startphase.

Die durch Cr-Vergiftung während der Startphase verursachte Degradation hat somit auch einen sehr großen Einfluss auf die Leistungsfähigkeit eines Stacks. Zusätzlich bleibt diese Degradation im Stack unbemerkt, da keine Referenzwerte unter Cr-freien Bedingungen erfasst werden können. Der signifikante Anstieg des ASR_{pol} zwischen Cr-freier Messung und der Messung mit Cr-Quelle zu gleichen Messzeitpunkten, sowie die Degradation des ASR_{pol} über der Zeit in Anwesenheit von Cr-Spezies soll im nächsten Abschnitt genauer betrachtet werden.

6.2.3 Kathodenverlustprozess

Vor der Trennung von Anoden- und Kathodenpolarisationsverlusten durch CNLS-Fit des ESB erfolgt die Voridentifikation der Verlustprozesse anhand der berechneten DRT. Zu den in Abbildung 6.14 gezeigten Impedanzkurven wurden die korrespondierenden DRT berechnet und in Abbildung 6.16 dargstellt. Der Frequenzbereich der Kathodenelektrochemie P_{2C} ist in den Diagrammen grau hinterlegt.

Zum Zeitpunkt $t_1 = 32$ h ist in der DRT der Cr-freien Messung im Frequenzbereich 200 bis 7 kHz ein Peak zu erkennen. Dieser entsteht aus einer Überlagerung der Prozesse P_{1C} (Kathodenelektrochemie) und P_{2A}. Endler-Schuck zeigt in [24], dass der Anodenprozess P_{2A} bei $T = 750°C$ in den ersten 280 h ein Aktivierungsverhalten aufweist, bzw. dass dessen Widerstand R_{2A} abnimmt. Das Aktivierungsverhalten des P_{2A} ist bei der hier untersuchten Zelle bei $T = 800°C$ ebenfalls deutlich zu erkennen. Nach 280 h galvanostatischem Betrieb können in der DRT zwei einzelne Peaks der Prozesse P_{1C} und P_{2A} unterschieden werden. Der Peak des P_{2A} wird kleiner, wandert zu niedrigeren Frequenzen (1 kHz bis 8 kHz) und überlagert sich somit nicht mehr mit dem Peak des Prozesses P_{2C} (Frequenzbereich 100 bis 1 kHz). Die Prozesse P_{1A} (Gasdiffusion im Anodensubstrat) und P_{3A} (Elektrochemie in der Anodenfunktionsschicht) bleiben über den Versuchszeitraum unverändert.

Die DRT zu der unter Cr-freien Bedingungen gemessenen EIS zeigt das Aktivierungs-verhalten des P_{2A} deutlicher. Dies liegt daran, dass der Prozess P_{1C} bereits bei t_1 in einem wesentlich geringeren Frequenzbereich zwischen 30 und 400 Hz liegt und weniger mit P_{2A} überlappt. P_{2A} zeigt bei dieser Messung ein vergleichbares Aktivierungsverhalten über der Messzeit. Allerdings liegt dessen Scheitelfrequenz in der DRT nach der Aktivierung bei $\sim$ 3 kHz statt wie bei der Cr-freien Messung bei 2,5 Hz.

Der scheinbare Anstieg des von P_{3A} resultiert aus der Überlappung mit dem zu tieferen Fre-quenzen gewanderten P_{2A} und wird aufgrund der Randbedingungen (Glattheit der Lösung, λ, Abschnitt 4.2.2) bei der numerischen Berechnung der DRT überhöht dargestellt. Diese Randbedingung ist auch der Grund, weshalb P_{1A} bei t_2 niedriger dargstellt wird als in der DRT bei t_1. Ein gänzlich anderes Verhalten zeigt P_{2C} in Anwesenheit des Cr-Stahls. P_{2C} wandert zu niedrigeren Frequenzen (10 bis 300 Hz) und wird deutlich größer. Dies ist ein eindeutiger Beleg für eine Zunahme der elektrochemischen Verluste der Kathode in An-wesenheit einer Cr-Quelle. Der Vergleich von P_{2C} zum Zeitpunkt t_1 zwischen Cr-freier Messung und Messung mit Cr-Quelle macht diesen Einfluss noch deutlicher. Der Peak des P_{2C} ist unter Einfluss der Cr-Quelle deutlich ausgeprägter. Diese Überhöhung bestätigt, dass bereits in der initialen Phase eine Beeinträchtigung der Zelle stattgefunden hat. Basierend auf der DRT kann der Anstieg des Polarisationswiderstandes eindeutig durch den Anstieg des P_{2C} erklärt und damit der Beeinträchtigung der Elektrochemie in der Kathode zugeordnet werden.

Die Trennung der zum ASR_{pol} beitragenden Widerstände der einzelnen Verlustprozesse von Anode (R_{1A}, R_{2A}, R_{3A}) und Kathode (R_{1C}, R_{2C}) ist durch das in [19] vorgestellte und in [24] angewendete Verfahren möglich. Die aus dem CNLS-Fit des ESB hervorgehende Impedanzortskurve zeigt eine hohe Übereinstimmung mit den gemessenen Daten (Abbildung 4.8).

a) Al_2O_3-Kathoden-Flowfield (Cr-frei)

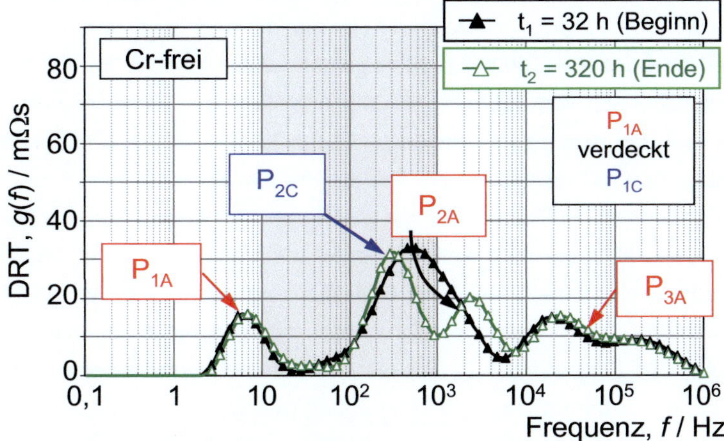

b) Crofer22APU-Kathoden-Flowfield (Cr-Quelle)

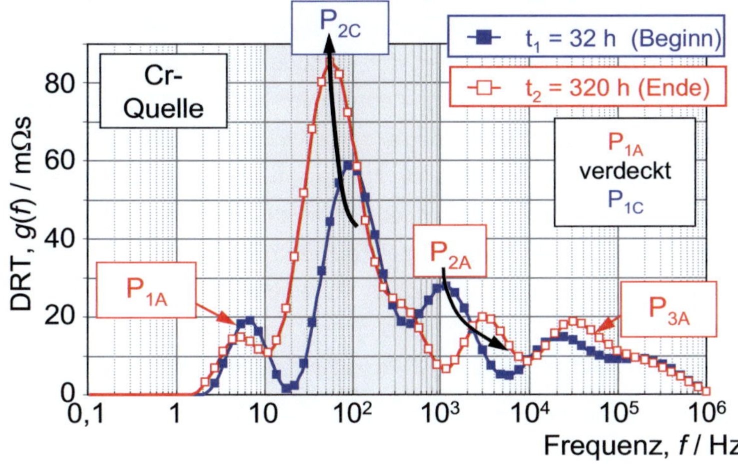

Abbildung 6.16: Die aus dem elektrochemischen Impedanzspektrum (EIS) berechnete Verteilungsfunktion der Relaxationszeiten (DRT) der anodengestützten Zelle (ASC) mit kathodenseitigem a) Al_2O_3-Flowfield (Cr-frei, Zelle Z9_071) und b) einem Flowfield aus Croder22APU (Cr-Quelle, Zelle Z9_073). Die korrespondierenden EIS wurden unter OCV-Bedingungen zu Beginn (t_1 = 32 h) und am Ende (t_2 = 320 h) eines galvanostatischen Betriebes (280 h bei j_{Zelle} = 0,5 Acm^{-2}) aufgenommen (T = 800°C, OM: Luft, BG: H_2. 63 % H_2O).

Anders als bei Leonide und Endler-Schuck wurden in dieser Untersuchung keine ASC mit LSCF-Kathoden, sondern LSM-Kathoden verwendet. In Abschnitt 4.2.3 wird auf die Anwendung des von Leonide genutzten ESB-Elementes zur Beschreibung einer LSCF-Kathode auf die in dieser Arbeit eingesetzte LSM-Kathode genauer eingegangen. Der Widerstand der Kathodenelektrochemie R_{2C} (10 bis 1000 Hz) wird mit dem angewendeten ESB-Element mit einer hohen Genauigkeit beschrieben. Dies bestätigen die Residuen (Abbildung 4.8) des CNLS-Fits, welche im Frequenzbereich (1 Hz bis 10 kHz) des von der Cr-Vergiftung beeinflussten Prozesses P_{2C} (100 bis 1000 Hz) einen relativen Fehler E_{rel} < 0,7 % aufweisen. Für den Frequenzbereich von 500 mHz bis 320 kHz steigt der Fehler allerdings auf 1,9 %. Als Vergleich kann die Arbeit von Leonide und auch Endler-Schuck herangezogen werden [24. 100]. Beide Autoren erreichen im selben Frequenzbereich einen relativen Fehler E_{rel} < 0,4 %. Der erhöhte Fehler könnte auf einen von Kim beobachteten höherfrequenten Verlustprozess (> 10 kHz) der LSM-Kathode zurückzuführen sein, welcher im angewendeten ESB nicht berücksichtig wird [119]. Eine Beeinflussung der EIS in Anwesenheit von Cr-Spezies außerhalb des Frequenzbereichs der Kathodenelektrochemie P_{2C} kann im Frequenzbereich des Prozesses P_{3A} (12 k bis 80 kHz) beobachtet werden. Der in der DRT erkennbare Anstieg ist um ca. eine Größenordnung geringer als der Änderung des P_{2C} und kann Aufgrund des geringen Beitrages zum ASR_{pol} vernachlässigt werden. Dies ist aber dennoch ein Hinweis darauf, dass die Beschreibung der LSM-Kathode mit dem verwendeten Gerischer-Element nur unter Einschränkungen erfolgen kann. Weiter wird im Gegensatz zu Leonide und Endler-Schuck der Prozess der Kathodengasdiffusion P_{1C} im angewendeten ESB nur für geringe $pO_{2,Kat}$ berücksichtigt. Leonide vernachlässigt P_{1C} im CNLS-Fit aufgrund seines geringen Beitrages zum Gesamtpolarisationswiderstand bei einem $pO_{2,Kat}$ = Luft. Im ersten Teil des Kapitels wurde der Widerstand $R_{Diff,Kat}$ bzw. R_{1C} = 3,7 mΩ des Prozesses P_{1C} bei einem $pO_{2,Kat}$ = Luft für die LSM-Kathode ermittelt. Bei der hier angewendeten LSM-Kathode handelt es sich um die nominell gleiche Kathode (Pulver und Herstellung), weshalb bei gleichen Betriebsbedingungen dieselben Parameter im ESB-Element angenommen werden können. Bei den in dieser Untersuchung vorgestellten Ergebnissen wurde P_{1C} berücksichtigt und während der ganzen Fit-Prozedur festgehalten.

Die durch den CNLS-Fit des ESB ermittelten Widerstände der einzelnen Anoden- und Kathodenprozesse sind im Balkendiagramm in Abbildung 6.17 für die Messung mit Al_2O_3-(Cr-frei) bzw. Crofer22APU-Flowfield (Cr-Quelle) dargestellt. Die Widerstände wurden zu Messzeitpunkten zu Beginn (t_1 = 32 h) und am Ende (t_2 = 320 h) des 280 h galvano-statischen Betriebes bei j_{Zelle} = 0,5 Acm^{-2} ermittelt. Der Vergleich der individuellen Anoden-polarisationsverluste zeigt, dass die initialen Beträge (t_1) der Prozesse P_{1A} (R_{1A} = 23...25 mΩ), P_{2A} (R_{2A} = 26 mΩ) und P_{3A} (R_{3A} = 43 mΩ) nicht durch das Kathoden-Flowfield beeinflusst wurden. Die bereits bei der DRT-Analyse festgestellte Aktivierung des Prozesses P_{2A} zeigt sich deutlich in der Abnahme des R_{2A} (ΔR_{2A} = -4 bis -5 mΩ). Die Prozesse P_{1A} und P_{3A} zeigen dagegen über den Versuchszeitraum keine Änderung der zugehörigen Widerstände R_{1A} und R_{3A}. Mehr Informationen über die Aktivierung von P_{2A} sind in [19] und [130] gegeben. Durch das Festhalten des P_{1C} während der gesamten Fit-Prozedur ist R_{1C} = 3,7 mΩ für alle Zeitpunkte und Flowfields konstant.

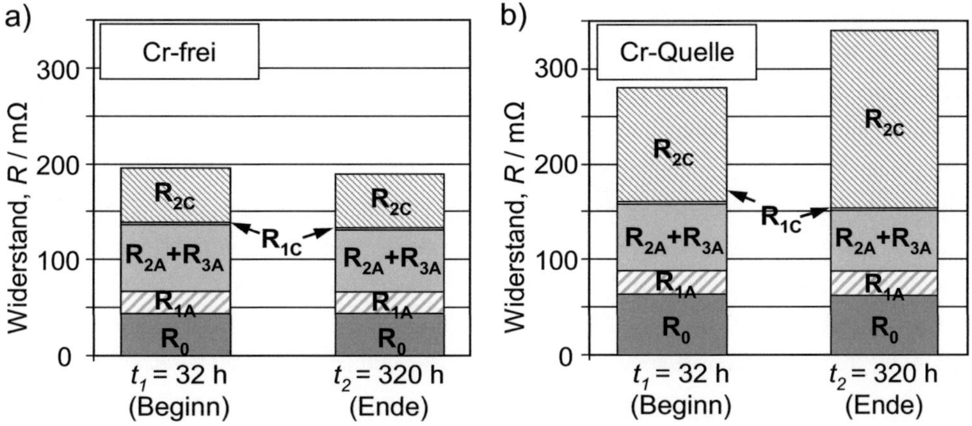

Abbildung 6.17: Ohmscher Widerstand (R_0) der anodengestützten Zelle (ASC) und die Widerstände der einzelnen Polarisationsprozesse der Kathode (R_{1C}, R_{2C}) und der Anode (R_{1A}, R_{2A} + R_{3A}) bei a) Al_2O_3-Flowfield (Cr-frei, Zelle Z9_071) und b) einem Flowfield aus Croder22APU (Cr-Quelle, Zelle Z9_073). Die Werte wurden durch CNLS-Fit des elektrischen Ersatzschaltbildes (ESB) an die zu Beginn (t_1 = 32 h) und am Ende (t_2 = 320 h) eines galvanostatischen Betriebes (280 h bei j_{Zelle} = 0,5 Acm^{-2}) aufgenommene EIS bestimmt (T = 800°C, OM: Luft, BG: H_2. 63 % H_2O).

Der Unterschied in initialen ASR_{pol} zwischen Cr-freier und Messung mit Cr-Quelle steht im Zusammenhang mit der Zunahme des Polarisationswiderstandes der Kathode (R_{2C}). Der initiale R_{2C} in Anwesenheit des Cr-Stahl-Flowfields ($R_{2C,Cr\text{-}Quelle,t1}$ = 119 mΩ) übersteigt den R_{2C} unter Cr-freien Bedingungen ($R_{2C,Cr\text{-}frei,t1}$ = 56 mΩ) um 115 % ($\Delta R_{2C,t1}$ = +63 mΩ). Die Differenz steigt zum Ende des Versuches (t_2) auf 236 % ($\Delta R_{2C,t1}$ = +130 mΩ) an.

Betrachtet man P_{2C} unter Cr-freien Bedingungen ist eine leichte Aktivierung und somit eine Abnahme des R_{2C} um 2 % ($\Delta R_{2C,Cr\text{-}frei}$ = -1.2 mΩ) über den Versuchszeitraum festzustellen. Bei Anwesenheit der Cr-Quelle steigt jedoch R_{2C} während des galvanostatischen Betriebes um 54 % an ($\Delta R_{2C,Cr\text{-}Quelle}$ = +67 mΩ). Dieses Ergebnis belegt, dass die Anwesenheit von Cr-Spezies zu einem signifikanten Anstieg des Polarisationswiderstandes der LSM-Kathode führt. Zum ersten Mal kann gezeigt werden, dass eine erhebliche Cr-Vergiftung bereits während der initialen Inbetriebnahme (ΔR_{2C} = +63 mΩ) der Zelle stattfindet und zu einer massiven Degradation der elektrochemischen Eigenschaften der Kathode führt.

Die in dieser Arbeit gezeigte initiale Degradation ist auf eine Stackzelle mit Crofer22APU MIC übertragbar, da die angewendete Startprozedur qualitativ der initialen Inbetriebnahme eines Stacks entspricht. Die hohe Degradationsrate während der Startprozedur (3,2 mΩ/h) kann auf die höhere Temperatur (10 h bei 850°C) zurückgeführt werden (Abschnitt 2.5.3). Der Unterschied des R_{1C} zum Zeitpunkt t_1 belegt zudem, dass die Cr-Vergiftung auch auftritt, wenn keine elektrochemische Oxidation von Cr-Dampfspezies an den TPB stattfindet (OCV-Bedingung).

6.2.4 Fazit zum Einfluss der Cr-Vergiftung

In diesem Kapitel konnte durch eine vergleichende Studie zwischen einer Zellmessung mit Al_2O_3 bzw. Cr-freien Flowfield und einer Zellmessung mit einem Flowfield aus Cr-Stahl der Einfluss der Cr-Vergiftung der LSM-Kathode bestimmt werden. Die Ergebnisse der Separation der Verlustprozesse, welche die Cr-Vergiftung der Kathode deutlich machen, werden mit Hilfe der Tortendiagramme in Abbildung 6.18 zusammengefasst. Die Tortendiagramme zeigen den prozentualen Anteil der einzelnen Elektroden-polarisationsverluste am Gesamtpolarisationsverlust in Abhängigkeit vom Flowfieldmaterial (Al_2O_3, Crofer22APU) zu den jeweiligen Messzeitpunkten zu Beginn (t_1) und am Ende (t_2) des 280 h galvanostatischen Betriebes bei $j_{Zelle} = 0,5$ Acm^{-2}. Bei der Interpretation der Polarisationsverluste ist zu beachten, dass deren Auttrennung unter Betriebsbedingungen, welche die Bestimmung der Kathodenverluste mit einer hohen Genauigkeit begünstigen, erfolgte.

Unter Cr-freien Betriebsbedingungen bleiben die Anteile der einzelnen Verluste nahezu konstant. Der Anteil des Kathodenverlustes R_{2C} am ASR_{pol} mit 37 % zeigt trotz der Verringerung des Absolutwertes während des 280 h dauernden galvanostatischen Betriebes einen Anstieg auf 38 %. Der Gasdiffusionswiderstand des Anodensubstrates R_{1A} zeigt diese Zunahme ebenfalls, trotz eines konstanten Absolutwertes. R_{2A} und R_{3A} repräsentieren die Polarisationsverluste in der Anodenfunktionsschicht und werden als Summe der beiden ESB-Elemente im Tortendiagramm aufgeführt. Der Anteil der Summe aus R_{2A} und R_{3A} nimmt aufgrund der starken Aktivierung von P_{2A} ab. Hieraus resultiert der prozentuale Anstieg der restlichen Verluste. Die Absolutwerte der Verluste R_{1C}, R_{1A} und $R_{2A}+R_{3A}$ werden durch das Flowfieldmaterial nicht beeinflusst und zeigen zu den beiden Messzeitpunkten nur eine vernachlässigbar geringe Änderung.

Wird die Zelle mit Cr-Stahl an der Kathode betrieben, ist im Tortendiagramm sehr deutlich zu sehen, dass der Anteil des R_{2C} bereits vor dem eigentlichen Betrieb mit 55 % den ASR_{pol} der Zelle dominiert. Während des galvanostatischen Betriebes steigt der Anteil des R_{2C} auf 67 %, wohingegen er zu demselben Zeitpunkt unter Cr-freien Bedingungen lediglich 38 % zum ASR_{pol} beiträgt.

Die beiden Messungen unterscheiden sich nur durch das Material des Kathoden-Flowfields, weshalb die Ursache der Veränderungen allein auf die Anwesenheit von gasförmigen Chromspezies im Kathodengas zurückzuführen ist. Durch den Vergleich des Anteils von R_{2C} bei t_1 kann zum ersten Mal gezeigt werden, dass die Wechselwirkung zwischen Cr-Dampf-Spezies und LSM-Kathode bereits unter OCV-Bedingungen stattfindet. Dieses Ergebnis zeigt, dass die elektrochemische Reduktion von gasförmigem Chromoxid an den TPB nicht den einzige Degradationsmechanismus der Cr-Vergiftung einer LSM-Kathode darstellt.

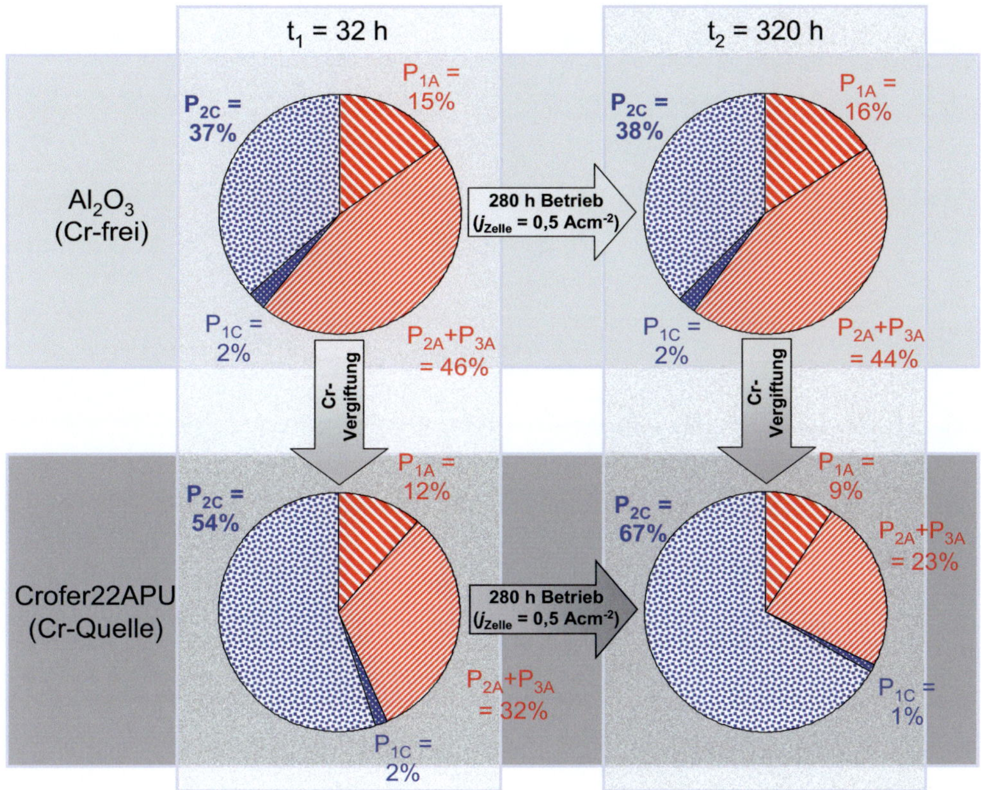

Abbildung 6.18: Prozentualer Anteil der einzelnen Polarisationswiderstände der Kathode (R_{1C}, R_{2C}) und der Anode (R_{1A}, $R_{2A}+R_{3A}$) am Gesamtpolarisationswiderstand ASR_{pol} der anodengestützten Zelle (ASC) mit kathodenseitigem a) Al_2O_3-Flowfield (Cr-frei, Zelle Z9_071) und b) einem Flowfield aus Croder22APU (Cr-Quelle, Zelle Z9_073). Die Werte wurden durch CNLS-Fit des elektrischen Ersatzschaltbildes (ESB) an die zu Beginn ($t_1 = 32$ h) und am Ende ($t_2 = 320$ h) eines galvanostatischen Betriebes (280 h bei $j_{Zelle} = 0,5$ Acm^{-2}) aufgenommenen EIS bestimmt ($T = 800°C$, OM: Luft, BG: H_2. 63 % H_2O).

Zusammengefasst ist ein MIC aus Cr-Stahl bei den angewendeten Betriebsbedingungen für eine sehr hohe Degradationsrate des ASR_{pol} von 213 µΩcm^2/h verantwortlich, wohingegen eine Zelle mit keramischem Interkonnektor eine Abnahme von 5 mΩcm^2 während eines 280 h dauernden galvanostatischen Betriebes bei 0,5 Acm^{-2} aufweist. Insgesamt führt dies bei der moderaten elektrischen Belastung ($j_{Zelle} = 0,5$ Acm^{-2}) und geringen Betriebszeit ($t_{ges} < 350$ h) zu einer beträchtlichen Reduzierung der Leistungsfähigkeit der Zelle um 11 %. Eine Degradation in dieser Größenordnung ist für eine wirtschaftliche Anwendung des SOFC-Stacks nicht tolerierbar. Hier versprechen die Untersuchungen an MIC mit Schutzschichten zur Cr-Rückhaltung eine Verbesserung. Die Wirkung einer Schutzschicht, welche bereits im Stack eingesetzten wird, konnte mit der in dieser Arbeit entwickelten Methode untersucht werden. Die Ergebnisse der Untersuchung sind im Anhang 8.2 gezeigt.

7 Zusammenfassung und Ausblick

Ein zukünftiges und Wachstums trächtiges Anwendungsgebiet der Brennstoffzellen-Technologie ist die Netz ferne bzw. Netz unabhängige Stromversorgung. Im Vergleich zu den in diesem Bereich kommerziell verfügbaren Brennstoffzellentypen, ist der Betrieb der SOFC auf der Basis von Treibstoffen, wie z.B. Diesel, mit einem wesentlich geringeren logistischen Aufwand möglich. Gerade bei der APU-Anwendung stellen die vorhandene Flächen deckende Versorgung und die Verwendung des bereits mitgeführten Treibstoffes einen enormen Wettbewerbsvorteil für die SOFC dar. Trotz dieser Vorteile gibt es aufgrund ungelöster technischer Herausforderungen noch kein technisch ausgereiftes und wirtschaftliches SOFC-APU-System. So verursacht z.B. die elektrische Verschaltung der Einzelzellen durch einen MIC hohe Verluste, welche den Wirkungsgrad verringern. Zudem zeigen die Zellen im Stack eine massive Beeinträchtigung der Langzeitstabilität. Eine der Aufgaben für die SOFC-Stack-Entwicklung ist es daher die Leistungsfähigkeit und die Langstabilität zu steigern und auf diese Art eine wirtschaftliche Anwendung des SOFC-APU-Systems zu ermöglichen.

Aus diesem Grund wurden in dieser Arbeit die durch den MIC verursachten Verluste und die Beeinträchtigung der Stabilität untersucht. Aufgrund der Ergebnisse und der abgeleiteten Erkenntnissen konnten Maßnahmen zur Verbesserung der Leistungsfähigkeit und der Langzeitstabilität des Stacks gefolgert werden. Darüber hinaus erlauben die in dieser Arbeit entwickelten Methoden die messtechnische Bewertung der getroffenen Maßnahmen und leisten so einen Beitrag zur Entwicklung eines konkurrenzfähigen und wirtschaftlichen APU-Systems.

Zusammenfassung

Ziel dieser Arbeit war die Untersuchung des Einflusses der Geometrie des Interkonnektors und die Wechselwirkung der vom Interkonnektor abdampfende Cr-Spezies auf die Leistungsfähigkeit der anodengestützten Zelle mit einer Komposit-Kathode aus $La_{0.65}Sr_{0.3}MnO_3$ / 8 mol Yttrium dotiertes Zirkonoxid (LSM/8YSZ) bei $T = 800°C$. Die Zusammenfassung der Arbeit ist daher in zwei Teile gegliedert. Der erste Teil stellt die zur Untersuchung des Einflusses der Geometrie durchgeführten Experimente und erzielten Ergebnisse dar. Die Untersuchung der Cr-Vergiftung der Kathode und deren Ergebnisse werden im zweiten Teil erläutert.

Die Untersuchung des Einflusses der Geometrie des Interkonnektors erfolgte anhand von Messungen und FEM-Simulation von Einzelzellen mit entsprechender Kontaktierung.

Das in der Arbeit angewendete hybride FEM-Modell beruht auf der rein elektrischen Beschreibung der Zelle. Zur Parametrierung des Modells werden lediglich die Leitwerte der Elektroden und die an der ideal kontaktierten Zelle gemessenen U-I-Kennlinie benötigt. Das hybride Modell ermöglicht dadurch eine sehr schnelle und einfache Anpassung an beliebige Kathoden und ASC-Typen und ist dadurch äußerst flexibel. Mit dem Modell können die durch die Kontaktgeometrie hervorgerufene Querleitungs- und Kontaktwiderstände bestimmt und die Leistungsfähigkeit vorhergesagt werden. Da das FEM-Modell die Gasdiffusion parallel zum Elektrolyten unter den Kontaktstegen des Interkonnektors nicht berücksichtigt, werden nur Geometrien mit schmalen Kontaktstegen (1 mm) ausreichend genau beschrieben.

Um den Einfluss der Geometrie messtechnisch nachzuweisen, erfolgten EIS und U-I-Kennlinienmessungen an 1 cm^2 Einzelzellen unter Variation der Kontaktierung. Bei den durchgeführten Messungen galt es zu gewährleisten, dass der Geometrieeffekt nicht durch weitere Effekte wie einer Oxidschichtbildung oder der im zweiten Teil thematisierten Cr-Vergiftung beeinflusst oder überlagert wird. Aus diesem Grund wurden die zur Kontaktierung der Einzelzelle eingesetzten Geometrien anodenseitig aus Nickel und kathodenseitig aus Gold gefertigt, um so eine Wechselwirkung zwischen Elektroden- und Kontaktmaterial auszuschließen. Bei der Ausführung der Experimente wurde die Kontaktgeometrie einer Elektrode variiert, während die Kontaktierung der Gegenelektrode derart erfolgte, dass von dieser keine Beeinflussung der Zelle ausging.

Die Kombination aus FEM-Modellierung, experimenteller Charakterisierung und hoch auflösender Impedanzanalyse erlaubt die Identifikation und Quantifizierung der durch die Kontaktgeometrie hervorgerufenen Leistungs bestimmenden Verluste.

Im Rahmen der Untersuchung zum Geometrieeinfluss wurden drei Messreihen durchgeführt:

In der ersten Messreihe wurde die ASC anodenseitig mit Flowfield-Geometrie 1 (Kontaktsteg 1 mm, Gaskanal 4 mm) kontaktiert. Der Kontaktwiderstand zwischen Flowfield und Anodensubstrat ist vernachlässigbar gering (< 1 mΩcm^2). Der Gasdiffusionswiderstand zeigte bei den verwendeten CeramTec ASC keine Abhängigkeit von den untersuchten Kontaktvarianten. Letztlich konnte keine Beeinflussung der Leistungsfähigkeit in der Messung wie auch in der Simulation beobachtet werden. Daraus folgt, dass die Kontaktierung der Anode durch einen Interkonnektor mit dünnen Stegen (1 mm) keine Leistungs beeinflussenden Querleitungs- und Diffusionsverluste verursacht.

Die Verwendung eines Nickel-Netzes zur Kontaktierung ist unter diesen Gesichtspunkten im Stack nicht erforderlich.

In der zweiten und dritten Messreihe erfolgte die Variation der Kathodenkontaktierung, wobei die zweite Messreihe der erfolgreichen Validierung des FEM-Modells diente. In der dritten Messreihe wurde der Einfluss der Flowfield-Geometrie 1 mit schmalen Stegen (Kontaktsteg 1 mm, Gaskanal 4 mm) und der Geometrie 2 mit breiten Stegen (Kontaktsteg 2,4 mm, Gaskanal 2,6 mm) untersucht.

Kathodenseitig konnten zwei von der Flowfield-Geometrie verursachten Leistungs bestimmende Verluste identifiziert werden: 1. Querleitungsverluste und 2. Diffusionsverluste. Die Querleitungsverluste entstehen bei der Kontaktierung durch ein Flowfield aufgrund der örtlich begrenzten Kontaktierung. Die Elektronen müssen vom Kontaktsteg bis zu den TPB unter dem Gaskanal durch die dünne, begrenzt elektronisch leitfähige Kathode fließen. Die Länge des parallel zum Elektrolyten stattfindenden Elektronentransportes steigt mit zunehmender Gaskanalbreite. Der entstandene Querleitungsverlust erhöht den ASR_0 durch kathodenseitige Flowfieldgeometrien mit breiten Gaskanälen (Geometrie 1: Kanal = 4 mm, Steg = 1 mm) um 65 %, bei Flowfield mit schmäleren Kanälen (Geometrie 2: Kanal = 2,6 mm, Steg = 2,4 mm) um 15 %. Der kathodenseitige Kontaktwiderstand hat bei den angewendeten MIC-Geometrien und Materialien einen vernachlässigbaren Einfluss auf den Anstieg des ASR_0 (< 3.5 %). Aufgrund der hohen Leitfähigkeit des Anodensubstrates sind anodenseitig die Kontakt- und Querleitungsverluste vernachlässigbar gering. Als weiterer Leistungs bestimmender Verlust wurde mit dieser Arbeit erstmals der durch die Flowfield-Geometrie erhöhte Gasdiffusionsverlust in der porösen Kathode identifiziert. Dieser ist auf eine Verlängerung des Diffusionspfades der O_2-Moleküle vom Gaskanal zu den TPB unter den Kontaktstegen zurückzuführen. Bei Flowfield 2 mit breiten Kontaktstegen erhöht sich der kathodenseitige Gasdiffusionsverlust in Luft auf 352 %. Verringert sich die Stegbreite und somit die Länge des Diffusionspfades, reduziert sich der Anstieg auf 69 %. Bedingt durch die kathodenseitige Flowfield-Geometrie bzw. die MIC-Geometrie kann in Bezug auf die hohe Leistung der anodengestützten Zelle ein Leistungsverlust von bis zu 41 % bei Geometrie 2 und 21 % bei Geometrie 1 beobachtet werden.

Für die Stack-Entwicklung folgt aus diesen Ergebnissen, dass niedrige Querleitungsverluste durch breitere Kontaktstege und schmälere Gaskanäle zu einer massiven Leistungseinbuße aufgrund der einhergehenden Erhöhung der Gasdiffusionsverluste führen. Breite Kontaktstege sind daher keine geeignete Maßnahme zur Steigerung der Stackleistung. Vielmehr wird empfohlen die Kathodendicke zu erhöhen und durch diese Maßnahme die Querleitungsverluste und damit den Ohmschen Widerstand der kontaktierten Zelle zu reduzieren.

Die Untersuchung des Einflusses der Cr-Vergiftung der Kathode auf die Leistungsfähigkeit der ASC erfolgte durch eine vergleichende Studie.

Hierzu wurden zwei Messungen an $1\,\text{cm}^2$ Einzelzellen durchgeführt. Die erste Messung wurde an einer in Cr-freier Umgebung betriebenen Kathode durchgeführt (Al_2O_3-Flowfield). Die zweite Messung erfolgte in Anwesenheit eines Cr-Stahls als Cr-Quelle im Gasraum der Kathode (Crofer22APU-Flowfield). Die Cr-freie Messung zeigt dabei das Degradations-verhalten der Zelle als Summe der Einzeldegradationen, wohingegen die Zelle in Anwesen-heit der Cr-Quelle zusätzlich zu den Einzeldegradationen den Einfluss der Cr-Vergiftung auf-weist. Bei beiden Messungen wurde die Kathode elektrisch mit Pt-Netz als Stromsammler kontaktiert, um Korrosionseffekte des Crofer22APU-Flowfields und den im ersten Teil der Zusammenfassung diskutierten Geometrieeinfluss auf die Leistungsfähigkeit zu vermeiden. Beide Zellen wurden nach der Inbetriebnahme für 280 h galvanostatisch bei $j_{Zelle} = 0,5\ \text{Acm}^{-2}$ betrieben. Zu Beginn und am Ende des galvanostatischen Betriebes erfolgte die elektro-chemische Charakterisierung mittels U-I-Kennlinien und EIS Messungen.

Die Zelle unter Cr-freien Bedingungen zeigte im Verlauf des Versuches eine leichte Aktivierung von ca. 0,3 %. In Anwesenheit von Cr-Spezies degradierte die Zellleistung um 5 %. Nach der initialen Inbetriebnahme der Zelle konnte in Anwesenheit der Cr-Quelle eine um 6 % geringere Leistungsdichte als unter Cr-freier Bedingung festgestellt werden. Dieses Ergebnis zeigt, dass es bereits während der Startphase der Zelle zu einer Beeinträchtigung der Leistungsfähigkeit kommt. Diese bleibt in einem Stack unbemerkt, da keine Cr-freie Referenzmessung durchgeführt werden kann. Nach dem Betrieb unter Polarisation steigt die Differenz auf 11 % an. Die festgestellte Degradation spiegelt sich auch in den gemessenen EIS wider.

Um die Degradation näher zu untersuchen, wurde die Trennung der einzelnen Elektroden-verlustprozesse vom ASR_{pol} vorgenommen. Unter Cr-freien Betriebsbedingungen bleiben die Anteile der einzelnen Elektrodenverluste nahezu konstant. Der Anteil der Elektrochemie der Kathode am ASR_{pol} mit 37 % bleibt während des galvanostatischen Betriebes beinahe unverändert. In Anwesenheit der Cr-Quelle dominiert der Anteil des R_{2C} bereits vor dem eigentlichen Betrieb den ASR_{pol} mit 55 %. Während des galvanostatischen Betriebes steigt der Anteil auf 67 %. Bei der Interpretation der Polarisationsverluste ist zu beachten, dass die Trennung unter Betriebsbedingungen, welche die Bestimmung der Kathodenverluste mit einer hohen Genauigkeit begünstigen, erfolgte. Die beiden Messungen unterscheiden sich nur durch das Material des Kathoden-Flowfields, weshalb die Ursache der Veränderungen allein auf die Anwesenheit von gasförmigen Cr-Spezies zurückzuführen ist. Durch den

Vergleich des R_{2C} nach der initialen Inbetriebnahme kann zum ersten Mal gezeigt werden, dass die Wechselwirkung zwischen Cr-Dampf-Spezies und LSM-Kathode bereits unter OCV-Bedingungen stattfindet. Dieses Ergebnis belegt, dass die elektrochemische Oxidation von Cr-Dampf an den TPB nicht den einzigen Degradationsmechanismus der Cr-Vergiftung einer LSM-Kathode darstellt.

Zusammengefasst ist ein MIC aus Cr-Stahl unter den angewendeten Betriebsbedingungen für eine sehr hohe Degradationsrate verantwortlich, wohingegen eine Zelle mit keramischem Interkonnektor eine Aktivierung während des galvanostatischen Betriebes zeigt. Insgesamt führt dies bei der moderaten elektrischen Belastung ($j_{Zelle} = 0{,}5$ Acm^{-2}) und geringen Betriebszeit ($t_{ges} < 350$ h) zu einer beträchtlichen Reduzierung der Leistungsfähigkeit der Zelle um 11 %. Eine Degradation in dieser Größenordnung ist für eine wirtschaftliche Anwendung des SOFC-Stack nicht tolerierbar. Um eine für das APU-System akzeptable Langzeitstabilität zur erreichen, wird empfohlen, im Stack eine Schutzschicht zur Reduzierung der Cr-Abdampfung aus dem Chrom-Stahl des MIC einzusetzen.

Ausblick

Für die Entwicklung eines konkurrenzfähigen SOFC-Systems ist es wichtig, die maximale Leistungsdichte und Lebensdauer der ASC im Stack zu erhalten.

Maßnahmen zur Verbesserung der Leistungsdichte, welche eine Änderung der Geometrie des Interkonnektors erfordern, sind schwer umzusetzen. Solche Maßnahmen ziehen Änderungen im Stack-Design oder der zur Herstellung des MIC bereitgestellten Werkzeuge nach sich und sind daher kosten- und zeitintensiv. Die empfohlene Erhöhung der Kathodendicke erfordert dagegen keine Änderungen am Stack, sondern lediglich einen zusätzlichen Siebdruckschritt bei der Herstellung der Zelle. Auf Basis dieser Maßnahme können die kontaktierungsbedingten Verluste bei einer ASC mit LSM/8YSZ-Kathode so weit reduziert werden, dass mehr als 85 % der maximal möglichen Zellleistung beim Einsatz im Stack erreichbar sind. Eine weitere Option zur Verbesserung der Zellleistung wäre die Verringerung der Gasdiffusionsverluste durch Erhöhung der Porosität. Da aber die effektive Leitfähigkeit mit der Porosität korreliert, kann eine solche Maßnahme wiederum die Querleitungsverluste erhöhen.

Letztlich muss eine Optimierung der MIC-Geometrie hinsichtlich der Zellleistung durch Modellierung erfolgen. Das in dieser Arbeit angewendete FEM-Modell könnte, um die Gasdiffusionsverluste in den Elektroden erweitert, hierzu herangezogen werden.

Ebenso wichtig wie eine hohe Leistungsdichte ist die Langzeitstabilität. Diese wird durch die in dieser Arbeit beobachtete Cr-Vergiftung bereits bei moderater elektrischer Belastung maßgeblich beeinträchtigt. Mögliche Gegenmaßnahmen sind die Anwendung einer Schutzschicht oder Cr-toleranter Kathoden. So können z.B. die mit einer Schutzschicht versehenen MIC durch die entwickelte Methodik auf ihre Eignung untersucht werden. Ebenso wäre ein Einsatz zur Qualitätskontrolle der in der Stack-Fertigung eingesetzten Schutzschichten denkbar. Je nach Qualität der Schutzschicht müssten jedoch die Versuchsdauer angehoben oder die Messbedingungen verschärft werden, um Aussage kräftige Ergebnisse zu erhalten.

Ein weiterer Aspekt, bei dem die Geometrieeffekte und die Cr-Vergiftung zusammen treffen, ist die lokal überhöhte Stromdichte bei Kontaktierung durch einen MIC. Wie aus der Literatur bekannt ist, ist die Cr-Vergiftung von der Überspannung der Kathode abhängig. Durch die lokal hohen Stromdichten können bereiche der Kathode stärker degradieren als elektrisch weniger belastete Bereiche. Dieser Effekt kann die Degradation im Stack verschärfen und sollte zukünftig genauer untersucht werden.

8 Anhang

8.1 Einfluss der Kathodendicke

Wie in Abschnitt 6.1 gezeigt, kommt es durch die reale Kontaktierung der Kathode zu erhöhten Verlusten. Eine Konsequenz der identifizierten Verluste ist die Verminderung der Leistungsfähigkeit der Einzelzelle. Eine aus den Ergebnissen hervorgegangene Maßnahme zur Steigerung der Leistungsfähigkeit der mit Flowfield kontaktierten Kathode ist eine Erhöhung der Kathodendicke. Nachfolgend werden der prinzipielle Einfluss einer erhöhten Kathodendicke auf den Ohmschen Verlust durch Querleitung ($r_{Querleitung}$) sowie die Gasdiffusionsverluste erläutert. Um die Aussage zu bestätigen, wurden FEM-Simulationen mit erhöhten Schichtdicken und eine weitere Einzelzellmessung mit zwei-facher LSM-Stromsammlerschicht durchgeführt.

Verluste bei erhöhter Stromsammlerdicke

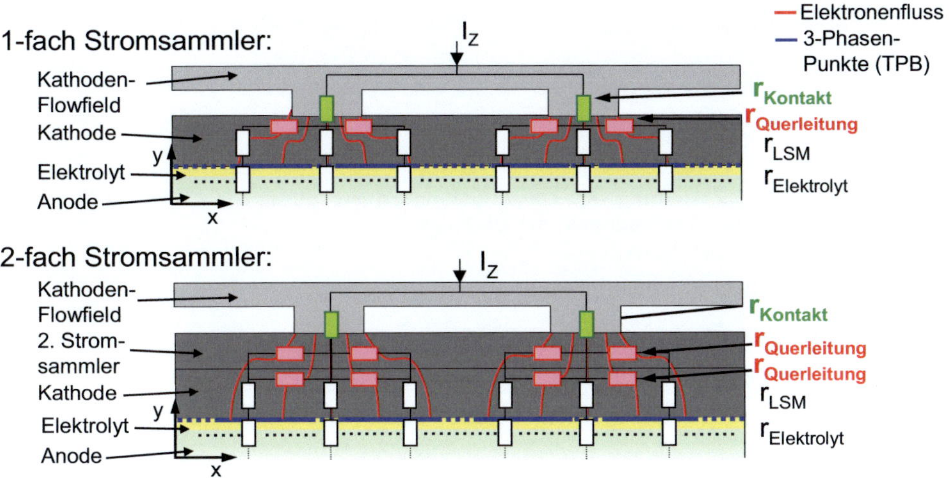

Abbildung 8.1: Gegenüberstellung der Ohmschen Verluste durch Flowfieldkontaktierung der Kathode bei doppelter Stromsammlerschichtdicke.

Abbildung 8.1 zeigt die schematische Gegenüberstellung der mit Flowfield-Geometrie 1 kontaktierten Kathode und die verursachten Ohmschen Verluste. Durch die Erhöhung der Schichtdicke der Kathode wird nach Gleichung (2.8) der Ohmsche Widerstand reduziert. Im Schema wird dies durch einen parallel geschalteten $r_{Querleitung}$ verdeutlicht. Durch die Parallelschaltung der Widerstände verursacht der parallel zum Elektrolyten (x-Richtung) stattfindende Elektronenfluss einen geringeren Spannungsverlust. Die Versorgung der TPB unterhalb des Gaskanals mit Elektronen wird erleichtert. Abbildung 8.2 zeigt den Einfluss der erhöhten Kathodendicke auf die Gasdiffusionsverluste der mit Flowfield-Geometrie 1 kontaktierten Kathode. Der Gasdiffusionswiderstand $R_{Diff,Kat}$ bei Standard LSM-Kathode (einfach Stromsammler) wurde durch Flowfield-Geometrie 1 um ca. 69 % erhöht, war im Vergleich zur Geometrie 2 (352 %) dennoch gering. Durch eine Erhöhung der effektiven Kathodenschichtdicke von ~ 75 µm auf ~130 µm erhöht sich der effektive Diffusionsweg in y-Richtung. Die Erhöhung liegt im Bereich der in Abschnitt 6.1.3 festgestellten effektiven Diffusionslänge bei Kontaktierung durch Flowfield-Geometrie 1. Bei einer $l_{eff,Kat}$ = 127 µm konnte noch keine negative Beeinflussung der Leistung beobachtet werden. Die Versorgung mit O^2 sollte daher beim zwei-fach Stromsammler nicht erheblich erschwert stattfinden.

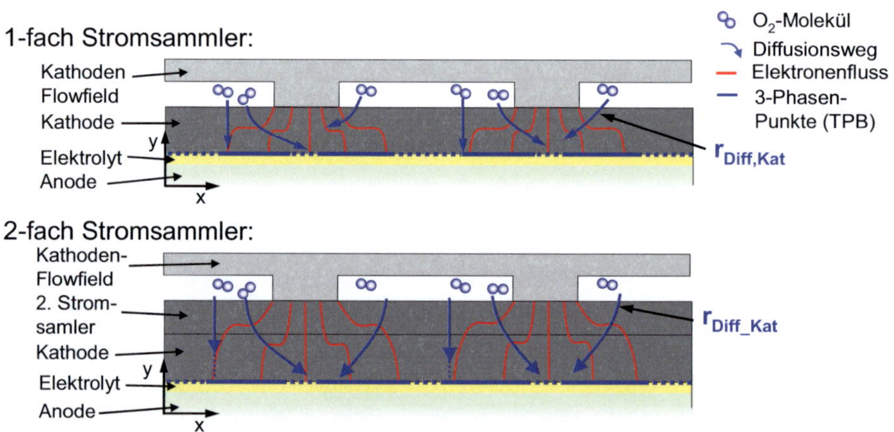

Abbildung 8.2: Gegenüberstellung der Gasdiffusionsverluste durch Flowfieldkontaktierung der Kathode bei doppelter Stromsammlerschichtdicke.

Probenpräparation und Einzelzellmessung

Die vorliegenden Halbzellen wurden am IWE mit einer LSM-Kathode aus Funktionsschicht (LSM/8YSZ) und Stromsammler (LSM) bedruckt. Die Herstellung erfolgte nach der Spezifikation des Forschungszentrums Jülich, welches auch Hersteller der verwendeten Siebdruckpasten ist.

Um eine Kathode mit erhöhter Schichtdicke bereitzustellen, wurde der Herstellungsprozess um einen Schritt erweitert. Nach der Trocknung der siebgedruckten Stromsammlerschicht erfolgte nicht, wie vorgesehen, das Sintern der ASC, sondern ein weiterer Siebdruck des Stromsammlers. Der so zweifach aufgebrachte LSM-Stromsammler wurde getrocknet und nachfolgend nach der Spezifikation gesintert. Die so hergestellte LSM-Kathode mit zwei-fach Stromsammler zeigte nach dem Sinterschritt keine optischen Auffälligkeiten wie Blasenbildung, Risse oder Abplatzungen. Die ASC mit erhöhter Schichtdicke wurde mit Flowfield-Geometrie 1 kontaktiert und nach dem Messprogramm aus Abbildung 3.5 elektrochemisch charakterisiert (Zelle Z8_096).

Abbildung 8.3 zeigt die mit kathodenseitiger Flowfield-Geometrie 1 und 2 an ASC mit einfach Stromsammler (Standard) gemessenen Leistungen im relativen Vergleich zur Leistungsdichte der ideal kontaktierten Zelle. Durch die Erhöhung der Kathodenschichtdicke konnte bei Geometrie 1 die gemessene Leistungseinbuße im Arbeitspunkt von 21 % auf 15 % verringert werden. Damit beträgt die Leistung der Wiederholeinheit bei einer Arbeitsspannung von 0,7 V ganze 85 % der ideal kontaktierten Zelle.

Simulation der Leistungsfähigkeit in Abhängigkeit der Stromsammlerdicke

Das in Kapitel 5 vorgestellte FEM-Modell wurde zur Simulation der Leistungsfähigkeit der ASC mit erhöhter Dicke der Stromsammlerschicht herangezogen. Hierbei wurde lediglich die Stromsammlerschicht der Kathodendomäne erhöht und das Flowfield um die entsprechende Schichtdickenerhöhung in y-Richtung versetzt. An dieser Stelle ist nochmals auf die im Modell nicht implementierte Gasdiffusion in x-Richtung hinzuweisen. Auch eine Zunahme des Gasdiffusionswiderstandes durch die erhöhte Schichtdicke (y-Richtung) wird im FEM-Modell nicht berücksichtigt.

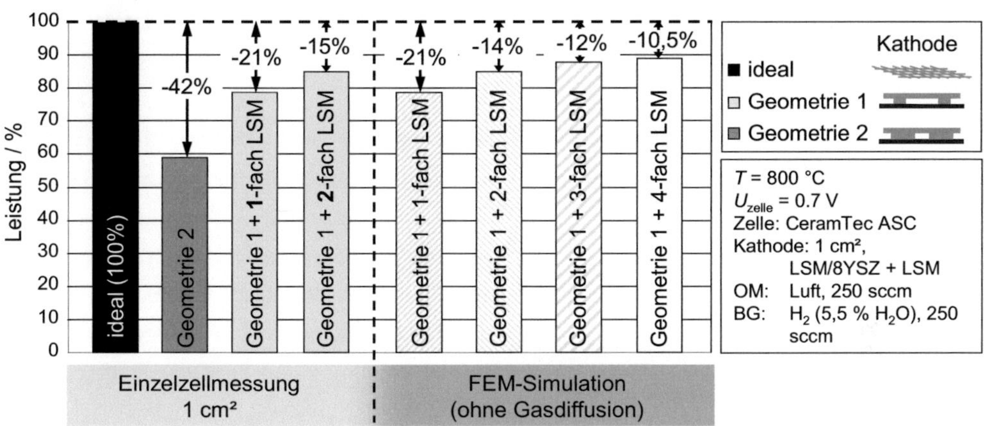

Abbildung 8.3: Gemessene und simulierte Leistungsdichten im Arbeitspunkt bei U_{Zelle} = 0,7 V in Abhängigkeit der Stromsammlerdicke und der kathodenseitigen Flowfield-Geometrie (T = 800°C, OM: Luft, BG: H_2. 5 % H_2O).

Die berechneten Leistungsdichten im Arbeitspunkt sind im Balkendiagramm in Abbildung 8.3 den gemessenen Leistungswerten gegenübergestellt. Die an der ASC mit zwei-fach Kathodenstromsammler gemessene Leistung bestätigt das Simulationsergebnis. Simulation und Messung zeigen trotz der im Modell fehlenden Gasdiffusion eine hohe Übereinstimmung. Dies belegt, dass im vorliegenden Fall die Erhöhung des Gasdiffusions-verlustes durch die Kontaktierung und die Erhöhung der Schichtdicke keine Leistungs bestimmenden Faktoren sind. Die Simulationen für drei-fach und vier-fachen Stromsammler zeigen ebenfalls eine positive Entwicklung der Zellleistung. Es kann jedoch davon ausgegangen werden, dass die mit der Erhöhung der Schichtdicke einhergehende Verlängerung des Diffusions-

1-fach Stromsammler:

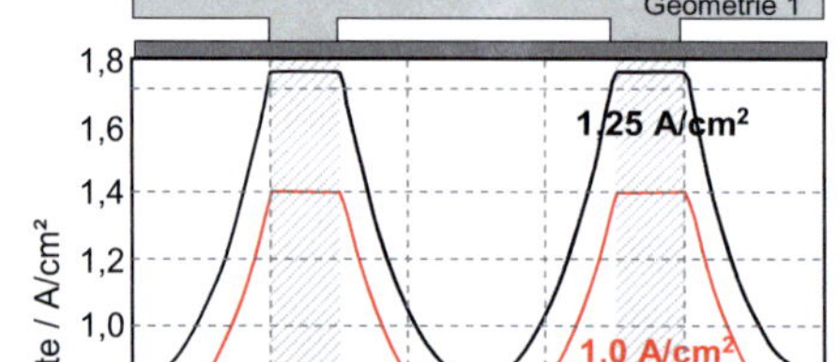

2-fach Stromsammler:

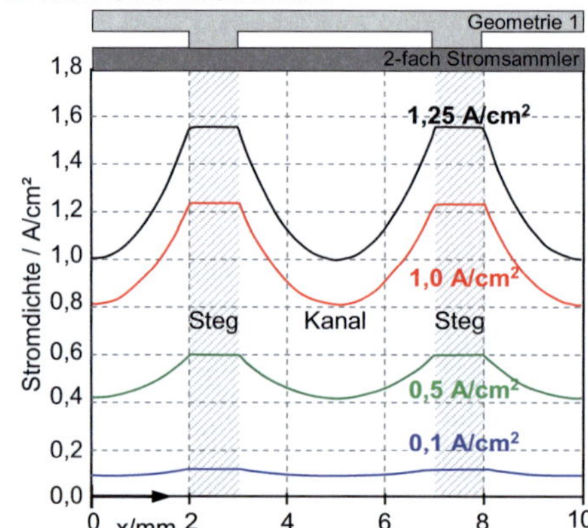

3 x LSM-Stromsammler:

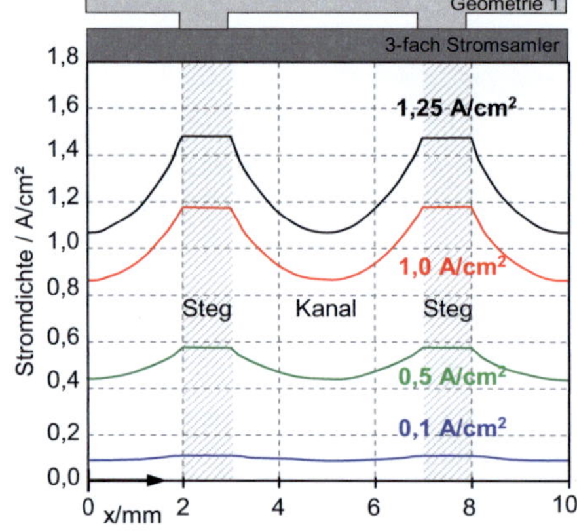

Abbildung 8.4: Simulierte Stromdichteverteilung für verschiedene Stromsammlerdicken der Kathode mit Flowfield-Geometrie 1

pfades in y-Richtung Leistungs bestimmende Größen annimmt. Der positive Effekt durch die Reduzierung des Querleitungsverlustes steht dann der erhöhten Gasdiffusion gegenüber.

Simulierte Stromdichteverteilung

Abbildung 8.4 zeigt die für die verschiedenen Schichtdicken des Stromsammlers berechnete Stromdichteverteilung an der Grenzschicht der Domänen zwischen Kathode und Anode. Diese entspricht der Stromdichte im Elektrolyten bzw. an den TPB. Die Stromdichteverteilungen wurden bei unterschiedlichen Gesamtstromdichten (j_{WE}) berechnet.

Es wird deutlich, dass durch die Erhöhung der Stromsammlerdicke die berechnete Stromdichteverteilung an den TPB über der Zellfläche vor allem bei höheren I_{WE} glatter wird. Dies liegt vor allem daran, dass durch die reduzierten Querleitungsverluste die TPB unter dem Gaskanal leichter mit Elektronen versorgt werden können. Die örtlich erhöhten Stromdichten unter dem Kontaktsteg werden bei gleicher j_{WE} wesentlich geringer. Der Strom verteilt sich homogen über die Zellfläche und den TPB.

Wie die Untersuchungen von Becker [16] und Heneka [7] zeigen, ist die Degradation der Kathode von der Stromdichte abhängig. Die lokal erhöhten Stromdichten führen demnach zu lokal erhöhter Degradation der Kathode. Eine Homogenisierung der Stromdichte durch eine Erhöhung der Kathodendicke erhöht nicht nur die Leistungsfähigkeit der Widerholeinheit, sondern könnte die Degradation der mit MIC kontaktierten Zelle verringern.

8.2 Einfluss der Schutzschicht

Wie in Abschnitt 6.2 gezeigt, kommt es durch die Anwesenheit eines Flowfields aus Crofer22APU im Gasraum über der Kathode zu einer massiven Degradation der Zellleistung um 11 %. Diese Degradation soll durch eine Schutzschicht auf der Oberfläche des MIC reduziert bzw. verhindert werden und so die Leistungsfähigkeit der Zelle im Stack steigern. Die in dieser Arbeit entwickelte Methodik wurde eingesetzt, um die Schutzwirkung einer aus Mn_3O_4 und LCC10 bestehenden Schutzschicht zu untersuchen.

Probenpräparation und Einzelzellmessung

Der eingesetzte Messaufbau entspricht weitgehend dem in Abbildung 3.8b) gezeigten Schema. Das unbeschichtete Crofer22APU (Crofer)-Flowfield wurde durch ein mit Mn_3O_4 und LCC10 beschichtetes Flowfield ersetzt.

Die verwendeten Crofer-Flowfields wurden vom Forschungszentrum Jülich bereitgestellt. Die Beschichtung des Flowfields wurde so vorgenommen, dass alle Oberflächen vollständig und geschlossen beschichtet vorlagen. Nähere Inforationen zur Schutzschicht können [71, 72, 79, 83] entnommen werden. Der Messablauf zur Untersuchung der Cr-Vergiftung wurde beibehalten und wird in Abschnitt 3.3.2 genauer vorgestellt.

Ohmscher und Polarisationswiderstand

Abbildung 8.5 zeigt die Gegenüberstellung der am Ende (t_2 = 320 h) des galvanostatischen Betriebes gemessenen EIS in Abhängigkeit des kathodenseitigen Flowfields.

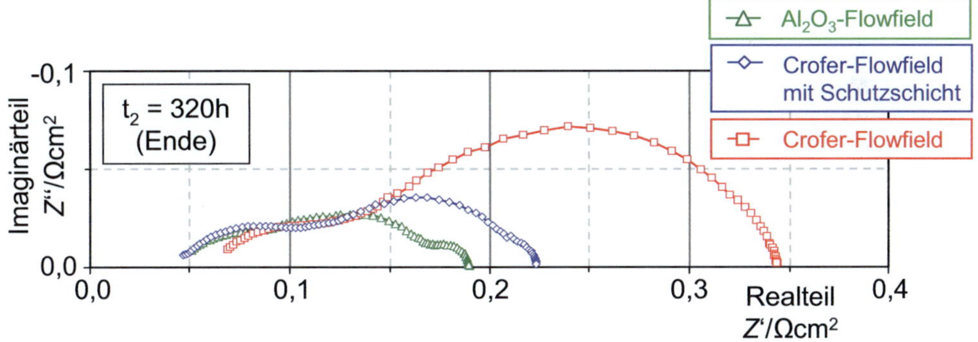

Abbildung 8.5: **Elektrochemisches Impedanzspektrum (EIS) einer anodengestützten Zelle (ASC) mit kathodenseitigem 1.) Al$_2$O$_3$-Flowfield (Cr-frei, Zelle Z9_071), 2.) Flowfield aus Crofer22APU (Cr-Quelle, Zelle Z9_073) und 3.) schutzbeschichtetem Flowfield aus Crofer22APU (Mn_3O_4+LCC10, Schutzschicht, Zelle Z9_104). Die EIS wurde unter OCV-Bedingungen am Ende (t_2 = 320 h) eines galvanostatischen Betriebes (280 h bei j_{Zelle} = 0,5 Acm^{-2}) aufgenommen (T = 800°C, OM: Luft, BG: H_2. 63 % H_2O).**

Der ASR_0 zum Zeitpunkt t_2 ist bei beschichtetem Crofer-Flowfield mit dem der Cr-freien Messung vergleichbar. Bei den angewendeten Messbedingungen kann ein deutlicher Einfluss der Schutzschicht auf den ASR_{pol} der Zelle beobachtet werden. Ohne Schutzschicht führt ein Crofer-Flowfield zu einem Anstieg des ASR_{pol} von 93 % im Vergleich zur Cr-freien Messung. Durch die Schutzschicht konnte der Anstieg des ASR_{pol} auf 29 % verringert werden. Dies ist ein erster deutlicher Hinweis auf eine Verringerung der Cr-Vergiftung durch eine Schutzschicht.

Kathodenverlustprozess

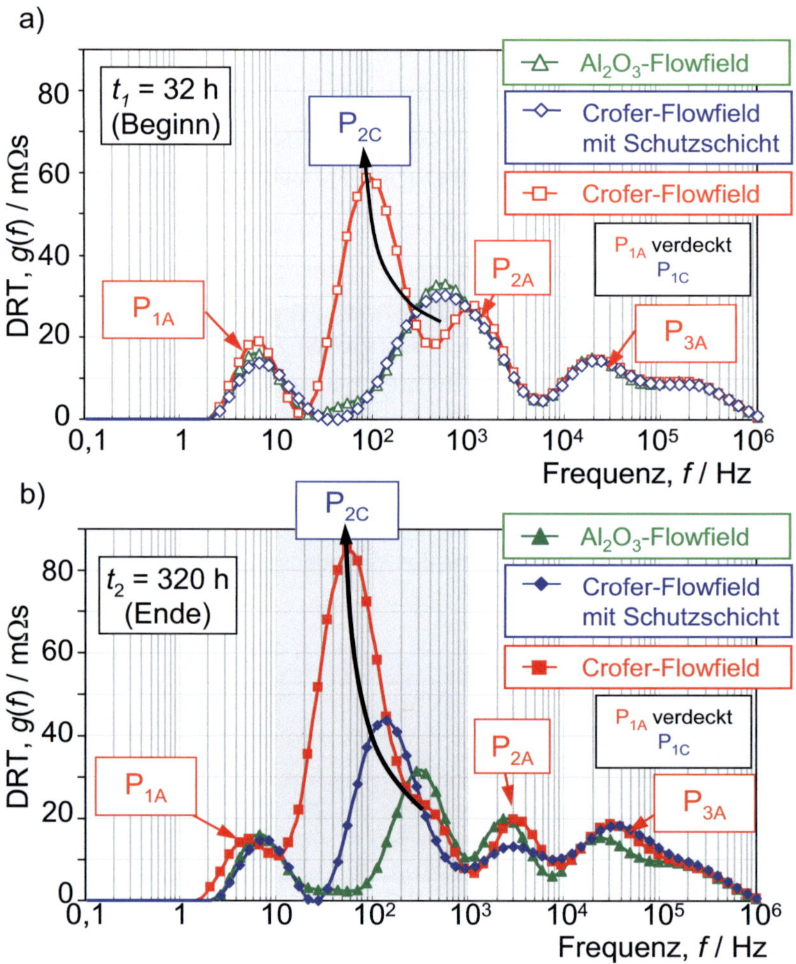

Abbildung 8.6: Die aus dem Elektrochemischen Impedanzspektrum (EIS) berechnete Verteilungsfunktion der Relaxationszeiten (DRT) einer anodengestützten Zelle (ASC) mit kathodenseitigem 1.) Al_2O_3-Flowfield (Cr-frei, Zelle Z9_071), 2.) Flowfield aus Crofer22APU (Cr-Quelle, Zelle Z9_073) und 3.) schutzbeschichtetem Flowfield aus Crofer22APU (Mn_3O_4+LCC10, Schutzschicht, Zelle Z9_104). Die korrespondierenden EIS wurden unter OCV-Bedingungen zu Beginn (t_1 = 32 h) und am Ende (t_2 = 320 h) eines galvanostatischen Betriebes (280 h bei j_{Zelle} = 0,5 Acm^{-2}) aufgenommen (T = 800°C, OM: Luft, BG: H_2. 63 % H_2O).

Abbildung 8.6zeigt die Gegenüberstellung der aus den EIS berechnete DRT in Abhängigkeit des kathodenseitigen Flowfields zu Beginn ($t_2 = 32\,$h am Ende ($t_2 = 320\,$h) des galvanostatischen Betriebes.

Die mit Crofer-Flowfield beobachtete initiale Cr-Vergiftung kann bei der ASC mit beschichtetem Crofer-Flowfield nicht beobachtet werden. Der Prozess P_{2C} ist fast deckungsgleich mit dem der Cr-freien Messung. Dagegen ist ein deutlicher Anstieg des P_{2C} zum Zeitpunkt t_2 festzustellen, der mit Beschichtung geringer ausfällt als ohne Schutzschicht.

Die einzelnen Verlustprozesse der Elektroden wurden durch einen CNLS-Fit des ESB an die gemessenen EIS-Daten getrennt. Die ermittelten Widerstände sind in Abbildung 8.7 den in Kapitel 6.2 ermittelten Werten für die Cr-freie Messung und die Messung mit unbeschichtetem Crofer-Flowfield gegenüber gestellt.

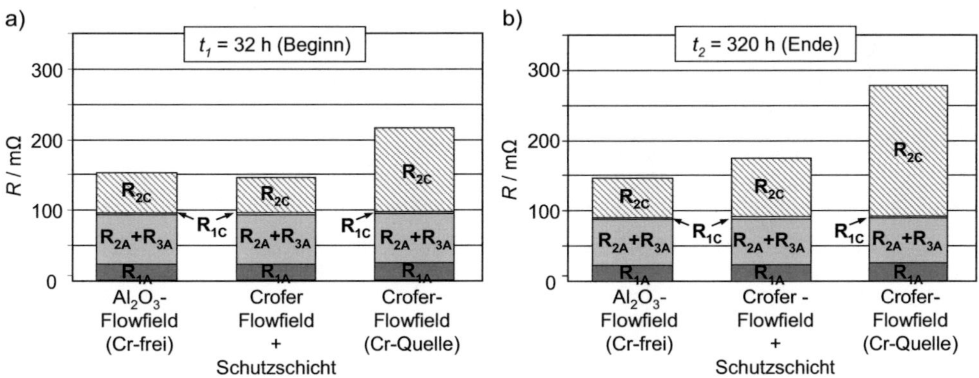

Abbildung 8.7: Ohmscher Widerstand (R_0) der anodengestützten Zelle (ASC) und die Widerstände der einzelnen Polarisationsprozesse der Kathode (R_{1C}, R_{2C}) und der Anode (R_{1A}, R_{2A} + R_{3A}) bei 1.) Al$_2$O$_3$-Flowfield (Cr-frei, Zelle Z9_071), 2.) Flowfield aus Crofer22APU (Cr-Quelle, Zelle Z9_073) und 3.) schutzbeschichtetem Flowfield aus Crofer22APU (Mn$_2$O$_3$+LCC10, Zelle Z9_104). Die Werte wurden durch CNLS-Fit des elektrischen Ersatzschaltbildes (ESB) an die zu a) Beginn (t_1 = 32 h) und b) am Ende (t_2 = 320 h) eines galvanostatischen Betriebes (280 h bei j_{Zelle} = 0,5 Acm^{-2}) aufgenommenen EIS bestimmt (T = 800°C, OM: Luft, BG: H$_2$. 63 % H$_2$O).

Der Vergleich des separierten Widerstandes R_{2C} zeigt, dass bei Verwendung der Schutzschicht die initiale Degradation unter OCV-Bedingungen nicht mehr festgestellt werden kann. Erst nach dem galvanostatischen Betrieb der Zelle (t_2) kann eine Zunahme des R_{2C} um 53 % im Vergleich zur Cr-freien Messung beobachtet werden. Dennoch fällt die Gesamtdegradation im Vergleich zur Messung mit unbeschichtetem Crofer-Flowfield um ~ 50 % geringer aus.

Ein positiver Effekt auf die Degradation ist vor allem während der Startphase unter OCV-Bedingungen festzustellen. Die Schutzschicht kann die initiale Cr-Vergiftung verhindern. Sobald die Zelle elektrisch belastet bzw. die Kathode unter Polarisation betrieben wird, ist eine verringerte jedoch immer noch deutliche Degradation im Vergleich zu unbeschichtetem Crofer-Flowfield beobachtbar.

Leistung

Die ermittelte Leistungsfähigkeit in Abhängigkeit des Flowfieldmaterials ist im Balkendiagramm in Abbildung 8.8 nach dem galvanostatischen Betrieb dargestellt.

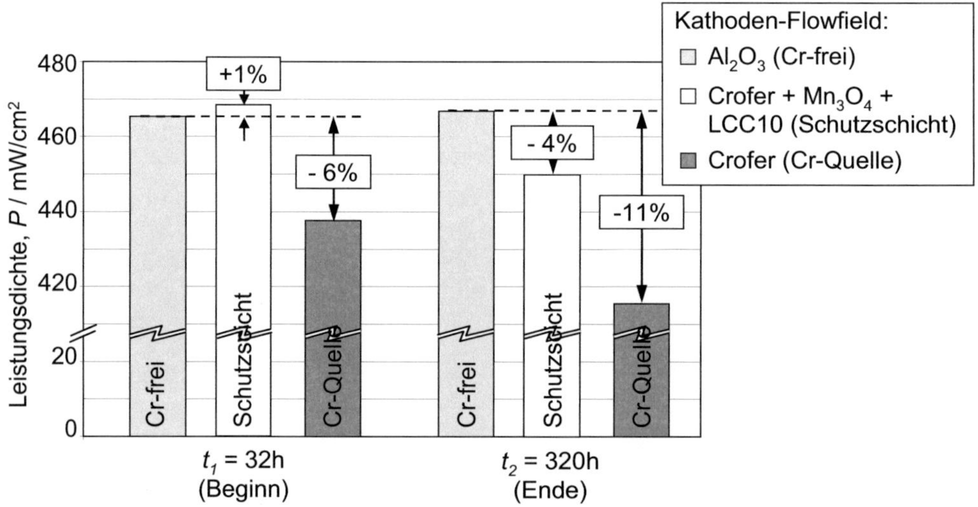

Abbildung 8.8: Gegenüberstellung der Leistungsdichte einer anodengestützten Zelle (ASC) mit kathodenseitigem 1.) Al$_2$O$_3$-Flowfield (Cr-frei, Zelle Z9_071), 2.) Flowfield aus Crofer22APU (Cr-Quelle, Zelle Z9_073) und 3.) schutzbeschichtetem Flowfield aus Crofer22APU (Mn$_3$O$_4$+LCC10, Schutzschicht, Zelle Z9_104). Die Leistung wurde im Arbeitspunkt bei j_{Zelle} = 0,5 Acm^{-2} zu Beginn (t_1 = 32 h) am Ende (t_2 = 320 h) eines galvanostatischen Betriebes (280 h bei j_{Zelle} = 0,5 Acm^{-2}) aufgenommen (T = 800°C, OM: Luft, BG: H$_2$. 3,4 % H$_2$O).

Die mit beschichtetem Crofer-Flowfield gemessene Leistungsdichte ist nach dem galvanostatischen Betrieb um 4 % niedriger als unter Cr-freien Bedingungen. Die Leistungsdegradation durch Cr-Vergiftung der Kathode konnte demnach durch Anwendung einer Mn$_3$O$_4$-Schutzschicht auf dem MIC um 50 % reduziert werden. Die zum Zeitpunkt t_1 um <1% höhere Leistung liegt im Bereich der im Abschnitt 4.1.5 gezeigten Streuung.

8.3 Leitfähigkeitsmessungen

Zur Parametrierung des FEM-Modells wurden die effektiven elektronischen Leitwerte einzelner Schichten der CeramTec ASC benötigt. Diese wurden durch Vier-Punkt-Leitfähigkeitsmessungen ermittelt.

LSM/8YSZ-Kathode

Die am Forschungszentrum Jülich entwickelte und hergestellte LSM/8YSZ-Kathode ($La_{0.65}Sr_{0.3}MnO_3$ / Yttrium dotiertem Zirkonoxid) besteht aus LSM/8YSZ-Funktionsschicht und LSM-Stromsammler. Um die Leitwerte der einzelnen Schichten zu bestimmen, wurden diese nach den Herstellungsspezifikationen separat auf Substrate gedruckt und gesintert. Als Substrat wurde ein 8YSZ-Elektrolyt der Firma Ytochu benutzt.

Anodensubstrat der CT ASC

Die kommerziell erhältliche ASC der Firma besteht aus Ni/8YSZ-Funktionsschicht und Ni/8YSZ-Anodensubstrat. Um den Leitwert des Ni-Cermet-Anodensubstrates zu bestimmen, wurden Proben zur Leitfähigkeitsmessung aus Halbzellen gefertigt.

Messung

Die Charakterisierung der Proben erfolgte durch eine Vier-Punkt-Messung in speziell für Leitfähigkeitsmessungen konzipierten Messständen. Die Proben wurden mit einem Gleichstrom beaufschlagt und die sich einstellende Spannung an der Oberfläche durch feine Platinscheiden in genau definiertem Abstand abgegriffen. Durch eine nachfolgende REM-Analyse wurden die Schichtdicken bestimmt und die Leitfähigkeit durch Gleichung (2.8) berechnet. Die Messung an den Kathodenschichten wurden in Luft, die am Anodensubstrat in H_2 mit 5 % H_2O Atmosphäre durchgeführt.

Ergebnis

Die aus den experimentellen Daten berechnete elektronische Leitfähigkeit des LSM-Stromsammlers ist in Abbildung 8.9, die der LSM/8YSZ-Funktionschicht in Abbildung 8.10 un die der Anodenfunktionsschicht in Abbildung 8.11 dargestellt.

Bei 800°C konnte aus der Messung LF3_019 ein spezifischer elektronischer Leitwert, Probe 1 von $\sigma_{LSM\_800°C}$ = 1768 Sm^{-1} und Probe 2 von $\sigma_{LSM\_800°C}$ = 1843 Sm^{-1} ermittelt werden. Für die Funktionsschicht ergab sich bei 800°C aus Messung LF3_019 ein spezifischer elektronischer Leitwert der Probe 3 von $\sigma_{LSM/8YSZ\_800°C}$ = 188 Sm^{-1}.

Bei 800°C konnte aus der Messung LF2_232 an einem ASC-Substrat ein spezifischer elektronischer Leitwert der Probe 4 von $\sigma_{Ni/8YSZ\_800°C}$ ~ 150 000 Sm^{-1} ermittelt werden.

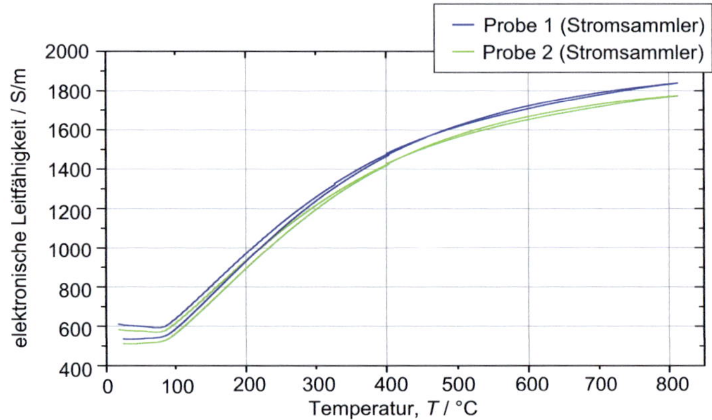

Abbildung 8.9: Elektronische Leitfähigkeit der LSM-Stromsammlerschicht (LF3_019).

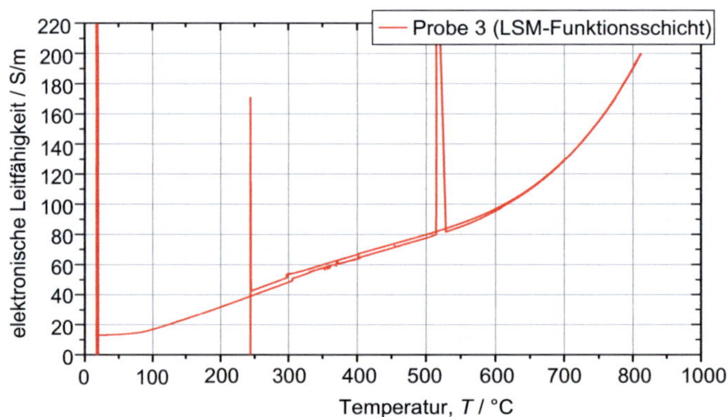

Abbildung 8.10: Elektronische Leitfähigkeit der LSM/8YSZ-Funktionsschicht (LF3_019).

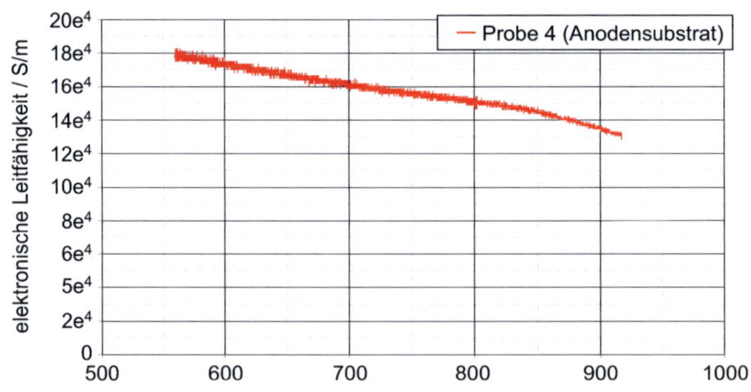

Abbildung 8.11: Elektronische Leitfähigkeit des Anodensubstrates einer anodengestützten Zelle (CT-ASC) (LF2_232).

8.4 Proben

Tabelle 3: Im Rahmen der Untersuchungen zum Einfluss der Kontaktgeometrie auf die Leistungsfähigkeit der anoden gestützten Zelle verwendeten Proben:

Zelle	Hersteller	Herst. ID	Kathoden-Kontakt	Anoden-Kontakt
Z8_075	CT	07075 479-2	Ideal	Ideal
Z8_088	CT	07075 500-1	Geometrie 1	ideal
Z8_089	CT	07075 500-2	Geometrie 1	Ideal
Z8_096	Ct	07075 487-1	Geometrie 1	Ideal
Z8_100	CT	07075 485-2	Geometrie 2	ideal
Z9_037	CT	07005 133-4	Test-Geometrie 1	Ideal
Z9_040	CT	07005 132-4	Test-Geometrie 2	Ideal
Z9_050	CT	07075 504-1	Ideal	Ideal
Z9_051	CT	07075 498-2	Ideal	Ideal
Z9_056	CT	07075 485-1	Ideal	Ideal
Z9_057	CT	07075 495-2	Ideal	Geometrie 1

Tabelle 4: Im Rahmen der Untersuchung zum Einfluss der Cr-Vergiftung auf die Leistungsfähigkeit der anodengestützten Zelle verwendeten Proben:

Zelle	Hersteller	Herst. ID	Kathoden-Kontakt	Anoden-Kontakt
Z9_071	FZJ	13380	Keramikflowfield +Pt-Netz	Ideal
Z9_073	FZJ	13377	Crofer22APU Flowfield +Pt-Netz	Ideal
Z9_104	FZJ	13378	Crofer22APU Flowfield Schutzschicht+ Pt-Netz	Ideal

Tabelle 5: Zur Bestimmung der Leitfähigkeiten der einzelnen Schichten einer anodengestützten Zelle verwendeten Proben:

Probe	Substrat	Schicht	Atmosphäre
LF3_019_1	8YSZ	LSM-Stromsammler	Luft
LF3_019_2	8YSZ	LSM-Stromsammler	Luft
LF3_019_3	8YSZ	LSM/8YSZ-Funktionsschicht	Luft
LF2_232	selbst-tragend	Halbzelle (ASC) Anodensusbtrat+ Anodenfunktionsschicht	Wasserstoff mit 5% Wasserdampf

9 Verzeichnisse

9.1 Symbole

Symbol	Beschreibung	Einheit
U_N	Nernst-Spannung	V
U_{th}	Theoretische Zellspannung	V
R	Universelle Gaskonstante	$J \cdot mol^{-1} \cdot K^{-1}$
T	Temperatur	K, °C
F	Faraday Konstante	$C \cdot mol^{-1}$
$pO_{2,Kat}$	Sauerstoffpartialdruck an der Kathode	atm, %
$pO_{2,An}$	Sauerstoffpartialdruck an der Anode	atm, %
$\Delta G_0(T)$	Reaktionsenthalpie	$J \cdot mol^{-1}$
pH_2O_{An}	Wasserdampfpartialdruck an der Anode	atm, %
$pH_{2,An}$	Wasserstoffpartialdruck an der Anide	atm, %
η	Überspannung, Polarisation	V
j	Stromdichte (oder Imaginäre Einheit)	$A \cdot m^{-2}$
σ_{el}	Elektronische Leitfähigkeit	$S \cdot m^{-1}$
U_{Zelle}	Arbeitsspannung, Zellspannung	V
OCV	Leerlaufspannung, englisch: Open Circuit Voltage	V
$\eta_{Elektrisch}$	Elektrischer Wirkungsgrad	%
Δ	Differenz	-
P	Leistungs bzw. Leitungsdichte	$W; W \cdot m^2$
R	Widerstand	Ω
ASR	Flächenspezifischer Widerstand, englisch: Area Specific Resistance	$\Omega \cdot m^2$
Kat	Kathode	-
An	Anode	-

K	Kontakt	-
Pol	Polarisation	-
$\gamma(\tau)$	Verteilungsfunktion der Relaxationszeiten (DRT)	$\Omega\cdot s$
ω	Kreisfrequenz	s^{-1}
$\underline{Z}(\omega)$	Frequenzabhängige Komplexe Impedanz	Ω
f	Frequenz	Hz
$U_{Pot.Sonde}$	Spannung, Potentialdifferenz	V
$\varphi(x)$	Elektrisches Potential An der Stelle x	V
j_{Zelle}	Zellstromdichte	$A\cdot m^{-2}$
r	Differentieller / Infinitesimaler Widerstand	Ω
Z'	Realteil des komplexen Widerstandes	Ω
Z''	Imaginär des komplexen Widerstandes	Ω
$E_{Rel,KK}$	Residuen der Kramers-Kronig Transformation	%
E_{rel}	Relativer Fehler, Residuen	%
$\underline{Z}_{Mess}$	Gemessener Komplexer Widerstand	Ω
$\underline{Z}_{CNLS}$	Komplexer Widerstand aus CNLS-Fit	Ω
WE	Widerholeinheit	-
$U_{Verlust}$	Spannungsverlust über der Wiederholeinheit	V
U_{WE}	Arbeitsspannung der Wiederholeinheit	V
$R_{Diff,Kat}$	Gasdiffusionswiderstand der Kathode	Ω
$l_{eff,Kat}$	Effektive Diffusionslänge in der Kathode	m
$D^{eff} = D^{eff}_{O_2,N_2}$	Effektiver molekularer Diffusionskoeffizient der Spezies O_2 , N_2	$m^2\cdot s^{-1}$
$D_{mol,i}$	Molekularer Diffusionskoeffizient der Spezies i	$m^2\cdot s^{-1}$
$D_{bulk,i}$	Bulk-Diffusionskoeffizient der Spezies i	$m^2\cdot s^{-1}$
$D_{Knudsen,i}$	Knudsen-Diffusionskoeffizient der Spezies i	$m^2\cdot s^{-1}$
Ψ_{Kat}	Strukturparameter der Kathode	-
ε_{Kat}	Porosität der Kathode	-
τ_{Kat}	Tortuosität der Kathode	-

9.2 Abkürzungen

BZ	Brennstoffzelle
FC	englisch: Fuel Cell
PEM	Polymer-Elektrolyt-Membran, englisch: Polymer Exchange Menbrane
ppm	Teile von einer Million, englisch: parts per million
SOFC	Hochtemperatur-Brennstoff-Zelle, englisch: Solid Oxide Fuel Cell
APU	Mobil, englisch: auxiliary power unit
IWE	Institut für Werkstoffe der Elektrotechnik
KIT	Karlsruher Institut für Technologie
ASC	Anodengestützte Zelle, englisch: Anode Supportet Cell
LSM	Lanthan-Strontium-Manganat, z.B. $La_{0,65}Sr_{0,3}MnO_3$, $((La,Sr)MnO_3$
8YSZ	mit 8 mol/% Yttrium dotiertes Zirkonoxid
FEM	Finite Elemente Methode
BG	Brenngas
OM	Oxidationsmittel
TPB	Drei-Phasen-Punkt, englisch: Triple Phase Boundary
Kat	Kathode
An	Anode
U-I	Strom-Spannung
MEA	englisch: Membrane Elektrolyte Assembly
TAK	Thermischer Ausdehnungskoeffizient
YSZ	Yttrium dotiertes Zirkonoxid
ScSZ	Scandium dotiertes Zirkonoxid
GCO	Gadolinium dotiertes Zirkonoxid
LSCF	Lanthan-Strontium-Kobald-Ferrit, z.B. $La_{1-x}Sr_xCo_{1-y}Fe_YO$
Cermet	englisch: Ceramic Metal
ESC	Elektrolytgestützte Zelle, englisch: Electrolyte Supported Cell
KSC	Kathodengestützte Zelle. englisch: Cathode Supported Cell
MIC	Metallischer Interkonnektor, englisch: Metallic Interconnector
FZJ	Forschungszentrum Jülich
CHP	englisch: Combined Heat and Power
BHKW	Blockheizkraftwerke
$LaCoO_3$	Lanthan-Kobalt-Oxid
LaZrO	Lathan-Zirkonat
SrZrO	Strintium-Zirkonat
CrMn	Chrom-Mangan
Cr-Mn-O	Chrom-Mangan-Oxid

CT	CaramTec
REM	Rasterelektronenmikroskop
Al_2O_3	Aluminiumoxid, Keramik
DDM	Digitalmultimeter
V4A	Rostfreier Stahl, WNr. 1.4401 (X5CrNiMo17-12-2) AISI 316
I-O	Eingang-Ausgang, englisch: Input-Output
MFC	Durchflussregler, englisch: Mass Flow Controller
FRA	englisch: Frequency response Analyser
GPIB	Schnittstellenstandard, englisch: General Purpose Interface Bus
RS 485	Schnittstellenstandard
USB	Schnittstellenstandard, englisch: Universal Serial Bus
EIS	Elektrochemische Impedanz Spektroskopie
SNR	Signal zu Rausch Verhältnis, englisch: Signal to Noise Ration
var.	Variation
sccm	Standard Kubikzentimeter
ASR	Flächenspezifischer Widerstand, englisch: Area Specific Resistance
DRT	Verteilungsfunktion der Relaxationszeiten, englisch: Distribution of Relaxation Times
CNLS	englisch: Complex Noniliear Least Square
ESB	Elektrisches Ersatzschaltbild
KK	Karmers-Koning
RC	Parallelschaltung eines Ohmschen Widerstandes und einer Kapazität
RQ	Parallelschaltung eines Ohmschen Widerstandes und eines Konstant-Phasen-Elementes
GSFC	$(Gd_{0,6}Sr_{0,4})_{0,99}Fe_{0,8}Co_{0,2}O_{3-\delta}$
PDE	Partielle Differentialgleichung
ASCII	englisch: American Standard Code for Information Interchange
ox.	oxidierend
red.	reduzierend

9.3 Betreute Arbeiten

- Elisabeth Rauch, „Elektrische Charakterisierung von Metall-Metalloxidkontakten in planaren SOFC-Stacks", Studienarbeit, IWE, Universität Karlsruhe (TH), 2008, Ausgezeichnet mit dem „Conti Auto-Motivated Student Award 2009.

- Stanley K. Jose, „Inbetriebnahme und Validierung eines Messplatzes für typische SOFC-APU-Betriebsbedingungen", Diplomarbeit, IWE, Universität Karlsruhe (TH), 2009.

- Tansu Özel, „Entwicklung eines elektrischen Ersatzschaltbildes für zweiphasig-mischleitende Kathoden der Hochtemperatur-Brennstoffzelle (SOFC)", Studienarbeit, IWE, Karlsruher Institut für Technologie (KIT), 2011.

- Sebastian Krieg, „Entwicklung eines elektrischen Ersatzschaltbildes für zweiphasig-mischleitende Kathoden der Hochtemperatur-Brennstoffzelle (SOFC)" Studienarbeit, IWE, Karlsruher Institut für Technologie (KIT), 2011.

9.4 Eigene Veröffentlichungen

Rezensierte Beiträge

- M. Kornely, A. Leonide, A. Weber, and E. Ivers-Tiffée, "Impact of Flowfield Design on Solid Oxide Fuel Cell Performance", ECS Transactions, 25 (2) 815-824, 2009

- M. Kornely, A. Neumann, N. H. Menzler und E. Ivers-Tiffée, "Degradation of ASC Performance by Cr-Poisoning", in J. T. S. Irvine and U. Bossel (Eds.), Proceedings of the 9th European Solid Oxide Fuel Cell Forum, p. P065, 2010

- M. Kornely, A. Weber und E. Ivers-Tiffée, "Performance Limiting Factors in anode-supported Cells Originating from Metallic Interconnector (MIC) Design", in J. T. S. Irvine and U. Bossel (Eds.), Proceedings of the 9th European Solid Oxide Fuel Cell Forum, p. P066, 2010

- M. Kornely, A. Weber und E. Ivers-Tiffée, "SOFC Performance Simulation Based on a Finite Element Methode (FEM) Model Approach", in First International Conference on Materials for Energy, Extended Abstracts - Book A, Karlsruhe, Germany: Dechema e.V. ,pp A111-A113, 2010

- M. Kornely, A. Neumann, N. H. Menzler, A. Weber und E. Ivers-Tiffée," Degradation of Solid Oxide Fuel Cell Performance by Cr-Poisoning", ECS Transactions, 35 (1) 2009-2017, 2011

- M. Kornely, A. Leonide, A. Weber, E. Ivers-Tiffée, "Performance limiting factors in anode-supported cells originating from metallic interconnector design", Journal of Power Sources 196 (2011) 7209-7216

- M. Kornely, A. Neumann, N. H. Menzler, A. Leonide, A. Weber, E. Ivers-Tiffée, "Degradation of anode supported cell (ASC) performance by Cr-poisoning", Journal of Power Sources 196 (2011) 7203-7208

Tagungsbeträge

- B. Rüger, T. Diepolder, A. Leonide, M. Kornely, E. Ivers-Tiffée, "Combined Experimental and Modelling Study for a Variation of Flow Field Geometry", 5th Symposium on Fuel Cell Modelling and Experimental Validation in Winterthur/Schweiz, 11. - 12. März 2008.

- B. Rüger, T. Diepolder, A. Leonide, M. Kornely, E. Ivers-Tiffée, "SOFC Single Cell Flow Field Modelling and Experimental Validation/Evaluation", 11th UECT Ulm ElectroChemical Talks 2008 in Ulm/Deutschland, 10. - 2.Juni 2008

- A. Weber, T. Diepolder, B. Rüger, A. Leonide, M. Kornely, E. Ivers-Tiffée, "Combined Experimental and Modelling Study for a Variation of Flow Field Geometry", 2nd Mini Symposium on Solid Oxide Fuel Cells in Karlsruhe/Deutschland, 27.Juni - 07.Juli.2008.

- M. Kornely, A. Leonide, A. Weber, E. Ivers-Tiffée, "Impact of Flowfield Design on Solid Oxide Fuel Cell Performance", 216th Meeting (SOFC XI) in Wien/Österreich, 04. - 09. Ocktober 2009

- M.Kornely, A. Neumann, N. H. Menzler und E. Ivers-Tiffée, "Degradation of ASC Performance by Cr-poisoning", 9th European SOFC Forum (ESOFC) in Luzern/Schweiz, 29.Juni - 02. Juli 2010

- M. Kornely, A. Weber und E. Ivers.Tiffée, " Performance Limiting Factors in anode-suported Cells Orginating from Metallic Interconnector (MIC) Design", 9th EUROPEAN SOFC FORUM (ESOFC) in Luzern/Schweiz, 29.Juni - 02. Juli 2010

- M. Kornely, A. Weber und E. Ivers-Tiffée, "SOFC Performance Simulation Based on a Finite Element Methode (FEM) Model Approach", First International Conference on Materials for Energy in Karlsruhe/Deutschland, 04. - 08. Juli 2010

- M. Kornely, A. Leonide, A. Weber und E. Ivers-Tiffée, "Limiting Factors in Solid Oxide Fuel Cell Performance by Flowfield Design", 218th ECS Meeting in Las Vegas/USA, 10. - 15. Ocktober 2010

- M. Kornely, A. Neumann, N. H. Menzler, A. Leonide, A. Weber und E. Ivers-Tiffée, " Degradation of Solid Oxide Fuel Cell Performance by Cr-Poisoning"; 219th ECS Meeting (SOFC XII) in Montreal/Kanada 01. - 06. May 2011

- M. Kornely, A. Leonide, A. Weber und E. Ivers-Tiffée, "Limiting Factors in SOFC Performance by Cathode Flowfield Design", 62nd Annual Meeting of the International Society of Electrochemistry ISE in Niigata/Japan, 11. - 16. September 2011

10 Literatur

1   Zukünftige Technologien Consulting der VDI Technologiezentrum GmbH, „Studie zur Entwicklung eines Markteinführungsprogramms für Brennstoffzellen in Speziellen Märkten", Abschlussbericht, im Auftrag des Bundesministeriums für Verkehr, Bau und Stadtentwicklung, Projektträger Jülich und Projektbegleitung NOW GmbH, Projektleiter A. Zweck, Ansprechpartner H. Eckenbusch, Düsseldorf, 2010

2   E. Ivers-Tiffeé, "Brennstoffzellen und Batterien", Vorlesungsskript, Institut für Werkstoffe der Elektrotechnik (IWE), Karlsruher Institut für Technologie (KIT), 2009

3   P. Holtappels, U. Stimming, Solid Oxide Fuel Cells (SOFC), in W. Vielstich et al. (Eds.) Handbook of Fuel Cells: Fundamentals, technology and Applications, Vol. 1, Chichester, England, John Wiley & Sons Ltd., p. 336-354, 2003

4   S. C. Singhal, K. Kendall, High Temperature Solid Oxide Fuell Cells, Elsevier LtD., New York, 2003

5   K.-J. Euler, "Entwicklung der elektrochemischen Brennstoffzelle", Thieming Verlag, 1974

6   E. Bauer und H. Preis, "Über Brennstoff-Ketten mit Festleitern", in Zeitschrift der Elektrochemie, Band 43, Heft 9, S. 727-730, 1937

7   M. J. Heneka, "Alterung der Festelektrolyt-Brennstoffzelle unter thermischen und elektrischen Lastwechseln", Dissertationsschrift, Universität Karlsruhe (TH), 2006

8   D. Fouquet, "Einsatz von Kohlenwasserstoffen in der Hochtemperatur-Brennstoffzelle SOFC", Dissertationsschrift, Universität Karlsruhe (TH), 2005

9   E. Ivers-Tiffée und A. V. Virkar, Electrode Polarisations, In S.C. Singhal und K. Kendall (Hrsg.), High Temperature Solid Oxide Fuel Cells – Fundamentals, Design and Applications, Oxford: Elsevier Ltd, S. 229- 260, 2003

10   A. Weber, "Entwicklung und Charakterisierung von Werkstoffen und Komponenten für die Hochtemperatur-Brennstoffzelle SOFC", Dissertation, Universität Karlsruhe (TH), 2002

11   M.E. Orazem und B. Tribolett, "Electrochemical Impedance Spectroscopy", John Wiley & Sons, New York, 2008

12   Henrik Timmermann, „Untersuchungen zum Einsatz von Reformat aus flüssigen Kohlenwasserstoffen in der Hochtemperaturbrennstoffzelle SOFC", Dissertationsschrift, Karlsruher Institut für Technologie (KIT), 2010

13   J. Kim, A.V. Virkar, K. Fung, K. Mehta, und S.C. Singhal, "Polarization Effects in Intermediate Temperature, Anode-Supported Solid Oxide Fuel Cells", Journal of Electrochemical Society 146 (1),p. 69-78, 1999

14   W. Vielstich, A. Lamm und H. Gasteiger, "Handbook of Fuel Cells – Fundamentals, Design and Application", 1. Auflage, Chichester, UAS: John Wiley & Sons, 2003

15   Y. Arachi und H. Sakai, "Electrical Conductivity of ZrO_2-Sc_2O_3 (Ln=Lanthanides) System", Solid State Ionics 121.S. 133-139, 1999

16   M. Becker, "Parameterstudie zur Langzeitstabilität von Hochtemperaturbrennstoff-zellen (SOFC)", Dissertationsschrift, Universität Karlsruhe (TH), 2007

17   B. Rüger, "Mikrostrukturmodellierung von Elektroden für die Restelektrolytbrenn-stoffzelle", Universität Karlsruhe (TH), Germany, 2009

18   A.C. Müller, "Mehrschicht-Anode für die Hochtemperatur-Brennstoffzelle (SOFC)", Dissertationsschrift, Universität Karlsruhe (TH), 2004

19   A. Leonide, V. Sonn, A. Weber und E. Ivers-Tiffée, "Evaluation and Modelling of the Cell Resistance in Anode-Supported Solid Oxide Fuel Cells", Journal of Electrochemical Society 155, B36-B41, 2008

20   J. Hayd,   J. Hayd, L. Dieterle, U. Guntow, D. Gerthsen und E. Ivers-Tiffée, "Nanoscaled $La_{0.6}Sr_{0.4}CoO_{3-\delta}$ as intermediate temperature solid oxide fuel cell cathode: Microstructure and electrochemical performance", Journal of Power Sources, Volume 196, Issue 17, p. 7263-7270, 2011

21   D. Herbstritt, "Entwicklung und Modellierung einer leistungsfähigen Kathodenstruktur für die Hochtemperatur Brennstoffzelle SOFC", Dissertationsschrift, Universität Karlsruhe (TH), 2003

22   Leonide, S. Ngo Dinh, A. Weber und E. Ivers-Tiffée, ", "Performance limiting factors in anode supported SOFC", Proceedings of the 8th European Solid Oxide Fuel Cell Forum, p. A050191, 2008

23   F. Tietz, I. Arul Raj, M. Zahid und D. Stöver, "Electrical conductivity and thermal expansion of $La_{0.8}Sr_{0.2}(Mn,Fe,Co)O_{3-y}$ perovskites" Solid State Ionics 177, P. 1753 – 17, 2006

24   C. Endler-Schuck, "Alterungsverhalten mischleitender LSCF Kathoden für Hochtemperatur-Festoxid-Brennstoffzellen (SOFCs)", Dissertationsschrift, Karlsruher Institut für Technologie (KIT), 2010

25   V. A. C. Haanappel, A. Mai und J. Mertens," Electrode activation of anode-supported SOFCs with LSM- or LSCF-type cathodes", Solid State Ionics 177 (19-25), Pages 2033-2037, 2006

26   K. Huang und J.B. Goodenough, "Solid oxide fuel cell technology – Principles, performance and operations", Woodhead Publishing LTD, 2009

27   P. Blennow, J. Hjelm, T. Klemensø, S. Ramousse, A. Kromp, A. Leonide und A. Weber, "Manufacturing and characterization of metal-supported solid oxide fuel cells", Journal of Power Sources, Volume 196, Issue 17, p. 7117-7125, 2011

28   S. C. Singhal, "Solid Oxide Fuel Cells for Stationary, Mobile and Military Applications", Solid State Ionics, 152, S. 405- 410, 2002

29   A. Mai, B. Iwanschitz, U. Weissen, R. Denzler, D. Haberstock, V. Nerlich und A. Schuler, „Status of Hexis' SOFC Stack Development and the Galileo 1000 N Micro-CHP System", The Electrochemical Society, ECS Transactions, 35 (1) 87-95, 2011

30   M. Ettler, G. Blass und N. H. Menzler: Characterization of Ni-YSZ-Cermets with respect to redox stability (x). In: Fuel Cells 7, Nr. 5, S. 349-355, 2007

31   Thyssen Krupp VDM, Crofer 22 APU, Werkstoffdatenblatt Nr. 4143, ThyssenKrupp VDM, 2005

32   L. Blum, H. P. Buchkremer, S. Gross, A. Gubner, L. G. J. Haart, H. Nabielek, W. J. Quadakkers, U. Reisgen, M. J. Smith, R. Steiberger-Wilckens, R. W. Steinbrech, F. Tietz und I. C. Vinke: "Solid Oxide fuel cell development at Forschungszentrum Juelich", Fuel Cells 7 (2007), Nr. 3, s. 204-210, 2007

33   A. Gubner, T. Nguyen-Xuang, M. Bram, J. Remmel und L. G. J. de Haart, "Lightweight Cassette Type SOFC Stacks for Automotive Applications", Proceedings of the 7th European Solid Oxide Fuel Cell Forum, S. B042, 2006

34   Forschungszentrum Jülich, "From Basic Principles to Complete Systems", IEF-3 Report 2007, Schriften des Forschungszentrums Jülich Reihe Energietechnik Volume 70, 2007

35   R. Steinberger-Wilckens, "Overview of Solid Oxide Fuel Cell Development at FZJ", FDFC Conference Nancy, Forschungszentrum Jülich, 2008.

36   U. A. Anderson und F. Tietz, "Interconnects", S.C. Singhal und K. Kendall (Hrsg.), "High Temperature Solid Oxide Fuel Cells – Fundamentals, Design and Applications", Oxford: Elsevier Ltd, S. 173, 2003

37   Heinzel, Mahlendorf, Roes, "Brennstoffzellen Entwicklung, Technologie, Anwendung", C.F. Müller Verlag, Heidelberg, 2006.

38   Larrain, "Simulation of SOFC Stack and Repeat Elements Inculding Interconnect Degradation and Anode Reoxidation Risk", Journal of Power Sources 161 392-403, 2006.

39   Van Herle, "Ageing of Anode-supported Solid Oxide Fuel Cell Stacks Inculding Thermal Cycling, and Expasion Behaviour of MgO-NiO Aodes", Journal of Power Sources 182 389-399, 2008

40   Lawrence, Status of SOFC in Series Production and Challanges of Sytem Intergration, Lucerne Fuel Cell Forum, staxera GmbH, 2008

41   K. Hilpert, W. J. Quadakkers, L. Singheiser: Handbook of Fuel Cells- Fundamentals, Technology and Applications. John Wiley&Sons, LTd, Chichester, 2003, S. 1037

42   E. Rauch, "Elektrische Charakterisierung von Metall-Metalloxidkontakten für planare SOFC-Stacks", Studienarbeit, Universität Karlsruhe (TH), IWE, 2009

43   T. Horita, Y. Xiong, H. Kishikoto, K. Yamaji, M. E. Brito, H. Yokokawa, "Chromium Poisoning and Degradation at $(La,Sr)MnO_3$ and $(La,Sr)FeO_3$ Cathodes for Solid Oxide Fuel Cells", Journal of the Electrochemical Society, 157 (5) B614-B620, 2010

44   "Durability of Cathodes Iincluding Cr Poisoning", W. Vielstich, H. Yokokawa and A. Gastiger. (Hrsg.), Handbook of Fuel Cells-Fundamentals, Technology and Applications, Kapitel 6, Chichester: John Wiley & Sons Ltd., S. 792- 804, 2009

45   S. P. S. Badwal, "Zirconia-Based Solid Electrolytes: Microstructure, Stability and Ionic Conductivity", Solid State Ionics, Band 52, S. 23-32, 1992.

46   W. Baukal, "Kinetics of Aging in A Solid Zro2 Electrolyte As A Function of Partial Pressure of Oxygen", in Electrochimica Acta, Band 14, S. 1071- 1080, 1969

47   A.C. Müller, A. Weber, D. Herbstritt und E. Ivers-Tiffeé, "Long Term Stability of Yttria and Scandia Doped Zirconia Electrolytes", in S.C. Singhal u.a. (Hrsg.), SOFC-VIII Proceedings, Pennington, USA: The Electrochemical Society, 2003

48   A.C. Müller, A. Weber und E. Ivers-Tiffée, "Degradation of Zirconia Electrolytes", in M. Mogensen (Hsrg.), Sixth European SOFC Forum Proceedings, Oberrohrdorf, Switzerland: European Fuel Cell Forum, 2004

49   S. P. S. Badwal, "Yttria Tetragonal Zirconia Polycrystalline Electrotytes for Solid State Electrochemical Cells", in Applied Physics A, Band 50, Heft 5, Div. of Master. Sci & Technol., CSIRO, Clayton, Vic., Australia, S. 449- 462, 1990

50   O. Yamamoto, Y. Takeda, R. Kanno und K. Kohno, "Electric Conductivity of Tetragol Stabilized Zirconia", Journal of Materials Science, Band 25, Heft 6, Fac. of Eng., Mie Univ., Tsu, Japan, S. 2805- 2808, 1990

51   M. de Ridder, A. G. J. Vervoort, R. G. Welzenis und H. H. Brongersma, "The limiting factor for oxygen exchange at the surface of fuel cell electrotytes", Solid State Ionics 156, Nr. 3, S. 255-262, 2003

52   C. C. Appel, N. Bonanos, A. Horsewell und S. Linderoth, "Aging Behavior of Zirconia Stabilised by Yttria and Manganese Oxide", Journal of Materials Science, Band 36, Heft 18, Dept. of Master. Res., Riso Nat. Lab., Roskilde, Denmark, S. 4493- 4501, 2001

53   A. Mitterdorfer und L. J. Gauckler," La2Zr2O2 Formation and Oxygen Reduction Kinetics of the La0.85Sr0.15MnyO3, O2(g)|ysz System", in Solid State Ionics, Band 111, Heft 3-4, Elsevier, Netherlands, S. 185.218,1998

54   T. Kawashima und M. Hishinuma, "Phase transformation of yttria-stabilized zirconia (3 molfuel cell caused by manganese diffusion", Materials Transactions Jim 39, Nr. 5, S. 617-620, 1998

55   J. Richter, P. Holtappels, T. Graule, T. Nakamura und L. J. Gauckler, "Materials design for perovskite SOFC cathodes", Monatsheft für Chemie 140, Nr. 9, S. 985-999, 2009

56   S. Koch, P.V. Hendriksen, M. Mogensen, N. Dekker, B. de Haart und F. Tietz, "Solid Oxide Fuel Cells Performance under Serve Operating Conditions", M. Mogensen (Hrsg.) Sixth European SOFC Foorum Proceedings, oberrohrdorf, Sitzerland: Eoropean Fuel Cell Forum, S. 299-308, 2004

57   A. Hagen, R. Barfod, P.V. Hendriksen, Y.-L. Liu und S. Ramousse, "Effect of Operational Conditions in Long-Term Stability of SOFCs", S.C. Singhal u.a. (Hrsg.)

SOFC-IX Proccedings, Pennington, USA: The Electrochemical Society, S. 503-513, 2005

58   R. Bardfod, A. Hagen, S. Ramousse und P.V. Hendriksen, "Degradation Mechanism of SOFCs Operated at High Current Density", S. Linderoth u.a. (Hrsg.), Proceedings of the 26th Riso International Symposium on materials Science, Roskilde, Dänemark: Riso National Laboratory, S. 121-126, 2005

59   A. Hagen, R. Barfod, P. V. Hendriksen, Y. L. Liu und S. Ramousse, "Degradation of Anode Supported SOFCs As a Function of Temperature and Currend Load", in Journal of the Electrochemical Society, Band 153, Heft 6, S. A1165- A1171, 2006

60   J. Nielsen und M. Mogensen, "SOFC LSM:YSZ cathode degradation induced by moisture: An impedance spectroscopy study", Solid State Ionics 189, 74-81, 2011

61   H. Yokokawa, H. Y. Tu, B. Iwanschitz und A. Mai, "Fundamental mechanisms limiting solid oxide fuel cell durability", Journal of Power Sources 182 , Nr. 2, S. 400-412, 2008

62   D. Herbstritt, A.Krügel, A. Weber und E. Ivers-Tiffée, "Thermocyclic Load: Delamination Defects and Electrical performance of Single Cells", H. Yokokawa u.a. (Hsrg.), SOFC-VII Proceedings, Band PV2001-16, Pennington, USA: The Electrochemical Society, S. 942-951, 2001

63   M. Kuznecov, P. Otschik, P. Obenaus, K. Eichler und W. Schaffrath, "Diffusion Controlled Oxygen Tramsport and Stability at the Perovskite/Eletrolyte Interface", Solid State Ionics, Band 157, Netherlands: Elsevier, S. 371-378, 2003

64   J. W. Fergus, "Metallic interconnects for solid oxide fuel cells", Materials Science and Engineering A 397, p. 271–283, 2005

65   M.C. Brant und L. Dessemod, "Electrical Degradation of LSM-YSZ Interfaces", Solid State Ionics, Band 138, Heft 1-2, Netherlands: Elsevier s. 1-17, 2000

66   D. Simwonis, F. Tietz und D. Stoever, "Nickel coarsening in annealed Ni/8YSZ anode substrates for solid oxide fuel cells - In memoriam to Professor H. Tagawa", Solid State Ionics 132, Nr. 3-4, S. 241-251, 2000

67   D. Fouquet, A. C. Müller, A. Weber und E. Ivers-Tiffée, "Kinetics of Oxidation and Reduction of Ni/YSZ Cermets", J. Huijmans (Hrsg.), Proceedings of the 5th European Solid Oxide Fuel Cell Forum, S. 467, 2002

68   E. Ivers-Tiffée, A. Weber und D. Herbstritt, "Materials and technologies for SOFC-components", Journal of the European Ceramic Society 21, Nr. 10-11, S. 1805-1811, 2001

69   A.C. Müller, A. Weber, H.J. Beie, A. Krügel and D. Gerthsen, "Infuence of Current Density and Fuel Utilisation on the Degradation of the Anode", P. Stevens (Hrsg.), Third European SOFC Forum Preoceedings, Nates: European Fuel Cell Forum, S. 353-362, 1998

70   A.C. Müller, A. Weber, A. Krügel and D. Gerthsen, "Degradation Process in Nickel-YSZ-Cermet Anodes for SOFCs", R. Gadow (Hrsg.), Proceedings of the 6th Interregional European Colloquium on Ceramics and Composites, Stuttgart: Expert Verlag, 1998

71   N. H. Menzler, I. Vinke, und H. Lippert, "Chromium Poisoning of LSM Cathodes –
     Results from Stack Testing", Transaction 25 (2), S. 2899-2908, 2009

72   N. H. Menzler, L. G. J. Haart und D. Sebold, "Characterization of Cathode Chromium
     Incorporation during Mid-Term Stack Operation under Various Operational
     Conditions", Eguchi et. al (Hrsg.), Solid Oxide Fuel Cells 10 (7), The Electrochemical
     Society, S. 245-254, 2007

73   M. Lang, C. Auer, A. Eismann, P. Szabo und N. Wagern, "Investigation of solid oxide
     fuel cell short stacks for mobile applications by electrochemical impedance
     spectroscopy", Electrochemical Acta 53, 7590-7513, 2008

74   V. Sonn, "In-Situ Schadensdiagnose an Hochtemperatur-Brennstoffzellen-Stacks",
     Diplomarbeit, Universität Karlsruhe (TH), 2003

75   P. D. Jablonski und D. E. Alman, "Oxidation resistance of novel ferritic stainless steels
     alloyed with titanium for SOFC interconnect applications", Journal of Power Sources
     180, 433-439, 2008

76   W.Z. Zhu und S.C. Deevi, "Opportunity of metallic interconnects for solid oxide fuel
     cells: a status on contact resistance", Materials Research Bulletin 38, p. 957-972, 2003

77   G. Xia Yang, G. Xia, M.S. Walker, C. Wang, J. W. Steverson und P. Singh, "High
     temperature oxidation/corrosion behavior of metals and alloys under a hydrogen
     gradient", International Journal of Hydrogen Energy 32, 3770-3777, 2007

78   S. Fontana, R. Amendola, S. Chevalier, P. Piccardo, G. Caboche, M. Viviani, R.
     Molins und M. Sennou, "Metallic interconnects for SOFC: Characterisation of corrosion
     resistance and conductivity evaluation at operating temperature of differently coated
     alloys", Journal of Power Sources, Volume 171, Issue 2, p. 652-662, 2007

79   R. Trebbels, T. Markus, and L. Singheiser, „Investigation of Chromium Vaporization
     from Interconnector Steels with Spinel Coatings", Journal of The Electrochemical
     Society, 157 (4), B490-B495, 2010

80   S. Primdahl und M. Mogensen, "Durability and Thermal Cycling of Ni/YSZ Cermet
     Anodes für Solid Oxide Fuel Cell", Journal of Applied Electrochemistry, Band 30, Heft
     2, Netherlands: Kluwer Academic Publishers, S. 247-257, 2000

81   S. Taniguchi, M. Kadowaki, H. Kawamura, T. Yasuo, Y. Akiyama, Y. Miyake und T.
     Saitoh, "Degradation Phenomena In The Cathode Of A Solid Oxide Fuel-Cell With
     Alloy Separator", Journal of Power Sourcess 55, Nr. 1, S. 73-79, 1995

82   K. Hilpert, D. Das, M. Miller, P.H. Peck und R. Weiss, "Chromium Vapor Species Over
     Solid Oxide Fuel Cell Interconnect materials and The Potential for Degradation
     Process", Journal of the Electrochmical Society, Band 143, Heft 11, S. 3642-3647,
     1996

83   A. Neumann, "Chrombezogene Degradation von Festoxid-Brennstroffzellen",
     Forschungszentrum Jülich (FZJ), 2011

84   M. Stanislowski, J. Froitzheim, L. Niewolak, W. J. Quadakkers, K. Hilpert, T. Markus
     und L. Singheiser, "Reduction of chrmium vaporization from SOFC interconnectors by
     highly effective coatings", Journal Of Power Sources 164, Nr. 2, S. 578-589, 2007

85   K. Hilpert, D. Das, M. Miller, D.H. Peck, R. Weiss: Chromium Vapor species over solid oxide fuel cell interconnect materials and their potential for degradation processes. In: Journal Of The Electrochemical Society 143 (1996), Nr. 11, S. 3642-36478

86   S.P.S. Badwal, R. Deller, K. Foger, Y. Ramprakash und J.P. Zhang, "Interaction between chromia forming alloy interconnects and air electrode of solid oxide fuel cells", Solid State Ionics 99, Nr. 3-4, S. 297-310, 1997

87   K. Hilpert, D. Das, M. Miller, D.H. Peck und R. Weiss, "Chromium Vapor species over solid oxide fuel cell interconnect materials and their potential for degradation processes", Journal Of The Electrochemical Society 143, Nr. 11, S. 3642-36478, 1996

88   M. C. Tucker, H. Kurokawa, C. P. Jacobson, L. C. De Jonghe und S.J. Visco, "A fundamental study of chromium deposition on solid oxide fuel cell cathode materials", Journal of Power Sources 160, Nr. 1, S. 130-138, 2006

89   S. P. Jiang, J. P. Zhang, L. Apateanu und K. Foger, "Deposition of chromuim species at Sr-doped LaMnO3 electrodes in solid oxide fuel cells I. Mechanism and kinetics", Journal Of The Electrochemical Society 147, Nr. 11, S. 4013-4022, 2000

90   J. Y. Kim, V .L. Sprenkle, N.L. Canfield, K. D. Meinhardt und L.A Chick, "Effects of chrome contamination on the performance of La0.6Sr0.4Co0.2Fe0.8O3 cathode used in solid oxide fuel cell", Journal Of The Electrochemical Society 153, Nr. 5, S. A880-A886, 2006

91   M. Krumpelt, T. A. Cruse, B. J. Ingram, J. L. Wang, S. L. Salvador, P.A. Salvador und G. Chen, "The Effect of Chromium Oxyhydoxide on Solid Oxide Fuel Cells", Journal Of The Electrochemical Society 157, Nr. 2, S. B228-B233, 2010

92   D. Stöver, H. P. Buchkremer, and J. P. P. Huijsmans, in Handbook of Fuel Cells, Volume 4: Fuel Cell Technology and Applications Part 2, W. Vielstich, A. Lamm, H.A. Gasteiger, Editors, pp. 1013-1031, John Wiley and Sons Ltd., Chichester, UK, 2003

93   D. Stöver, H.P. Buchkremer, F. Tietz, and N.H. Menzler, in 5th European Solid Oxide Fuel Cell Forum, J. Huijsmans Editor, pp. 1–9, European Fuel Cell Forum, Oberrohrdorf, Switzerland, 2002

94   V. A. C. Haanappel, A. Mai und J. Mertens, "Characterisation of Ni-cermets SOFCs with varying anode densities", Solid State Ionics 177 (2), 44-56, 2006

95   M. C. Tucker, H. Kurokawa, C.P. Jacobson, L. C. De Jonghe und S. J. Visco, "A fundamental study of chromium deposition on solid oxide fuel cell cathode materials", Journal of Power Sources 160, 130-138, 2006

96   S. B. Adler and B. C. H. Steele, "Electrode Kinetics of Porous Mixed-Conducting Oxygen Electrodes", Journal of Electrocemical Society, 143 (11), 3554-3564, 1996

97   M. Kornely, "Einfluss der Flowfield-Geometrie auf die Leistungsfähigkeit anodengestützter SOFC-Einzelzellen", Diplomarbeit, IWE, Universität Karlsruhe (TH), 2007

98   Q.-A. Huang, R. Hui, B. Wang und J. Zhang, "A review of AC impedance modeling and validation in SOFC diagnosis", Electrochimica Acta 52 8144–8164, 2007

99   S. H. Jensen, J. Hjelm, A. Hagen und M. Mogensen, "Electrochemical impedance spectroscopy als diagnostic tool", W. Vielstich u. a. (Hrsg.), Handbook of Fuel Cells-

Fundamentals, Technology and Applications, Kapitel 6, Chichester: John Wiley & Sons Ltd., S. 792- 804, 2009

100 A. Leonide, "SOFC Modelling and Parameters Identification by means if Impedance Spectroskopy", Dissertationsschrift, Karlsruher institute für Technology (KIT), 2010

101 B.A. Boukamp, "A Linear Kronig-Kramers Transform Test for Immittance Data validation", Journal of the Electrochemical Society, 142, 1885, 1995

102 B.A. Boukamp, "Electrochemical Impedance Spectroscopy in Solid State Ionics; Recent Advances", Solid State Ionics 169,p. 65-73, 2004

103 H. Schichlein, "Experimentelle Modellbildung für die Hochtemperatur-Brennstofzelle SOFC", Universität Karlsruhe (TH), 2003

104 H. Schichlein, A.C. Müller, M. Voigts, A. Krügel und E. Ivers-Tiffée, "Deconvolution of electrochemical impedance spectra for the identification of electrode reaction mechanisms in solid oxide fuel cells", Journal of Applied Electrochemistry 32 (8), 875-882, 2002

105 T. Klemensø, J. Nielsen, P. Blennow, A. H. Persson, T. Stegk, B. H. Christensen und S. Sønderby, "High performance metal-supported solid oxide fuel cells with Gd-doped ceria barrier layers", Journal of Power Sources, Volume 196, Issue 22, p. 9459-9466, 2011

106 P. Hjalmarsson und M. Mogensen, "$La_{0.99}Co_{0.4}Ni_{0.6}O_{3-\delta}$–$Ce_{0.8}Gd_{0.2}O_{1.95}$ as composite cathode for solid oxide fuel cells", in Journal of Power Sources, Volume 196, Issue 17, p. 7237-7244, 2011

107 M. Kurumada, H. Hara, F. Munakata und E. Iguchi, "Electric conductions in $La_{0.9}Sr_{0.1}GaO_{3-\delta}$ and $La_{0.9}Sr_{0.1}Ga_{0.9}Mg_{0.1}O_{3-\delta}$", Solid State Ionics, Volume 176, Issues 3-4, p. 245-251, 2005

108 J. Illig, T. Chrobak, M. Ender, J. P. Schmidt, D. Klotz und E. Ivers-Tiffée, "Studies on $LiFePO_4$ as Cathode Material in Li-Ion Batteries", ECS Transaction 28, pp. 3-17, 2010

109 A. Leonide, V. Sonn, A. Weber und E. Ivers-Tiffée, "Evaluation and Modelling of the Cell Resistance in Anode-Supported Solid Oxide Fuel Cells", Journal of the Electrochemical Society, Band 155, Heft 1, S. B36- B41, 2008

110 A. L. Smirnova, K. R. Ellwood und G. M. Crosbie, "Application of Fourier-Based Transforms to Impedance Spectra of Small-Diameter Tubular Solid Oxide Fuel Cells", in Journal of the Electrochemical Society, Band 148, Heft 6, S. A610- A615, 2001.

111 D. Vladikova, P. Zoltowski, E. Makrowska und Z. Stoynov, "Selecitvity Study of the Differential Impedance Analysis- Comparison With the Complex Non-Linear Least-Squares Method", Electrochimica Acta, Band 47, Heft 18, S. 2943- 2951, 2002

112 J.R. MacDonald, "Impedance spectroscopy", Wiley Interscience, New York, 1987

113 Service group Scientific Data Processing at Freiburg Materials Research Center, "User Manual FTIKREG: A program for the solution of Fredholm integral equations of the first kind", 2008

114 A.K. Louis, "Invers und Schlecht gestellte Probleme", Teubner, Stuttgart, 1989

115 A.N. Tikhonov, and V.Y. Arsenin, "Solution of ill-posed problems", J. Wiley & Sons, New York, 1977

116 A.N. Tikhonov, A.V. Goncharsky, V.V. Stepanov, und A.G. Yagola, "Numerical methods for the solution of ill-posed problems", Kluwer, Dordrecht, 1995

117 P. Aguiar, C.S. Adjiman, und N.P. Brandon, "Anode-supported intermediate temperature direct internal reforming solid oxide fuel cell. I: model-based steady-state performance", Journal of Power Sources Volume 138, Issues 1-2, p. 120-136. 2004

118 S. Campanari und P. Iora, "Definition and sensitivity analysis of a finite volume SOFC model for a tubular cell geometry", Journal of Power Sources, Volume 132, Issues 1-2, p. 113-126, 2004

119 J-D Kim, G-D. Kim, J-W. Moon, Y-i. Park, W-H. Lee, K. Kobayashi, M. Nagai und C-E. Kim, "Characterization of LSM–YSZ composite electrode by ac impedance spectroscopy", Solid State Ionics 143, 379-389, 2001

120 R. M. L. Werchmesiter, K. Kammer Hansen und M. Mogensen, "Characterization of $(La_{1-x}Sr_x)_sMnO_3$ and Doped Ceria Composite Electrodes in NOx-Containing Atmosphere with Impedance Spectroscopy", Journal of The Electrochemical Society, 157 (5) P35-P42, 2010

121 J.E. Randles, "Kinetics of rapid electrode reactions." Discuss. Faraday Soc. 1 (1947) 11-Kontrolle

122 Y. Matzuzaki und I. Yasuda, "Relationship between the steady-state polarization of the SOFC air electrode, $La_{0.6}Sr_{0.4}MnO_{3+\delta}$/YSZ, and its complex impedance measured at the equilibrium potential", Solid Sate Ionics 126, 307-313, 1999

123 N. Grunbaum, L. Dessemond, J. Fouletier, R. Prado und A. Caneiro, "Electrode reaction of $Sr_{1-x}La_xCo_{0.8}Fe_{0.2}O_{3-\delta}$ with x = 0.1 and 0.6 on $Ce_{0.9}Gd_{0.1}O_{1.95}$ at $600 \leq T \leq 800\ °C$", Solid State Ionics 177, 907-913, 2006

124 A. Esquirol, N. P. Brandon, J. A. Kilner und M. Mogrnsen, "Electrochemical Characterization of $La_{0.6}Sr_{0.4}Co_{0.2}Fe_{0.8}O_3$ Cathodes for Intermediate-Temperature SOFCs", Journal of The Electrochemical Society, 151, (11) A1847-A1855, 2004

125 K. K. Hansen, K. V. Hansen und M. Mogensen, "High-performance Fe–Co-based SOFC cathodes", Journal of Solid State Electrochemistry 14 : 2107-2112, 2010

126 R. Barfod, M. Mogensen, T. Klemenso, A. Hagen, Y-L. Liu und P. V. Hendriksen, "Detailed Characterization of Anode-Supported SOFCs by Impedance Spectroscopy", Journal of The Electrochemical Society, 154 (4) B371-B378, 2007

127 A. Ansar, D. Soysal, Z. Ilhan, N. Wagner, S. Wolf und R. Ruckdäschel, "Improving Stochiometery and Processing of LSCF Oxygen Electrode for SOFC", ESC Transanction, 25 (2) 2442-2452, The Electrochemical Society, 2009

128 J. Bisquert, G. Garcia-Belmonte, F. Fabregat-Santiago, N. S. Ferriols, M. Yamashita und E. C. Pereira, "Application of a Distributed Impedance Model in the Analysis of Conducting Polymer Films", Electrochemistry Communications, Band 2, Heft 8, S. 601- 605, 2000

129   J. Bisquert, G. Garcia-Belmonte, F. Fabregat-Santiago und A. Compte "Anomalous Transport Effects in the Impedance of Porous Film Electrodes", Electrochemistry Communications, Band 1, Heft 9, S. 429-435, 1999

130   C. Endler, A. Leonide, A. Weber, F. Tietz und E. Ivers-Tiffée, "Time-Dependent Electrode Performence Changes in Intermediate Temperature Solid Oxide Fuel Cells", Journal of the Electrochemical Society, Band 157, Heft 2, S. B292- B298, 2010

131   D. Johnson, "ZPlot, ZView Electrochemical Impedance Software, Version 2.3b", Scribner Associates, Inc., 2000

132   S. Dierickx, "Degradation im Reformatbetrieb der SOFC", Bachelorarbeit, Karlsruher Institut für technologie (KIT), IWE, 2011

133   J. Nelson und C. L. Haynes, "Continuum-level solid oxide electrode constriction resistance effects", Journal of Poweer Sources 185, 1168-1178, 2008

134   W. Tanner und A. V. Virkar, "A simple model for interconnect design of planar solid oxide fuel cells", Journal of Power Sources 113, 44-56, 2003

135   J.I. Gazzarri und O. Kesler, "Electrochemical AC impedance model of a solid oxide fuel cell and its application to diagnosis of multiple degradation modes", Journal of Power Sources 167, 100–110, 2007

136   J.I. Gazzarri und O. Kesler, „Non-destructive delamination detection in solid oxide fuel cells", Journal of Power Sources 167, 430–441, 2007

137   J.I. Gazzarri und O. Kesler, "Short-stack modelling of degradation in solid oxide fuel cells, Part I. Contact degradation", Journal of Power Sources 176, 138–154, 2008

138   J.I. Gazzarri und O. Kesler, "Short stack modelling of degradation in solid oxide fuel cells, Part II. Sensitivity and interaction analysis", Journal of Power Sources 176, 155–166, 2008

139   M. Kornely, A. Leonide, A. Weber und E. Ivers-Tiffée, "Performance limiting factors in anode-supported cells originating from metallic interconnector design", Journal of Power Sources 196, p. 7209-7216, 2011

140   M. Kornely, A. Neumann, N. H. Menzler, A. Leonide, A. Weber und E. Ivers-Tiffée, "Degradation of anode supported cell (ASC) performance by Cr-poisoning", Journal of Power Sources 196, 7203-7208, 2011

141   Handbuch, "Comsol Multiphysics User's Duide Version 3.3", 2006

Werkstoffwissenschaft @ Elektrotechnik /
Universität Karlsruhe, Institut für Werkstoffe der Elektrotechnik

Die Bände sind im Verlagshaus Mainz (Aachen) erschienen.

Band 1　　Helge Schichlein
**Experimentelle Modellbildung für die Hochtemperatur-Brennstoff-
zelle SOFC.** 2003
ISBN 3-86130-229-2

Band 2　　Dirk Herbstritt
**Entwicklung und Optimierung einer leistungsfähigen Kathoden-
struktur für die Hochtemperatur-Brennstoffzelle SOFC.** 2003
ISBN 3-86130-230-6

Band 3　　Frédéric Zimmermann
**Steuerbare Mikrowellendielektrika aus ferroelektrischen
Dickschichten.** 2003
ISBN 3-86130-231-4

Band 4　　Barbara Hippauf
**Kinetik von selbsttragenden, offenporösen Sauerstoffsensoren
auf der Basis von Sr(Ti,Fe)O$_3$.** 2005
ISBN 3-86130-232-2

Band 5　　Daniel Fouquet
**Einsatz von Kohlenwasserstoffen in der Hochtemperatur-Brennstoff-
zelle SOFC.** 2005
ISBN 3-86130-233-0

Band 6　　Volker Fischer
**Nanoskalige Nioboxidschichten für den Einsatz in hochkapazitiven
Niob-Elektrolytkondensatoren.** 2005
ISBN 3-86130-234-9

Band 7　　Thomas Schneider
**Strontiumtitanferrit-Abgassensoren.
Stabilitätsgrenzen / Betriebsfelder.** 2005
ISBN 3-86130-235-7

Band 8　　Markus J. Heneka
**Alterung der Festelektrolyt-Brennstoffzelle unter thermischen
und elektrischen Lastwechseln.** 2006
ISBN 3-86130-236-5

Band 9　　Thilo Hilpert
**Elektrische Charakterisierung von Wärmedämmschichten mittels
Impedanzspektroskopie.** 2007
ISBN 3-86130-237-3